21世纪高等学校计算机规划教材

21st Century University Planned Textbooks of Computer Science

Visual FoxPro
程序设计教程

Visual FoxPro Programming Tutorial

熊小兵 桂学勤 焦翠珍 主编

高校系列

人民邮电出版社

北京

图书在版编目（CIP）数据

Visual FoxPro程序设计教程 / 熊小兵，桂学勤，焦翠珍主编. -- 北京：人民邮电出版社，2013.2
21世纪高等学校计算机规划教材. 高校系列
ISBN 978-7-115-29919-2

Ⅰ. ①V… Ⅱ. ①熊… ②桂… ③焦… Ⅲ. ①关系数据库系统－程序设计－高等学校－教材 Ⅳ. ①TP311.138

中国版本图书馆CIP数据核字(2013)第011165号

内 容 提 要

Visual FoxPro 是微软公司开发的一种面向对象的程序设计语言。本书采用图文并茂的形式，结合大量实例，深入浅出地讲述面向对象编程的概念，使读者逐步掌握 Visual FoxPro 的基本操作及面向对象的编程技术，且能独立进行小型应用系统开发。考虑到 Visual FoxPro 学习的特点，在程序设计部分，分两种情况介绍：先介绍面向过程的内容，再介绍面向对象的内容。

本书适合作为普通高校计算机应用课程高级语言程序设计教材，也可以作为全国计算机等级考试二级《Visual FoxPro 程序设计》的培训教材，同时还可以作为其他人员学习 Visual FoxPro 的教材和参考用书。

21 世纪高等学校计算机规划教材——高校系列
Visual FoxPro 程序设计教程

- ◆ 主　　编　熊小兵　桂学勤　焦翠珍
　　责任编辑　韩旭光

- ◆ 人民邮电出版社出版发行　　北京市崇文区夕照寺街 14 号
　　邮编　100061　电子邮件　315@ptpress.com.cn
　　网址　http://www.ptpress.com.cn
　　北京铭成印刷有限公司印刷

- ◆ 开本：787×1092　1/16
　　印张：16.25　　　　　　　2013 年 2 月第 1 版
　　字数：425 千字　　　　　　2013 年 2 月北京第 1 次印刷

ISBN 978-7-115-29919-2
定价：34.00 元

读者服务热线：(010)67170985　印装质量热线：(010)67129223
反盗版热线：(010)67171154

前　言

Visual FoxPro 是微软公司推出的关系数据库管理系统，它可以有效地组织和管理数据库信息。Visual FoxPro 采用面向对象、事件驱动的编程方法，不仅提高了代码的可重用性，而且使程序的逻辑结构更加清晰，程序更加可靠和易于维护。另外，Visual FoxPro 提供了向导、生成器和设计器 3 种工具，为快速高效地完成应用程序开发提供了强有力的支持。

本书以 Visual FoxPro 程序设计为主题，突出 Visual FoxPro 的特点，强调 Visual FoxPro 的使用与开发方法，把 Visual FoxPro 数据库技术、面向对象的编程方法和实际应用作为一个整体来介绍。全书提供了大量的实例，通过这些实例，不仅有利于读者对本书中概念的理解和知识的巩固，而且有利于读者上机实践。

全书共分 11 章，第 1 章数据库理论基础，介绍了数据库的基础知识；第 2 章 Visual FoxPro 环境简介，介绍了 Visual FoxPro 启动与退出、集成开发环境、命令概述、主要文件类型、项目管理器等内容；第 3 章 Visual FoxPro 语言基础，介绍了常量、变量、表达式、常用内部函数等内容；第 4 章 Visual FoxPro 数据库及其操作，介绍了数据表和数据库的相关知识及基本操作方法；第 5 章结构化查询语言 SQL，介绍了 SQL 的功能；第 6 章查询与视图，介绍了创建及使用查询与视图的方法；第 7 章结构化程序设计，介绍了结构化程序设计的基本方法，包括顺序结构、选择结构、循环结构、程序的模块化等内容；第 8 章面向对象程序设计基础，介绍了面向对象的基本概念、类的操作、对象的操作；第 9 章表单设计，介绍了创建与运行表单、表单设计器、常用表单控件等内容；第 10 章菜单设计，介绍了 Visual FoxPro 系统菜单、下拉式菜单设计、快捷菜单设计等内容；第 11 章报表设计，介绍了报表的创建、报表数据分组和多栏报表等内容。

本书在编写过程中本着简明、易学及实用的原则，语言上简洁清晰、通俗易懂，内容上循序渐进、前后呼应、深入浅出。所以，本书既可作为高等院校的数据库与程序设计教材，也可作为全国计算机等级考试二级 Visual FoxPro 的学习用书，对于计算机程序设计人员及计算机爱好者也是一本实用的自学参考书。

全书共 11 章，其中第 1 章、第 2 章、第 3 章、第 4 章由熊小兵编写，第 5 章、第 6 章、第 7 章由桂学勤编写，第 8 章、第 9 章、第 10 章、第 11 章由焦翠珍编写，并由熊小兵完成全书的修改与统稿工作。

由于编者水平有限，时间仓促，难免有疏漏和不足之处，敬请广大读者朋友批评指正。

编　者

2012 年 10 月

目　录

第 1 章
数据库理论基础

数据库技术是 20 世纪 60 年代在文件系统基础上发展起来的数据管理技术，是计算机领域的一个重要分支。当今社会上各种各样的信息系统都是以数据库为基础，对信息进行处理和应用的系统。数据库能借助计算机存储和管理大量的数据，快速而有效地为不同用户和各种应用程序提供需要的数据，以便人们能更方便、更充分地利用这些资源。

1.1　数据库基础知识

为了使用数据库管理系统这种处理数据的有效工具，首先需要了解信息、数据与数据处理的概念和计算机数据管理的发展历程。

1.1.1　计算机数据管理的发展

1. 信息、数据与数据处理

信息（Information）是客观世界在人们大脑中的反映，是客观事物的表征，是可以传播和加以利用的一种知识。数据（Data）是指存储在某一种介质上的可以被识别的符号。例如，描述某个学生的数据（0701001、陈碧琦、女、1988-10-27、党员、临床医学），它是数据库存储和处理的基本元素，是对客观存在实体的一种记载和描述。

目前，数据的概念已在通常意义下大大地拓展了，数据不但包括数字、文字，还包括图形、图像、声音和视频等各种可以数字化的信息。各种各样的信息只要能够数字化就能够被计算机存储和处理。数据是信息的载体，而对大量数据的处理又将产生新的信息，由此可见，信息与数据的概念是密切相关的。

数据处理包括数据的收集、存储、传输、加工、排序、检索和维护等一系列的活动。此外，信息和数据是有价值的，其价值取决于它的准确性、可靠性、及时性与完整性。为了提高信息或数据的价值，就必须用科学的方法对其进行管理，这种科学的方法就是数据库技术。在计算机中，常使用计算机外存（如磁盘）来存取数据，通过计算机软件来管理、加工、处理和分析数据。

2. 数据管理技术的发展

计算机在数据管理方面经历了由低级到高级的发展过程。它随着计算机硬件、软件技术和计算机应用范围的扩大而不断发展。多年来，数据管理经历了人工管理、文件管理系统和数据库管理系统等几个阶段。

（1）人工管理阶段

人工管理阶段约在 20 世纪 50 年代中期以前产生，那时，计算机刚诞生不久，主要用于科学与工程计算。当时没有大容量的存储设备，只有卡片、磁带等。此外也没有操作系统和专门的数据管理软件。程序设计人员需要对所处理的数据做专门的定义，并需要对数据的存取及输入、输出方式做具体的安排。程序与数据不具有独立性，同一组数据在不同的程序中不能被共享。因此，各应用程序之间存在大量的冗余数据。

（2）文件管理阶段

约在 20 世纪 50 年代后期至 60 年代后期为文件管理阶段，由于计算机软硬件技术的发展、大容量的存储设备逐渐地投入使用，操作系统也已诞生，计算机开始大量地运用于管理领域中的数据处理工作。在当时的操作系统中通常包含一种专门进行文件管理的软件，它可将数据的集合按照一定的形式存放到计算机的外部存储器中形成数据文件，而不再需要人们去考虑这些数据的存储结构、存储位置以及输入输出方式等，用户只需运用简单的命令，就可通过文件管理程序实现对数据的存取、查询及修改等操作。操作系统则提供了应用程序与相应数据文件之间的接口，从而提高了数据的应用效率，并使数据和程序之间有了一定的独立性。

（3）数据库管理阶段

数据库管理阶段是从 20 世纪 60 年代后期开始的，随着需要计算机管理的数据急剧增多，并且对数据共享的要求日益增强，有关数据库的理论研究和具体应用得到了迅速的发展，出现了各种数据库管理系统。数据库管理方式是将大量的相关数据按照一定的逻辑结构组织起来，构成一个数据库，然后借助专门的数据库管理系统软件对这些数据资源进行统一、集中的管理。这样，不仅减少了数据的冗余度、节约了存储空间，而且充分实现了数据的共享。数据库管理方式同时提高了数据的一致性、完整性和安全性，减少了应用程序开发和维护的代价。

由数据管理技术的发展可以看出，以上各阶段的区别主要体现在数据的独立性、冗余度和对数据的统一管理上。目前，数据库技术已成为计算机进行数据处理的核心技术。

1.1.2　数据库系统

1. 数据库的基本概念

（1）数据库

数据库（DataBase，DB）是存储在计算机存储设备上的结构化的相关数据的集合。它不仅包括描述事物本身的数据，而且还包括相关事物之间的联系。

数据库中的数据具有较小的冗余度和较高的独立性，面向多个应用，可以被多个用户、多个应用程序共享。例如，某个企业、组织或行业所涉及的全部数据的汇集，其数据结构独立于使用数据的程序，对于数据的增加、删除、修改和检索由系统软件进行统一的控制。

（2）数据库管理系统

为了让多种应用程序并发地使用数据库中具有最小冗余度的共享数据，必须使数据与程序具有较高的独立性。这就需要一个软件系统对数据实行专门管理，提供安全性和完整性等统一控制机制，方便用户对数据库进行操作。

为数据库的建立、使用和维护而配置的软件称为数据库管理系统（DataBase Management System，DBMS）。Visual FoxPro 就是一个可以在计算机和服务器上运行的数据库管理系统。

（3）数据库应用系统

数据库应用系统是指系统开发人员利用数据库系统资源开发出来的、面向某一类实际应用的软件系统，例如，以数据库为基础的财务管理系统、图书管理系统、教学管理系统等。无论是面向内部业务和管理的管理信息系统，还是面向外部、提供信息服务的开放式信息系统，从实现技术角度而言，都是以数据库为基础和核心的计算机应用系统。

（4）数据库系统

数据库系统（DataBase System，DBS）是指引入数据库技术后的计算机系统，实现有组织地、动态地存储大量相关数据，提供数据处理和信息资源共享的便利手段。数据库系统由 5 部分组成：硬件系统、数据库集合、数据库管理系统及相关软件、数据库管理员和用户。

图 1-1　数据库系统层次示意图

在数据库系统中，各层次软件之间的相互关系如图 1-1 所示，其中数据库管理系统是数据库系统的核心。

2. 数据库系统的特点

数据库系统是为了解决文件系统的不足，在文件系统的基础上发展起来的一种理想的数据管理技术。数据库的主要特点如下。

（1）实现数据共享，减少数据冗余。数据共享是数据库系统最主要的特点，主要是指数据库中的数据能够被多个用户、多个应用程序所共享。此外，由于数据库中的数据被集中管理、统一组织，因而避免了不必要的数据冗余。与此同时，还带来了数据应用的灵活性。

（2）采用特定的数据模型。数据库中的数据是以一定的逻辑结构存放的，这种逻辑结构是由数据库管理系统所支持的数据模型决定的。只有按一定结构组织和存放的数据，才便于对它们实现有效的管理。数据库系统不仅可以表示事物内部各数据项之间的联系，而且可以表示事物和事物之间的联系。

（3）具有较高的数据独立性。在数据库系统中，数据与程序基本上是相互独立的，其相互依赖的程度已大大减小。对数据结构的修改将不会对程序产生影响或者没有太大的影响。反过来，对程序的修改也不会对数据产生影响或者没有太大的影响。

（4）具有统一的数据控制功能。数据库可以被多个用户或应用程序共享，数据的存取往往是并发的，即多个用户同时使用数据库，因此，数据库管理系统必须提供必要的控制措施。这些控制措施主要包括并发访问控制功能、数据的安全性控制功能和数据的完整性控制功能。

1.1.3　数据模型

数据库需要根据应用系统中数据的性质、内在联系，按照管理的要求来设计和组织。人们把客观存在的事物以数据的形式存储到计算机中，经历了对现实生活中事物特性的认识、概念化到计算机数据库里的具体表示的逐级抽象的过程，即现实世界、信息世界、计算机世界三个领域。它们的关系如图 1-2 所示。

数据库的数据结构形式称为数据模型，是对现实世界数据的抽象，数据模型必须真实地模拟现实世界，要容易被用户理解，并在计算机上容易实现。数据模型根据应用设计的先后顺序分为概念模型和结构数据模型。

现实世界	收集	信息世界	加工转换	计算机世界
事物类	→	实体集	→	文件
事物	→	实体	→	记录
性质	→	属性	→	数据项

图 1-2　事物的逐级表示

1. 概念模型

概念模型也称为信息模型，是按用户的观点把现实世界中客观存在的事物及其联系抽象为信息世界中的实体，用于数据库的设计。信息世界的几个常用术语如下。

（1）实体：客观存在并且可以相互区别的事物。实体可以是实际的事物，也可以是抽象的事件，如一个学生、一场比赛。

（2）属性：事物在某一方面的特性。一个实体可以由若干个属性来描述。例如，学生用学号、姓名、性别、出生日期、党员否、专业、个人简历、照片等若干属性来描述。

（3）实体型：表征某一类实体的属性的集合。如：学生（学号，姓名，性别，出生日期，党员否，专业，个人简历，照片）就是一个实体型。

（4）实体集：同种类型实体的集合，如全体学生就构成了学生实体集。

（5）联系：实体集间的对应关系，它反映现实世界中客观事物之间的相互关联。

实体集间存在着各种各样的联系，可以归结为以下 3 种类型。

（1）一对一联系：两个实体集 A 和 B，若实体集 A 中任意一个实体在实体集 B 中只有一个实体与之相对应，反之，实体集 B 中的任意一个实体在实体集 A 中也只有一个实体与之相对应，则称实体集 A 与实体集 B 具有一对一联系，记为 1:1，如图 1-3（a）所示。

（2）一对多联系：两个实体集 A 和 B，若实体集 A 中任意一个实体在实体集 B 中有多个实体与之相对应，而实体集 B 中的任意一个实体在实体集 A 中只有一个实体与之相对应，则称实体集 A 与实体集 B 具有一对多联系，记为 1:n，如图 1-3（b）所示。

（3）多对多联系：两个实体集 A 和 B，若实体集 A 中任意一个实体在实体集 B 中有多个实体与之相对应，实体集 B 中的任意一个实体在实体集 A 中也有多个实体与之相对应，则称实体集 A 与实体集 B 具有多对多联系，记为 $m:n$，如图 1-3（c）所示。

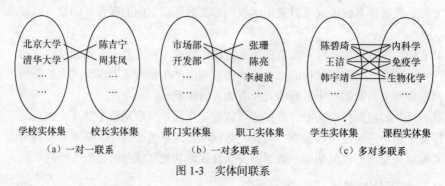

图 1-3　实体间联系

计算机世界是在信息世界基础上的更进一步抽象。计算机世界的几个常用术语如下。

（1）数据项：又称字段，是数据库数据中的最小逻辑单位，用来描述实体的属性。

（2）记录：是数据项的集合，即一条记录是由若干个数据项组成，用来描述实体。

（3）文件：是一个具有文件名的一组同类记录的集合，包含记录的结构和值，用来描述实体集。

2. 结构数据模型

结构数据模型也称为数据模型，是按计算机系统的观点对数据建模，即计算机如何实现概念模型，它主要包括层次模型、网状模型和关系模型。

（1）层次模型

在层次结构模型的数据集合中，各数据对象之间是一对一或一对多的联系。在这种模型中，层次清楚，可沿层次路径存取和访问各个数据。层次结构犹如一棵倒置的树，因而也称其为树型结构。图 1-4 所示即为层次模型数据集合的一个例子。

满足以下条件的数据模型称为层次结构模型：

① 有且仅有一个根结点，其层次最高；

② 一个父结点向下可以有若干个子结点，而一个子结点向上只有一个父结点；

③ 同一层次的结点之间没有联系。

层次结构模型的突出优点是结构简单、层次清晰，并且易于实现。适宜描述一对一和一对多的数据层次关系。然而层次模型不能直接表示多对多的联系，因而难以实现对复杂数据关系的描述。

（2）网状模型

网状模型就像一个网络，此种结构可用来表示数据间复杂的逻辑关系。在网状结构模型中，各数据实体之间建立的通常是一种层次不清楚的一对一、一对多或多对多的联系，图 1-5 所示即是一个网状数据结构模型的例子。

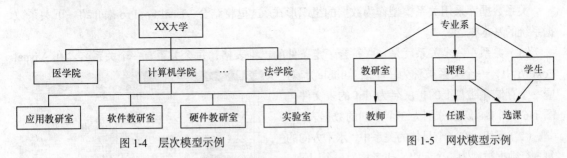

图 1-4　层次模型示例　　　　　　　　图 1-5　网状模型示例

满足以下条件的数据模型称为网状结构模型：

① 可以有一个以上的结点无父结点；

② 一个结点可以有多于一个的父结点；

③ 两个结点之间可以有多个联系。

网状模型的主要优点是在表示数据之间多对多的联系时具有很大的灵活性，但由于在网状模型中子结点与父结点的联系不是唯一的，所以需要为每个联系命名，并指出该联系有关的子结点与父结点。

应该说，网状模型和层次模型在很大程度上是类似的，它们都是用结点表示实体，用实体间的连线表示实体之间的联系。在计算机中具体实现时，每一个结点都是一个数据或记录，而用专门的链接指针来实现数据或记录之间的联系。这种用指针将数据或记录联系在一起的方法，难以对整个数据集合进行修改和扩充。

（3）关系模型

在关系模型中，数据的逻辑结构是一张二维表，即关系模型用若干行与若干列数据构成的表来描述数据集合以及它们之间的联系。

关系结构模型是一种易于理解并具有较强数据描述能力的数据模型，按关系模型建立的数据库称为关系型数据库（Relation DataBase）。关系型数据库是建立在严格的数学理论基础上的，关系模型与层次模型、网状模型的本质区别在于数据描述的一致性，模型概念单一。在关系数据库中，每一个关系都是一个二维表，无论实体本身还是实体间的联系均用称为"关系"的二维表来表示，使得描述实体的数据本身能够反映它们之间的联系。而传统的层次和网状数据库是使用链接指针来存储和体现联系的。

尽管关系数据库管理系统比层次和网状数据库管理系统晚了很多年出现，但关系数据库以其完备的理论基础、简单的模型、说明性的查询语言和使用方便等优点得到了广泛的使用。

1.2 关系数据库

当前，关系型数据库以其严格的数学理论、简单的模型以及使用方便等优点，而被公认为是最有前途的数据库，并得到了极为迅速的发展和十分广泛的应用。自 20 世纪 80 年代以来，作为商品推出的数据库管理系统基本上都是关系型的。例如，Oracle、Sybase、SQL-Server 和 Visual FoxPro 等都是著名的关系模型数据库管理系统。

1.2.1 关系术语

关系数据库采用关系模型作为数据的组织形式。这里将结合 Visual FoxPro 来介绍一下关系数据系统的基本概念。

（1）关系：一个关系就是一张符合一定条件的二维表格，每个关系有一个关系名。在 Visual FoxPro 中，一个关系被称为一个表（Table），对应一个存储在磁盘上的扩展名为 dbf 的表文件。图 1-6～图 1-8 所示分别为 3 个不同的数据表。

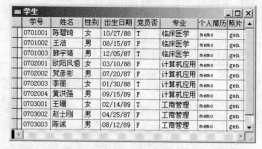

（2）元组：在一个具体的关系中，水平方向的每一行数据被称为一个元组，或者称为一个记录。图 1-6 中的学生表有 10 行，对应着 10 条记录。

（3）属性：在一个具体的关系中，垂直方向的每一列被称为一个属性，或者称为一个字段。图 1-6 中的学生表有 8 列，对应着 8 个字段（学号、姓名、性别、出生日期、党员否、专业、个人简历、照片）。

学生

学号	姓名	性别	出生日期	党员否	专业	个人简历	照片
0701001	陈碧琦	女	10/27/88	T	临床医学	memo	gen
0701002	王洁	男	08/15/87	F	临床医学	memo	gen
0701003	韩宇靖	男	12/05/87	T	临床医学	memo	gen
0702001	欧阳凤悟	女	03/10/88	F	计算机应用	memo	gen
0702002	贺彦彬	男	07/20/87	F	计算机应用	memo	gen
0702003	李丽	女	01/30/88	T	计算机应用	memo	gen
0702004	黃洪强	男	09/15/89	F	计算机应用	memo	gen
0703001	王珊	女	02/14/89	T	工商管理	memo	gen
0703002	赵士刚	男	04/25/87	F	工商管理	memo	gen
0703003	陈诚	男	08/12/89	F	工商管理	memo	gen

图 1-6　学生表

（4）域：属性（字段）的取值范围，即不同元组（记录）对同一个属性（字段）的取值所限定的范围。图 1-6 中学生表的“性别”字段的取值范围为“男”和“女”。

课程

课程号	课程名	课时	学分
101	内科学	72	4
102	免疫学	54	3
103	生物化学	90	5
201	数据结构	72	4
202	操作系统	72	4
203	编译原理	54	3
301	财务管理	90	5
302	市场营销学	54	3
303	人力资源管理	72	4

图 1-7　课程表

成绩

学号	课程号	平时成绩	卷面成绩	成绩
0701001	101	88	80	
0701001	102	76	70	
0701002	101	97	85	
0701002	102	93	91	
0701002	103	92	90	
0701003	101	80	80	
0702001	201	60	74	
0702001	203	70	82	
0702002	202	60	60	
0702003	201	90	98	
0702003	202	87	95	
0702004	203	62	78	
0703001	301	74	80	
0703001	302	80	70	
0703002	302	90	86	
0703002	303	96	90	
0703003	301	85	77	
0703003	303	90	82	

图 1-8　成绩表

（5）关键字：属性（字段）或属性（字段）的组合，关键字的值能够唯一地标识一个元组。学生表中的学号字段可以作为标识一条记录的关键字。在 Visual FoxPro 中，主关键字和候选关键字就起唯一标识一条记录的作用。

（6）外部关键字：如果关系中的某个属性（字段）不是本关系中的主关键字或候选关键字，而是另外一个关系中的主关键字或候选关键字，这个属性（字段）就称为外部关键字。成绩表中的学号字段就是成绩表的外部关键字。

（7）关系模式：对关系的描述称为关系模式。一个关系模式对应于一个关系结构，它是一个命名的属性集合。其格式为：关系名（属性名 1，属性名 2，…，属性名 n）。在 Visual FoxPro 中表示为表结构，即表名（字段名 1，字段名 2，…，字段名 n）。

如果从集合论的观点来定义关系，可以将关系定义是元组的集合；关系模式是命名的属性集合；元组是相关的属性值的集合；而一个具体的关系模型则是若干个有联系的关系模式的集合。

1.2.2 关系的特点

关系模型虽然简单，但是不能把日常手工管理所用的各种表格，按照一张表格一个关系直接存放到数据库系统中。在关系模型中对关系有一定的要求，关系必须具有以下特点。

（1）每个字段必须是不可分割的数据单元，即表中不能再包含表。换句话说，每一个字段不能再细分为多个字段。例如，表 1-1 中工资是可以再分的字段，可以分为应发工资和实发工资两个字段。因此，表 1-1 不符合关系模型的要求，但是表 1-2 却满足关系模型的要求。

表 1-1 工资表（不满足关系模型要求）

工号	姓名	工资	
		应发工资	实发工资
…	…	…	…

表 1-2 工资表（满足关系模型要求）

工号	姓名	应发工资	实发工资
…	…	…	…

（2）同一关系中不能出现相同的字段名，也不允许有完全相同的记录。

（3）在一个关系中记录的次序和字段的次序都无关紧要，即任意交换两行或两列的位置并不影响数据的实际含义。

1.2.3 关系运算

对关系数据库进行查询时，用户往往通过关系运算找到需要的数据。关系运算有两类：一类是传统的集合运算，包括：并、差、交、广义笛卡尔积等；另一种是专门的关系运算，包括选择、投影和连接。需要注意的是关系运算的操作对象是关系，并且运算结果仍是关系。这里我们只讨论选择、投影和连接 3 种基本关系运算。

1. 选择

从一个关系中选取满足给定条件的记录的操作称为选择。选择是从行的角度对关系的内容进行筛选，经过选择运算后得到的结果可以形成新的关系，而其关系模式不变，但其中的元组是原关系的一个子集。

例如，从图 1-6 所示的学生表中筛选出所有的女生，就是一种选择运算，可得到如图 1-9 所示的结果。

2. 投影

从一个关系中选取若干个属性组成新的关系的操作称为投影。投影是从列的角度对关系进行的筛选或重组，经过投影运算后得到的结果可以形成新的关系，其属性个数往往比原关系少，或者属性的排列次序与原关系不同。

例如，从图 1-6 所示的学生表中选取"学号"、"姓名"、"性别"、"专业" 4 个字段构成一个新表的操作，就是一种投影运算，可得到如图 1-10 所示的结果。

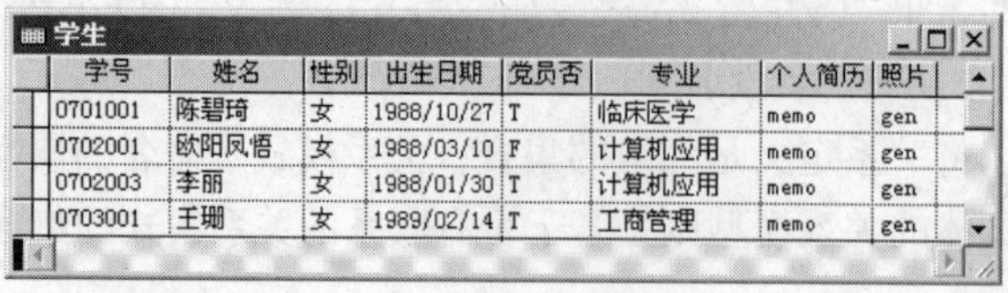

学生

学号	姓名	性别	出生日期	党员否	专业	个人简历	照片
0701001	陈碧琦	女	1988/10/27	T	临床医学	memo	gen
0702001	欧阳凤悟	女	1988/03/10	F	计算机应用	memo	gen
0702003	李丽	女	1988/01/30	T	计算机应用	memo	gen
0703001	王珊	女	1989/02/14	T	工商管理	memo	gen

图 1-9　选择运算示例

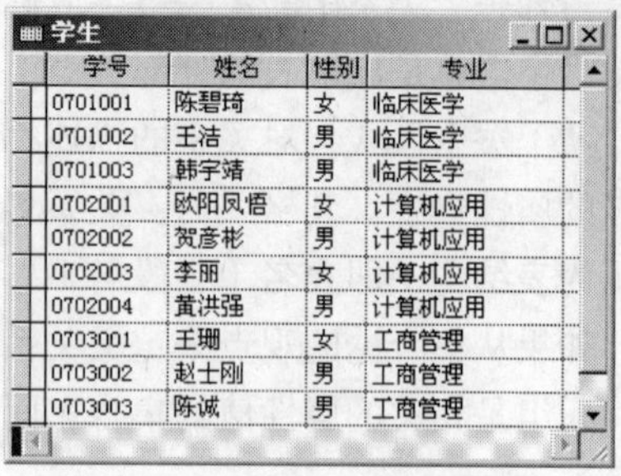

学生

学号	姓名	性别	专业
0701001	陈碧琦	女	临床医学
0701002	王洁	男	临床医学
0701003	韩宇靖	男	临床医学
0702001	欧阳凤悟	女	计算机应用
0702002	贺彦彬	男	计算机应用
0702003	李丽	女	计算机应用
0702004	黄洪强	男	计算机应用
0703001	王珊	女	工商管理
0703002	赵士刚	男	工商管理
0703003	陈诚	男	工商管理

图 1-10　投影运算示例

3. 连接

连接是两个关系中的元组按照一定的条件横向结合，拼接成一个新的关系。最常见的连接运算是自然连接，它是利用两个关系中共有的一个属性，将该属性值相等的元组内容连接起来，去掉其中的重复属性作为新关系中的一个元组。

连接过程是通过连接条件来控制的，不同关系中的公共属性是实现连接运算的纽带，满足连接条件的所有元组将构成一个新的关系。需要指出的是选择运算和投影运算的操作对象通常是一个关系，相当于对一个二维表中的数据进行横向的或纵向的选取。而连接运算则是对两个关系进行操作。

综上所述，在对关系数据库的操作中，利用关系的选择、投影和连接运算，可以方便地在一个或多个关系中抽取所需的各种数据，建立或重组新的关系。

1.2.4　数据库设计基础

只有采用较好的数据库设计，才能比较迅速、高效地创建一个设计完善的数据库，为访问所需信息提供方便。在设计时打好坚实的基础，设计出结构合理的数据库，会为日后整理数据库节省时间。

1. 数据库设计步骤

数据库应用系统与其他计算机应用系统相比有自己的特点，一般都具有数据量大、数据保存时间长、数据关联比较复杂、用户要求多样化等特点。设计数据库的目的实质上是设计满足实际应用需求的实际关系模型。

在 Visual FoxPro 中具体实施时表现为数据库和数据表的结构合理，不仅存储了所需要的实体信息，并且必须反映出实体之间客观存在的联系。

（1）设计原则

为了合理地组织数据，应遵从以下基本设计原则。

① 关系数据库的设计应遵从概念单一化“一事一地”的原则。一个表描述一个实体或实体间的一种联系。避免设计大而杂的表，首先分离那些需要作为单个主题而独立保存的信息，然后确定这些主题之间有何联系，以便在需要时把相关的信息组合在一起。通过将不同的信息分散在不同的表中，可以使数据的组织工作和维护工作更简单，同时也易保证建立的应用程序具有较高的性能。

例如，将有关学生基本信息的数据，包括姓名、性别、出生日期等保存到学生表中，把课程的信息保存到课程表中，把学生所学课程的有关信息，包括所学课程的成绩保存到成绩表中，而不是将这些数据统统放在一起。

② 避免在表之间出现重复字段。除了保证表中有反映与其他表之间存在联系的外部关键字外，尽量避免在表之间出现重复字段。这样做的目的是使数据冗余尽量小，防止在对表插入、删

除和更新操作时造成数据的不一致。

例如，在学生表中有了姓名字段，在成绩表中就不应再有姓名字段；在课程表中有了课程名字段，在成绩表中就不应再有课程名字段。需要时可以通过两个表的连接找到。

③ 表中的字段必须是原始数据和基本数据元素。表中不应包括通过计算可以得到的"二次数据"或多项数据的组合。能够通过计算从其他字段值推导出来的字段也应尽量避免。

例如，在学生表中应当包括出生日期字段，而不应包括年龄字段。当需要查询年龄的时候可以通过对出生日期简单计算得到准确年龄。

在特殊情况下可以保留计算字段，但是必须保证数据的同步更新。例如，在成绩表出现的成绩字段，其值是通过"平时成绩×50%+卷面成绩×50%"计算出来的。每次更改平时成绩或卷面成绩字段值的时候，都必须对成绩字段重新计算。可以通过 Visual FoxPro 的触发器来保证重计算字段的同步更新。

④ 用外部关键字保证有关联的表之间的联系。表之间各种关联是依靠外部关键字来维系的，使表具有合理结构，不仅存储了所需要的实体信息，并且反映出实体之间客观存在的联系，最终设计出满足应用需求的实际关系模型。

例如，在成绩表中设置学号字段为外部关键字，建立成绩表和学生表的联系。在用户查询时，可将学生的基本信息与其对应的成绩信息关联起来。

（2）设计的步骤

利用 Visual FoxPro 建立数据库，可以按照以下步骤来设计。

① 需求分析。用户需求主要包括 3 个方面：信息需求，确定需从数据库获取哪些信息；处理需求，确定对数据库完成什么处理功能及处理的方式；安全性和完整性需求，确定对数据库有何安全性和完整性约束要求。

② 确定数据库中的表。把需求信息划分成各个独立的实体，将每个实体设计为数据库中的一个表。

③ 确定所需字段。确定在每个表中要保存哪些字段。通过对这些字段的显示或计算应能够得到所有的需求信息。

④ 确定联系。对每个表进行分析，确定一个表中的数据和其他表中的数据的联系。必要时，可在表中加入字段或创建一个表来明确联系。

⑤ 设计求精。对设计进一步分析，查找其中的遗漏和错误。创建表，在表中加入几个示例数据记录，看看能否从表中得到想要的结果，必要时应调整设计。

在初始设计时，难免会发生遗漏或错误数据。这只是一个初步方案，以后可以对设计方案进一步完善。完成初步设计后，可以利用示例数据对表单、报表的原形进行测试。Visual FoxPro 很容易在创建数据库时对原设计方案进行修改。可是在数据库中载入了大量数据或连编表单和报表之后，再要修改这些表就困难多了。正因如此，在连编应用程序之前，应确保设计方案已经考虑得比较合理。

2. 数据库设计过程

下面以建立一个教学管理的数据库为例，概要地介绍在 Visual FoxPro 中设计数据库的过程。

（1）需求分析。教学管理包括对学生基本信息、开设的课程信息和学生所学课程的成绩信息的管理。

（2）确定数据库中的表。在教学管理数据库中，根据不同的主题将数据放入不同的数据表中。把学生基本情况、开设的课程、学生所学课程的成绩分别设计成独立的表：学生表、课程表和成绩表。

（3）确定表中的字段。根据规划给每个表的信息来设置字段，字段应反映表的属性且不可再分割为更小的逻辑单元。表包含的字段个数应能反映表的全部属性，字段的宽度设计以够用为原则，不宜过多。每个表应含有一个或一组能唯一标识一条记录的字段，也就是关键字段。学生表中的字段：学号、姓名、性别、出生日期、党员否、专业、个人简历、照片。课程表中的字段：课程号、课程名、课时、学分。成绩表中的字段：学号、课程号、平时成绩、卷面成绩、成绩。

（4）确定联系。一对一联系，需要考虑一下是否可以把两个表合并成一个表。如不能合并，就需要分别对这两个表建立主索引或候选索引；一对多联系是关系数据库中最普遍的联系，要建立这样的联系，就要把"一方"的主关键字字段添加到"多方"的表中。在联系中，"一方"使用主索引或者候选索引关键字，而"多方"使用普通索引关键字；多对多联系中，需要改变数据库的设计。通常通过建立一个新的数据表把两个多对多联系的表分解成两个一对多联系的表。经过分析，教学管理数据库中各数据表的联系如表 1-3 所示。（关于索引关键字的具体内容见后续章节。）

表 1-3　　　　　　　　　　　　　教学管理数据库中数据表的联系

关 联 表 A	关 联 表 B	关 联 字 段	关 联 类 型
学生	成绩	学号	一对多
课程	成绩	课程号	一对多

（5）设计求精：数据库设计在每一个具体阶段的后期都要经过用户确认。如果不能满足应用要求，则要返回到前面一个或者几个阶段进行修改和调整。整个设计过程实际上是一个不断返回修改、调整的迭代过程。

通过前面各个步骤确定了所需要的表、字段和联系之后，应该回过头来研究一下设计方案，检查可能存在的缺陷和需要改进的地方，这些缺陷可能会使数据难以使用和维护。下面列举需要检查的几个方面。

① 是否遗忘了字段？是否有需要的信息没包括进去？如果它们不属于已创建的表，就需要另外创建一个表。

② 是否有包含了同样字段的表？例如，同时有临床医学专业的学生表和计算机应用专业的学生表。可以将与同一实体有关的所有信息合并入一个表，也可能需要另外增加字段，如专业。

③ 表中是否带有大量并不属于某实体的字段，导致在表中重复输入了同样的信息？例如，一个表中既包括学生信息字段又包括有关班级的字段。必须修改设计，将该表分成两个一对多关系的表，确保每个表包括的字段只与一个实体有关。

④ 是否为每个表选择了合适的主关键字？应确保主关键字段的值不会出现重复值或空值。

经过反复修改和调整之后，就可以开发数据库应用系统的原型了。图 1-11 给出了教学管理数据库的关系模型，其中每个方框代表一个 Visual FoxPro 的表，单箭头连线代表一对多联系。这 3 个表不是孤立存在的表，表与表之间均通过外部关键字反映出了必要的联系。

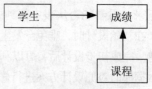

图 1-11　教学管理数据库模型

习　题　1

一、选择题

1. 数据库系统与文件系统的主要区别是（　　　　）。

　　A. 数据库系统复杂，而文件系统简单

   B. 文件系统不能解决数据冗余和数据独立性问题，而数据库系统可以解决

   C. 文件系统只能管理程序文件，而数据库系统能够管理各种类型的文件

   D. 文件系统管理的数据量较少，而数据库系统可以管理庞大的数据量

2. 数据库（DB）、数据库系统（DBS）、数据库管理系统（DBMS）三者之间的关系是（　　　）。

   A. DBS 包括 DB 和 DBMS   B. DBMS 包括 DB 和 DBS

   C. DB 包括 DBS 和 DBMS   D. DBS 就是 DB，也就是 DBMS

3. 在超市营业过程中，每个时段要安排一个班组上岗值班，每个收款口要配备两名收款员配合工作，共同使用一套收款设备为顾客服务，在超市数据库中，实体之间属于一对一关系的是（　　　）。

   A. 顾客与收款口的关系   B. 收款口与收款员的关系

   C. 班组与收款口的关系   D. 收款口与设备的关系

4. 在关系模型中，每个关系模式中的关键字（　　　）。

   A. 可由多个任意属性组成

   B. 最多由一个属性组成

   C. 可由一个或多个其值能唯一标识关系中任何元组的属性组成

   D. 以上说法都不对

5. 在 Visual FoxPro 中，关系数据库管理系统所管理的关系是（　　　）。

   A. 一个 DBF 文件   B. 若干个二维表

   C. 一个 DBC 文件   D. 若干个 DBC 文件

6. 设有表示学生选课的 3 张表：学生 S（学号，姓名，性别，年龄，身份证号），课程 C（课号，课名），选课 SC（学号，课号，成绩），则表 SC 的关键字是（　　　）。

   A. 课号，成绩   B. 学号，成绩

   C. 学号，课号   D. 学号，姓名，成绩

7. 从数据表中选择字段形成新表的操作是（　　　）。

   A. 选择   B. 连接   C. 投影   D. 并

8. 能使经运算后得到的新关系中属性个数多于原来关系中属性个数的操作是（　　　）。

   A. 选择   B. 连接   C. 投影   D. 并

二、填空题

1. 数据库系统中对数据库进行管理的核心软件是_____。

2. 在奥运会游泳比赛中，一个游泳运动员可以参加多项比赛，一个游泳比赛项目可以有多个运动员参加，游泳运动员与游泳比赛项目两个实体之间的联系是_____联系。

3. 关系模型是用_____结构来表示实体以及实体之间联系的模型。Visual FoxPro 支持的数据模型是_____。

4. 二维表中的行称为关系的_____；列称为关系的_____。

5. 在连接运算中，_____连接是去掉重复属性的等值连接。

三、简答题

1. 数据库、数据库管理系统及数据库系统的概念分别是什么？

2. 简述在关系数据模型中，表、记录、域、关键字、外部关键字的概念。

第2章
Visual FoxPro 环境简介

Visual FoxPro 是 Microsoft 公司从 Fox 公司的 FoxBase 经过数次改良，并且移植到 Windows 之后，得来的 32 位数据库管理系统。它提供了功能完备的工具、极其友好的用户界面、简单的数据存取方式、独一无二的跨平台技术，具有良好的兼容性、真正的可编译性和较强的安全性，是目前最快捷、最实用的数据库管理系统软件之一。

2.1　Visual FoxPro 的启动与退出

1. Visual FoxPro 的启动

Visual FoxPro 安装成功后，系统在"开始"菜单中创建了一个名为"Microsoft Visual FoxPro 6.0"的新 Windows 程序组。启动 Visual FoxPro 主要有以下两种方法。

（1）单击 ⚑开始 按钮，选择"程序"→"Microsoft Visual FoxPro 6.0"→"Microsoft Visual FoxPro 6.0"菜单命令。

（2）双击 Visual FoxPro 6.0 在桌面的快捷方式。

Visual FoxPro 启动后，窗口界面如图 2-1 所示。

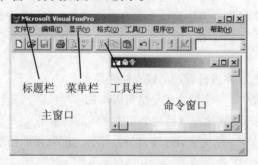

图 2-1　Visual FoxPro 6.0 窗口界面

2. Visual FoxPro 的退出

退出 Visual FoxPro，可使用 Windows 应用程序的各种退出方法，还可使用 Visual FoxPro 提供的方法。退出 Visual FoxPro 主要有以下 3 种方法。

（1）单击窗口标题栏右侧的"关闭"按钮。

（2）选择"文件"→"退出"菜单命令。

（3）在命令窗口中执行"Quit"命令并按 Enter 键。

2.2　Visual FoxPro 集成开发环境

2.2.1　Visual FoxPro 用户界面

Visual FoxPro 的用户界面由标题栏、菜单栏、工具栏、主窗口、命令窗口及状态栏等几部分构成。

1. 菜单栏

Visual FoxPro 主窗口的菜单栏为用户提供了各种操作命令。其中包括："文件"、"编辑"、"显示"、"格式"、"工具"、"程序"、"窗口"和"帮助"8 个下拉式菜单及其菜单项。大多数的操作均可通过菜单选择方式进行。

Visual FoxPro 菜单栏中的菜单命令可以随着当前工作情况的不同，而显示不同的主菜单项和不同的下拉菜单的选项。例如，在刚启动 Visual FoxPro 时，"显示"菜单中只有"工具栏"一个菜单项，然而当打开一个数据表之后，就会有"浏览"、"表设计器"等多个菜单项。

2. 工具栏

工具栏通常位于菜单栏之下。Visual FoxPro 提供了多个工具栏，每一个工具栏由若干个工具按钮组成，每个按钮对应一个经常使用的特定菜单命令，当鼠标指针在某个按钮上停留片刻后，即会出现一个说明该按钮功能的提示框。显然，若要执行某个操作命令，点击工具栏中的相应按钮要比选择菜单命令方便、快捷得多。

在默认情况下，Visual FoxPro 的主窗口中只显示"常用"工具栏。实际上，Visual FoxPro 还提供了其他 10 种工具栏，这些工具栏将随着工作环境的需要和变化，而自动地显示出来。用户也可以随时将这些工具栏显示或隐藏起来，其方法是用鼠标右键单击"常用"工具栏或者选择"显示"→"工具栏"菜单命令，打开如图 2-2 所示的"工具栏"对话框，然后在该对话框中指定要显示或隐藏的工具栏后单击"确定"按钮。

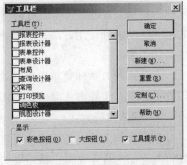

图 2-2　"工具栏"对话框

3. 窗口组成

Visual FoxPro 中的窗口有主窗口、命令窗口、代码编辑窗口、数据浏览和编辑窗口。它们的大小、位置都是可以调整的，也可以重叠。

（1）主窗口：用于展开各种工作窗口和显示命令的执行结果。

（2）命令窗口：用于 Visual FoxPro 命令的编辑和执行。在该窗口中，直接输入各种命令并按 Enter 键之后，系统就会立即执行该命令。另外，当用户采用菜单方式操作时，每当某个操作完成后，系统也会自动把与该菜单操作对应的命令显示在命令窗口中。显示在命令窗口中的命令可以被再次执行或者加以修改后再执行，用户只需将插入点光标置于需要再次执行的命令之中并按 Enter 键即可。此外，用鼠标右键单击命令窗口，在弹出的快捷菜单中可以对所选中的命令文本进行剪切、复制、粘贴和清除等操作。

与其他的 Windows 程序的窗口一样，命令窗口也可以被放大、缩小、关闭和移动其位置，若要显示或隐藏命令窗口可采用以下几种方法。

① 选择"窗口"→"命令窗口"菜单命令，可显示命令窗口；选择"窗口"→"隐藏"菜单命令，可隐藏命令窗口。

② 单击"常用"工具栏上的"命令窗口"▤按钮，可显示或隐藏命令窗口。

③ 按 Ctrl + F2 组合键可以显示命令窗口，按 Ctrl + F4 组合键可以隐藏命令窗口。

（3）代码编辑窗口：用于编辑和查看各种程序代码。

（4）浏览和编辑窗口：用于浏览和编辑数据表中的记录。

4. 状态栏

状态栏位于 Visual FoxPro 主窗口的最下方，用于显示当前的工作状态。当打开一个数据表之后，将在状态栏上显示该数据表的名称和其拥有的记录数目，以及当前的记录号。状态栏还可以显示当前被选择的菜单命令或工具栏上命令按钮的功能等。

2.2.2　Visual FoxPro 的工作方式

Visual FoxPro 支持 3 种工作方式，即菜单方式、命令方式和程序执行方式。

1. 菜单方式

菜单选择方式是指利用系统提供的菜单、工具栏、窗口、对话框等进行交互操作。菜单选择方式的突出优点是操作简单、直观、不需要记忆命令格式，因而是用户常用的一种工作方式。与命令工作方式相比，其不足之处是操作步骤往往较为烦琐。

2. 命令方式

命令执行方式是指用户在命令窗口中输入一条命令后按 Enter 键，系统立即执行该命令并显示执行结果（有时也会弹出对话框要求进行对话）。采用命令执行方式时，用户需要熟悉各种命令的格式、功能和使用方法，对于熟练用户而言，采用命令执行方式往往比采用菜单选择方式具有更高的效率。

命令执行方式和菜单选择方式的效果是一样的。事实上，菜单方式和命令方式都属于交互工作方式。交互工作方式简便、不需编程，但不宜解决复杂的数据处理问题。

3. 程序执行方式

程序执行方式是指根据实际工作需要，将所要执行的一批相关命令按照任务要求编写成程序，并将其存储为程序文件，待需要时执行该程序文件，就可以自动地执行其内包含的一系列命令，完成相应任务。

程序执行方式的优点是运行效率高，而且编制好的程序可以反复执行。对于用户来说，采用程序执行方式可以不必了解程序中的命令和内部结构，而只需了解程序运行中的人机交互要求，就能方便地完成程序所规定的功能。对于一些复杂的数据处理与管理问题通常都采用程序执行方式运行。

2.2.3　Visual FoxPro 系统环境设置

Visual FoxPro 系统安装后，系统自动地用一些默认值来设置其工作环境，同时也允许用户根据实际需要对工作环境做不同的设置，如设置默认目录（路径）、指定日期与时间的格式等。

用户可以使用 Visual FoxPro 的"选项"对话框或 SET 命令对工作环境进行设置，还可以通过创建专门的配置文件进行设置。这里我们介绍采用"选项"对话框设置默认的日期时间格式的方法，以及设置默认的文件存取路径的方法。

1. "选项"对话框

选择"工具"→"选项"菜单命令，打开"选项"对话框，该对话框中有 12 个不同的环境设置选项卡。各个选项卡的名称及设置功能如表 2-1 所示。

表 2-1   "选项"对话框中的选项卡

选 项 卡	设 置 功 能
显示	设置界面，如是否显示状态栏、时钟、命令结果或系统信息等
常规	设置数据输入或编程选项，如设置警告声音，是否记录编译错误或自动填充新记录，使用的定位键，调色板使用的颜色、改写文件前是否警告等
数据	对数据库进行设置，如是否使用 Rushmore 优化，是否使用索引强制唯一性，备注块大小，查找的记录计数器间隔以及使用什么锁定选项
远程数据	设置对远程数据的访问，如连接超时限定值，一次拾取记录数目以及如何使用 SQL 更新
文件位置	设置文件的默认位置，如默认路径、帮助文件及辅助文件的存储位置等
表单	设置表单设计器，如网格间距、使用度量单位、最大设计区域以及使用何种模板
项目	设置项目管理器在创建管理时的一些初始值和默认值，如是否使用向导等
控件	设置"表单控件"工具栏中的"查看类"按钮所提供的可视类库和 ActiveX 控件
区域	设置日期、世界区域、货币及数字格式
调试	设置调试器显示及跟踪选项，如使用什么字体和颜色
语法着色	设置程序元素使用的字体和颜色，如注释、关键字的字体和颜色
字段映像	从数据环境设计器、数据库设计器或项目管理器中向表单拖动表或字段时创建何种控件

2. 设置日期和时间的显示格式

在"区域"选项卡中，可设置日期和时间的显示格式，Visual FoxPro 中的日期和时间有多种显示格式可供选择。例如，"年月日"显示方式为 1998/11/23 05:45:36 PM；"汉语"方式为 1998 年 11 月 23 日 星期一，17:45:36 等，如图 2-3 所示。

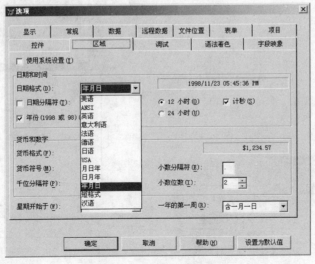

图 2-3   "区域"选项卡

3. 设置默认路径

用户在 Visual FoxPro 环境中工作时，应当创建自己的工作目录（即文件夹）来存放用户开发的应用系统中的各种文件，以便与 Visual FoxPro 系统文件分开，既可避免相互影响又利于对文件的操作和管理。

要设置用户自己的工作目录，可在如图 2-4 所示的"文件位置"选项卡中根据需要进行设置。操作步骤如下。

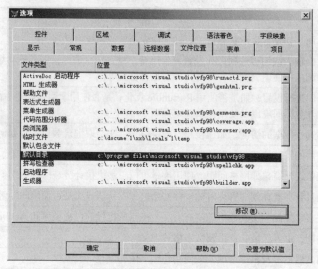

图 2-4 "文件位置"选项卡

（1）在"文件位置"选项卡的"文件类型"列表框中选取"默认目录"，然后单击"修改"按钮，或者直接双击"默认目录"，打开如图 2-5 所示的"更改文件位置"对话框。

（2）选中"使用默认目录"复选框，激活"定位默认目录"文本框。然后直接输入要作为默认磁盘目录的目录名，或者单击文本框右侧的 按钮，在打开的"选择目录"对话框中选择作为默认目录的文件夹，如图 2-6 所示，单击"选定"按钮返回到"更改文件位置"对话框。

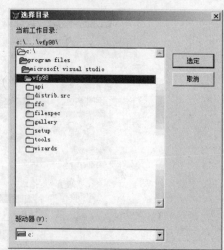

图 2-6 "选择目录"对话框

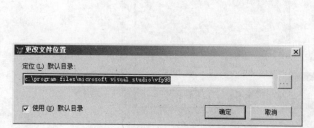

图 2-5 "更改文件位置"对话框

（3）单击"确定"按钮关闭"更改文件位置"对话框。默认目录设置成功。

默认目录设置完成后，用户新建的文件将自动保存到这个默认的文件夹中，并且在打开某个文件时，默认的文件路径也将是这个文件夹。在 D 盘根目录下建立"教学管理"文件夹，将系统的默认目录设置为"d:\教学管理"。在本书中，若命令中没有指出文件所在的目录，默认目录均为："d:\教学管理"。

需要说明的是，当"选项"对话框的各选项内容设置完成后，如果直接单击"确定"按钮关闭该对话框，则用户所做的各种设置仅在本次 Visual FoxPro 运行期间有效。若要永久保存用户所做的各种设置，应在单击"确定"按钮关闭"选项"对话框之前，单击对话框右下角的"设置为默认值"按钮。

4. 使用 SET 命令设置系统环境

用户也可以在命令窗口中使用 SET 命令来设置系统环境。使用 SET DEFAULT TO 命令设置默认驱动器、文件夹或目录，如"SET DEFAULT TO D:\教学管理"命令将默认路径设置为 D 盘下的"教学管理"文件夹；使用 SET DATE TO 命令可以设置日期显示格式，如执行"SET DATE TO YMD"命令后，显示的日期格式为"yy-mm-dd"。

 使用 SET 命令设置的系统环境，仅在 Visual FoxPro 本次运行中有效，退出系统时，设置全部失效。

SET 命令有两种格式：

```
SET 参数 ON|OFF
SET 参数 1 TO 参数 2
```

表 2-2 列出了部分常用系统环境设置命令。

表 2-2　　　　　　　　　　　　常用系统环境设置命令

格　式	功　能	默 认 值
CLEAR	清屏幕	
SET TALK ON/OFF	控制执行命令的响应是否在屏幕上显示	ON
SET ESCAPE ON/OFF	控制按 Esc 键能否中断程序的执行	ON
SET EXACT ON/OFF	控制是否处于精确比较状态	OFF
SET DELETED ON/OFF	控制是否使用了删除标志的记录	OFF
SET SAFETY ON/OFF	控制是否提供文件保护，防止重写	ON
SET CONSOLE ON/OFF	控制输出内容是否在屏幕上显示	ON
SET HEADING ON/OFF	控制字段名称是否在屏幕上显示	ON

2.2.4　Visual FoxPro 可视化工具

Visual FoxPro 提供了真正的面向对象的可视化设计工具，包括向导、设计器和生成器等。这些工具可以帮助用户轻松地完成应用程序组件的设计任务。本节将对这些工具做简要的介绍，具体使用方法将在后面的有关章节中介绍。

1. Visual FoxPro 向导

Visual FoxPro 提供的向导是一种交互式的快速设计工具，它通过一系列的对话框向用户提示每一个操作步骤，引导用户一步步完成各项任务。例如，使用向导可以创建查询、表单、报表等。

向导所能完成的任务一般比较简单，其最大特点是方便快捷。在实际应用中，用户可以先利用向导创建一个比较简单的任务框架，然后再用相应的设计器进行修改和完善。Visual FoxPro 提供了 20 多种向导，表 2-3 列出了常用向导及其主要用途。

表 2-3   Visual FoxPro 向导及功能

向 导 名 称	功 能
表向导	引导用户在 Visual FoxPro 表结构的基础上创建新表
数据库向导	引导用户创建包含指定表和视图的数据库
导入向导	引导用户从其他应用程序中将数据导入到 Visual FoxPro 表中
查询向导	引导用户创建查询
本地视图向导	引导用户利用本地数据创建视图
远程视图向导	引导用户利用 ODBC 数据源创建视图
文档向导	引导用户从项目文件或程序文件的代码中产生格式化的文本文件
表单向导	引导用户创建表单
一对多表单向导	引导用户利用多个相关的表创建表单
标签向导	引导用户创建一个符合标准的邮件标签
报表向导	引导用户利用单个表创建报表
一对多报表向导	引导用户利用多个相关的表创建报表
分组/总结报表向导	引导用户创建具有分组和总结功能的统计报表
图表向导	引导用户创建图表
数据透视表向导	引导用户创建数据透视表，从 Visual FoxPro 向 Excel 数据透视表传送数据
应用程序向导	引导用户创建 Visual FoxPro 应用程序
安装向导	引导用户为 Visual FoxPro 应用程序创建安装程序

2. Visual FoxPro 设计器

Visual FoxPro 的设计器是创建和修改应用系统各种组件的可视化工具。利用各种设计器使得创建表、数据库、查询、视图、表单、菜单和报表以及管理数据变得非常容易。表 2-4 列出了 Visual FoxPro 完成各种不同任务所使用的设计器。

表 2-4   Visual FoxPro 设计器及功能

设计器名称	功 能
表设计器	创建并修改数据库表、自由表、字段和索引
数据库设计器	管理数据库中包含的全部表、视图和关系
报表设计器	创建和修改打印数据的报表
查询设计器	创建和修改在本地表中运行的查询
视图设计器	在远程数据源上运行查询，创建可更新的查询
表单设计器	创建并修改表单和表单集
菜单设计器	创建菜单栏或弹出子菜单
连接设计器	为远程视图创建并修改命名连接，因为连接是作为数据库的一部分存储的，所以仅在有打开的数据库时才能使用"连接设计器"

3. Visual FoxPro 生成器

Visual FoxPro 的生成器是带有多个选项卡的对话框，主要用来在某个应用程序的组件中创建、生成或修改某种控件。各种生成器通过简单的对话帮助用户设置对象的属性，简化其操作过程。例如，可使用有关生成器在表单中生成或修改文本框、组合框、命令按钮组和选项按钮组，以及在数据库表中生成参照完整性等。表 2-5 列出了 Visual FoxPro 提供的各种生成器及其主要用途。

表 2-5　　　　　　　　　　　　　　Visual FoxPro 生成器及功能

生成器名称	功　　能
表达式生成器	用于建立和编辑表达式
参照完整性生成器	用于建立参照完整性规则，用来控制如何在相关表中插入、更新和删除记录，确保参照完整性
表单生成器	用于建立包含控件的表单
文本框生成器	用于设置文本框控件的属性
编辑框生成器	用于设置编辑框控件的属性
命令按钮组生成器	用于设置命令按钮组控件的属性
选项按钮组生成器	用于设置选项按钮组控件的属性
组合框生成器	用于设置组合框控件的属性
列表框生成器	用于设置列表框控件的属性
表格生成器	用于设置表格控件的属性
自动格式生成器	用于设置一组控件的格式

2.3　Visual FoxPro 命令概述

Visual FoxPro 为用户提供了丰富的命令，大部分可以直接输入到命令窗口并执行，其中有一部分专为程序方式提供。由于 Visual FoxPro 命令多，功能各异，因此对于初学者来说，确切了解各命令的意义，正确理解命令的结构，才能在使用时准确无误。

2.3.1　Visual FoxPro 命令的结构

Visual FoxPro 的命令通常由两部分组成：第一部分是命令动词，指明该命令的功能；第二部分是几个与命令动词相关的短语，这些短语用来说明对所要执行的命令进行了什么限制，提供执行命令所需的各种参数。对数据表进行操作的命令一般具有如下的命令结构格式：

<命令动词>[<范围>][FIELDS <字段名表>][FOR <条件>]|[WHILE <条件>]

上面的命令格式中，尖括号中的内容是命令中的必选项，方括号中的内容是可以根据需要选用的。

2.3.2　Visual FoxPro 命令中的常用短语

命令的短语很多，一部分是有些命令专用的，还有一部分是许多命令中都有的。以下对其中常见的短语做一些说明。

1. 范围短语

范围短语指明对数据表进行操作的记录范围，一般有以下 4 种选择。

（1）ALL：表示对表中全部记录进行操作。

（2）NEXT *N*：表示对从当前记录开始的 *N* 个记录进行操作。

（3）RECORD *N*：表示对第 *N* 条记录进行操作。

（4）REST：表示对当前到表尾的所有记录进行操作。

当无范围子句时，操作范围由命令按默认值进行。

2. FIELDS 短语

FIELDS 短语用来规定当前处理的字段或表达式，指明对数据表中哪些字段执行命令。如果不选该子句，表示对记录中的所有字段执行命令，但不包括备注型字段和通用型字段。

3. FOR|WHILE 短语

（1）FOR <条件>：在指定范围内（缺省范围为 ALL），逐条检查记录，符合条件者执行命令，不符合条件的跳过去。

（2）WHILE <条件>：在指定记录范围内（缺省范围为 REST），逐条检查，符合条件者执行命令。当遇到第一个不满足条件的记录，停止命令的执行，而不管后续记录是否符合条件。

应该指出的是，各种命令在结构上除了它们的共性外，还有其特殊性，在使用时仍需要仔细地加以区别。

2.3.3　Visual FoxPro 命令的书写规则

Visual FoxPro 命令的书写规则主要有以下几点。

（1）各种命令必须以命令动词开始，而其后的各个短语的顺序可以任意。

（2）命令中的英文字母可以大写、小写或大小写混合使用。

（3）命令动词和各种短语均可仅用前 4 个字母表示。

（4）应该使用一个或多个空格来分隔命令中的各个短语，在字段名表的各字段名之间则应该用逗号分开。

（5）除汉字文字之外，命令中的所有符号均应使用半角符号。特别要注意的是不能使用中文标点符号。

（6）命令中的文件名、内存变量名和字段变量名应避免与 Visual FoxPro 的保留字重名，以免引起错误。

（7）一个命令在一行写不下时或换行书写时可在行尾加分号（；）作续行符，在换行后继续书写。

2.4　Visual FoxPro 的主要文件类型

在 Visual FoxPro 系统中创建数据库应用系统会产生多种文件，如项目文件、表文件、数据库文件等，它们使用不同的扩展名区分。表 2-6 列出了 Visual FoxPro 常用的文件扩展名及其关联的文件类型。

表 2-6　　　　　　　　　　　常用文件扩展名及其关联的文件类型

扩 展 名	文 件 类 型	扩 展 名	文 件 类 型
.pjx	项目文件	.fxp	源程序编译后的文件
.app	Visual FoxPro 应用程序	.vcx	可视类库文件
.exe	可执行应用程序	.vct	可视类库备注文件
.dll	Windows 动态链接库文件	.scx	表单文件
.dbf	数据表文件	.sct	表单备注文件
.fpt	数据表备注文件	.mnx	菜单文件

续表

扩 展 名	文 件 类 型	扩 展 名	文 件 类 型
.idx	数据表独立索引文件	.mnt	菜单备注文件
.cdx	数据表复合索引文件	.mpr	生成的菜单源程序文件
.dbc	数据库文件	.lbt	标签备注文件
.dct	数据库备注文件	.lbx	标签文件
.dcx	数据库索引文件	.frt	报表备注文件
.qpr	查询文件	.frx	报表文件
.prg	源程序文件	.txt	文本文件

2.5　项目管理器

所谓项目是指文件、数据、文档和 Visual FoxPro 对象的集合。项目管理器是 Visual FoxPro 中处理数据和对象的主要组织工具，它为系统开发者提供了极为便利的工作平台：一是提供了简便的、可视化的方法来组织和处理表、数据库、报表、查询和其他一切文件，通过单击鼠标就能实现对文件的创建、修改、删除等操作；二是在项目管理器中可以将应用系统编译成一个扩展名为.app 的应用文件或.exe 的可执行文件。

2.5.1　创建项目

项目管理器将一个应用程序的所有文件集合成一个有机的整体，形成一个扩展名为.pjx 的项目文件。用户可以根据需要创建项目。

1. 菜单方式

采用菜单方式的操作步骤如下。

（1）选择"文件"→"新建"菜单命令，或者单击"常用"工具栏上的"新建"按钮，系统打开"新建"对话框，如图 2-7 所示。

（2）在"文件类型"区域选择"项目"选项，然后单击"新建文件"图标按钮，系统打开"创建"对话框，如图 2-8 所示。

图 2-7　"新建"对话框

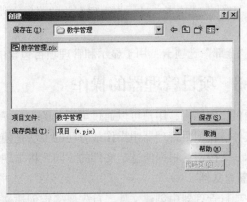

图 2-8　"创建"对话框

（3）在"创建"对话框的"项目文件"文本框中输入项目名称，如"教学管理"，单击"保存"按钮，Visual FoxPro 就在当前目录位置建立一个"教学管理.pjx"的项目文件。

2．命令方式

命令格式：CREATE PROJECT <项目文件名>

命令功能：打开项目管理器，建立一个新项目。

当激活"项目管理器"窗口时，在菜单栏中就显示"项目"菜单。对于已经创建的项目文件，以后再打开该文件的同时自动打开项目管理器。

2.5.2 项目管理器的组成

"项目管理器"窗口是 Visual FoxPro 开发人员的工作平台，如图 2-9 所示。它包括 6 个选项卡，其中"数据"、"文档"、"类"、"代码"、"其他" 5 个选项卡用于分类显示各种文件，"全部"选项卡用于集中显示该项目中的所有文件。若要处理项目中某一特定类型的文件或对象可选择相应的选项卡。

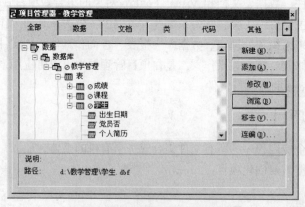

图 2-9　教学管理项目的数据

（1）"数据"选项卡：包含项目中所有的数据，如数据库、自由表、查询和视图等。

（2）"文档"选项卡：包含显示、输入和输出数据时所涉及的所有文档，如表单、报表和标签等。

（3）"类"选项卡：显示和管理用户自定义类。

（4）"代码"选项卡：显示与管理各种程序代码文件，包括扩展名为.PRG 的程序文件和扩展名为.APP 的应用程序文件以及 API 函数库等。

（5）"其他"选项卡：显示与管理有关的菜单文件、文本文件、位图文件、图标文件和帮助文件等。

（6）"全部"选项卡：用于显示和管理项目包含的所有文件。

2.5.3 项目管理器的操作

在项目管理器中，用户可以通过可视化的直观操作在项目中创建、添加、修改、移去和运行指定的文件。在项目管理器中操作最方便的方法是使用相应的命令按钮。项目管理器的右侧同时可以显示 6 个按钮，根据所选定文件的不同，将出现不同的按钮组。

1．新建文件

要在项目管理器中创建文件，首先要确定创建文件的类型。例如，要创建一个数据库文件，必须在项目管理器中首先选择"数据库"选项，如图 2-10 所示。

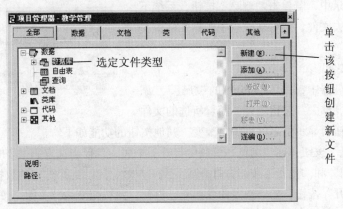

图 2-10　创建一个新的数据库文件

只有当选定了文件类型之后，"新建"按钮才可用。单击"新建"按钮或选择"项目"→"新建文件"菜单命令，即可打开相应的设计器以创建一个新文件。图 2-10 所示操作将打开数据库设计器。

需要注意，在项目管理器中新建的文件将自动包含在该项目文件中，而利用"文件"→"新建"菜单命令创建的文件不属于任何项目文件。

2. 添加文件

利用项目管理器可以把一个已经存在的文件添加到项目文件中，具体操作步骤如下。

（1）选择要添加文件的类型。例如，要添加一个数据库到项目文件中，则应在项目管理器的"数据"选项卡中选择"数据库"。

（2）单击"添加"按钮或选择"项目"→"添加文件"菜单命令，系统弹出"打开"对话框。在"打开"对话框中选择要添加的文件。

（3）单击"确定"按钮，系统便会将选择的文件添加到项目文件中。

在 Visual FoxPro 中，新建或添加一个文件到项目中并不意味着该文件已成为项目的一部分。事实上，每一个文件都以独立文件的形式存在。我们说某个项目包含某个文件只是表示该文件与项目建立了一种关联。

3. 修改文件

利用项目管理器可以随时修改项目文件中的指定文件，具体操作步骤如下。

（1）选择要修改的文件。例如，选择数据库中的一个表。

（2）单击"修改"按钮或选择"项目"→"修改文件"菜单命令，系统将根据要修改的文件类型打开相应的修改界面。在此例中，系统将打开表设计器。

（3）在设计器中修改选择的文件。

如果被修改的文件同时包含在多个项目中，修改的结果对于其他项目也有效。

4. 移去文件

项目中包含的文件如果不再需要了，可以从项目中移去，具体操作步骤如下。

（1）选择要移去的文件。

（2）单击"移去"按钮或选择"项目"→"移去文件"菜单命令，系统弹出如图 2-11 所示的提示框。

（3）若单击提示框中的"移去"按钮，系统仅仅从项目中移去所选择的文件，被移去的文件仍存在于原目录中；若单击"删除"按钮，系统不仅从项目中移去文件，还将从磁盘中删除文件，文件将不复存在。

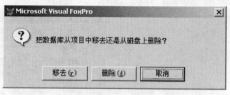

图 2-11　移去文件提示框

5. 其他按钮

在项目管理器中，除了上面介绍的"新建"、"添加"、"修改"、"移去"按钮之外，随着所选的文件类型不同，按钮所显示的名称将随之改变。其他按钮的功能如下。

（1）"浏览"按钮：在"浏览"窗口中打开一个表，且仅当选定一个表时可用。

（2）"关闭"和"打开"按钮：打开或关闭一个数据库。如果选定的数据库已关闭，"关闭"按钮变为"打开"按钮；如果选定的数据库已打开，此按钮变为"关闭"按钮。

（3）"预览"按钮：在打印预览方式下显示选定的报表或标签。

（4）"运行"按钮：执行选定的查询、程序或表单。当选定项目管理器中的一个查询、程序或表单时才可使用。

（5）"连编"按钮：连编一个项目，生成应用程序。

2.5.4　项目连编

各个模块调试无误后，需要对整个项目进行联合调试并编译，在 Visual FoxPro 中称为项目连编。

1. 设置文件的"包含"与"排除"

在项目中新建或添加数据库后，其左侧有一个排除符号 ⊘，表示数据库从项目中排除。"排除"与"包含"相对应。将一个项目编译成一个应用程序时，所有在项目中被包含的文件将组合为一个单一的应用程序文件。在项目连编之后，那些在项目中标记为"包含"的文件将变为只读文件，不能再修改。如果应用程序中包含需要用户修改的文件，必须将该文件标记为"排除"。

添加到项目中的文件，例如表，需要录入数据，即经常会被用户修改。在这种情况下，应该将这些文件添加到项目中，并将文件标记为"排除"。排除文件仍然是应用程序的一部分，因此 Visual FoxPro 仍可跟踪，将它们看成项目的一部分。但是这些文件没有在应用程序的文件中编译，所以用户可以更新它们。

作为通用的准则，包含的可执行程序，如查询、程序、表单、菜单和报表文件应该在应用程序文件中标记为"包含"，而数据文件则标记为"排除"。但是，必须根据应用程序的需要来标记包含或排除文件。

将标记为排除的文件设置成包含一般在项目管理器中设置：选定要将标记为"排除"的文件之后，单击鼠标右键，从快捷菜单上选择"包含"即可，如图 2-12 所示。

在主菜单上的"项目"下拉选项中也可以进行同样的操作。反之，选定没有排除符号的文件，快捷菜单将出现"排除"。

2. 设置主文件

主文件作为整个项目的启动文件，可以是查询、程序、表单或菜单。在每个项目中必须指定一个主文件，且只能指定一个主文件。假定有一程序文件 main.prg 是"教学管理"项目的启动文件，将它设置为主文件的具体操作步骤如下。

（1）选择"代码"选项卡中的"程序"选项，然后单击"添加"按钮，将 main.prg 添加到程序项中。

（2）在程序文件 main.prg 上单击鼠标右键，选择"设置主文件"命令。

在设置一个主文件后，主文件名在项目管理器中显示为黑体，如图 2-13 所示。

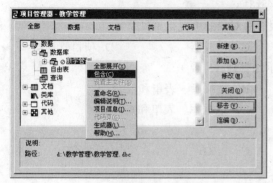

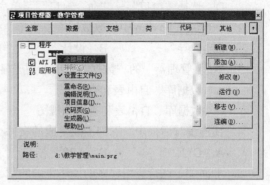

图 2-12　设置为"包含"　　　　　　　　　　图 2-13　设置主文件

3. 项目连编

当应用程序所需的资源全部添加到项目中，设置了项目主文件，并成功的运行项目主文件之后，接下来就可以进行连编了。连编就是把一个项目文件管理器中的各个组件连编成一个应用程序文件。应用程序文件包括项目中所有包含的文件，项目连编结果有以下两种文件形式：

（1）应用程序文件（.app）：需要在 Visual FoxPro 中运行；

（2）可执行文件（.exe）：可以在 Windows 下运行。

连编应用程序的操作步骤如下。

（1）在项目管理器中选择"连编"按钮，打开"连编选项"对话框，如图 2-14 所示。

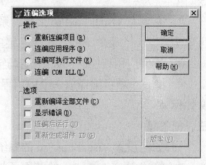

（2）在"连编选项"对话框中，若选择"连编应用程序"选项，则生成一个.app 文件；若选择"连编可执行文件"选项，则生成一个.exe 文件。

（3）选择所需的其他选项并单击"确定"按钮。

图 2-14　"连编选项"对话框

连编应用程序的命令是 BUILD APP 或 BUILD EXE。例如，要从项目"教学管理.pjx"连编得到一个应用程序"教学管理系统.app"或可执行文件"教学管理系统.exe"，在命令窗口执行命令：

BUILD APP 教学管理系统 FROM 教学管理
或　BUILD EXE 教学管理系统 FROM 教学管理

在实际开发应用程序过程中，一般都要使用项目管理器，因为它可以对应用程序涉及的全部资源进行管理，同时又是编译成在 Windows 环境下运行的.exe 文件所必须使用的。

习　题　2

一、选择题

1. 显示与隐藏命令窗口的错误操作是（　　）。

　　A. 单击常用工具栏上的"命令窗口"按钮

B. 退出 Visual FoxPro，再重新打开

C. 分别按 Ctrl + F4 和 Ctrl + F2 组合键

D. 选择"窗口"→"命令窗口"菜单命令切换

2. 在 Visual FoxPro 中修改数据库、表单、报表等对象的可视化工具是（　　　）。

    A. 向导   B. 设计器   C. 生成器   D. 项目管理器

3. "项目管理器"的"数据"选项卡用于显示和管理（　　　）。

    A. 数据库、自由表和查询   B. 数据库、表单和报表

    C. 数据库、自由表和查询和视图   D. 数据库、表单和查询

4. 在连编对话框中，下列不能生成的文件类型是（　　　）。

    A. DLL   B. APP   C. PRG   D. EXE

5. 下面关于运行应用程序的说法正确的是（　　　）。

    A. .app 应用程序可以在 Visual FoxPro 和 Windows 环境下运行

    B. .exe 只能在 Windows 环境下运行

    C. .exe 应用程序可以在 Visual FoxPro 和 Windows 环境下运行

    D. .app 应用程序只能在 Windows 环境下运行

二、填空题

1. 退出 Visual FoxPro 系统的命令是_____，要想清除主窗口中显示的内容，应使用命令_____。

2. 安装完 Visual FoxPro 之后，系统自动用一些默认值来设置环境，要定制自己的系统环境，可单击_____菜单下的_____菜单命令。

3. 连编应用程序时，如果选择连编生成可执行程序，则生成的文件的扩展名是_____。

4. 将一个项目编译成一个应用程序时，如果应用程序中包含需要用户修改的文件，必须将该文件标为_____。

三、简答题

1. 如何设置 Visual FoxPro 的系统环境？

2. 简述 Visual FoxPro 的范围子句。

3. 简述 For 子句和 While 子句的区别。

第3章
Visual FoxPro 语言基础

数据是各种信息的载体。在 Visual FoxPro 中，除了能够对数据表中的数据进行处理，也可以对诸如常量、内存变量等数据表之外的数据进行处理。简单的数据处理可以通过表达式、函数等完成，复杂的数据处理则可能需要编写程序来完成。本章只介绍常量、变量、表达式和函数，程序将在第 7 章介绍。

3.1　常　　量

常量是指在数据处理过程中其值始终保持不变的量。Visual FoxPro 支持 6 种类型的常量，即字符型、数值型、货币型、逻辑型、日期型和日期时间型。不同类型的常量有不同的书写格式。

3.1.1　字符型常量

字符型常量简称为 C（Character）型常量，是用半角的单引号、双引号或方括号等定界符括起来的一串字符。字符型常量又称为字符串，可由文字或符号构成，包括大小写的英文字母、数字、空格等所有合法的 ASCII 码字符以及汉字等。某个字符串所含字符的个数称为该字符串的长度（一个汉字的字符长度为 2），Visual FoxPro 允许字符型数据的最大长度为 254。

字符串定界符规定了该字符串的起始和终止界限，并不作为字符串本身的内容。字符串定界符必须成对匹配，以下几个都是字符型常量的例子：

"Visual FoxPro 程序设计"

'计算机等级考试二级'

[027-88888888]

如果某一种定界符本身就是字符串的组成部分时，就应选择另外一种定界符来界定该字符串，例如："失败乃成功之[母]"。

此外，只有定界符而不含任何字符的字符串（""）也是一个字符型常量，表示一个长度为零的空字符串。显然，空字符串（""）和包含 1 个或多个空格的字符串（"　"）是不同的。

3.1.2　数值型常量

数值型常量简称 N（Numeric）型常量，用来表示一个数量的大小。数值型常量可以是由阿拉伯数字（0～9）、小数点和正负号构成的各种整数、小数或实数。数值型常量最多为 20 位，其中小数点占 1 位。以下几个都是数值型常量的例子：

26、0.34、−65.34

对于绝对值很大或很小的数值型常量还可以用科学计数法表示，例如，6.18E-6 代表 6.18×10^{-6}，即 0.00000618；3.16E6 代表 3.16×10^6，即 3160000。

数值型常量在内存中用 8 个字节表示。必须注意的是，在 Visual FoxPro 中，分数并不是一个数值型常量，而是一个数值型表达式。

3.1.3　货币型常量

货币型常量简称 Y（Currency）型常量，用来表示一个具体的货币值。货币型常量是在数值前添加一个货币符号（$），其实是一种特殊的数值型常量。

货币型常量在存储和计算时保留 4 位小数，多于 4 位小数时将自动对其后的小数做四舍五入处理。与数值型数据一样，货币型数据在内存中用 8 个字节表示，但货币型常量不支持科学计数法的表示形式。

3.1.4　逻辑型常量

逻辑型常量简称 L（Logical）型常量，用来表示某个条件的成立与否。逻辑型常量只有逻辑真和逻辑假两个值，逻辑真值通常用.T.表示，逻辑假值通常用.F.表示，也可用.t.、.Y.、.y.表示逻辑真，用.f.、.N.、.n.表示逻辑假。这里需注意的是，逻辑型常量前后的小圆点是不可缺少的。在 Visual FoxPro 中，逻辑型常量固定用 1 个字节表示。

3.1.5　日期型常量

日期型常量简称 D（Date）型常量，用来表示一个具体的日期。日期型常量的定界符是一对花括号（{}）。花括号内包括年、月、日 3 部分内容，各部分内容之间用分隔符分隔。分隔符可以是斜杠（/）、连字号（-）、句点（.）和空格，其中斜杠是系统在显示日期型数据时使用的默认分隔符。日期型常量有两种格式：传统的日期格式和严格的日期格式。

1.　传统的日期格式

系统默认的日期型数据为美国日期格式{mm/dd/yy}（{月/日/年}），传统日期格式中的月、日各为 2 位数字，而年份可以是 2 位数字，也可以是 4 位数字。这种格式的日期型常量要受到命令 SET DATE TO 和 SET CENTURY TO 设置的影响。也就是说，在不同的设置状态下，计算机会对同一个日期型常量给出不同解释。比如，日期型常量{10/01/12}可以被解释为：2012 年 10 月 1 日、2110 年 1 月 12 日等。

2.　严格的日期格式

严格的日期型常量格式为{^yyyy-mm-dd}，这种格式表示的日期常量能表达一个确切的日期，它不受 SET DATE TO 等命令设置的影响。这种格式的日期常量在书写时要注意：花括号内第一个字符必须是脱字符（^），年份必须是 4 位，年月日的次序不能颠倒、不能省略。日期型常量用 8 个字节表示，取值范围是：{^0001-01-01}～{^9999-12-31}。

严格的日期格式可以在任何情况下使用，而传统的日期格式只能在 SET STRICTDATE TO 0 状态下使用，否则系统会弹出如图 3-1 所示的提示对话框。

图 3-1　日期格式提示对话框

3.　影响日期格式的设置命令

（1）命令格式：SET MARK TO [日期分隔符]

命令功能：用于设置显示日期型数据时使用的分隔符。

说明：日期分隔符有斜杠（/）、连字号（-）、句点（.）和空格 4 种，如果执行 SET MARK TO 没有指定任何分隔符，表示恢复系统默认的斜杠分隔符。

（2）命令格式：SET DATE TO YMD|MDY|DMY

命令功能：用于设置显示日期型数据时使用的格式。

说明：YMD 表示的日期格式为"yy/mm/dd"；MDY 表示的日期格式为"mm/dd/yy"；DMY 表示的日期格式为"dd/mm/yy"。

（3）命令格式：SET CENTURY ON|OFF

命令功能：用于决定如何显示或解释一个日期型数据的年份。

说明：ON 表示显示世纪值，即用 4 位数字显示年份；OFF 表示不显示世纪值，即用 2 位数字显示年份，它是系统默认的设置。

（4）命令格式：SET CENTURY TO [<世纪值> [ROLLOVER <年份参考值>]]

命令功能：用于决定如何显示或解释一个日期型数据的年份。

说明：TO 决定如何解释一个用 2 位数字年份表示的日期所处的世纪。具体来说，如果该日期的 2 位数字年份大于等于年份参考值，则它所处的世纪即为世纪值，否则为世纪值+1。

（5）命令格式：SET STRICTDATE TO [0|1|2]

命令功能：用于设置是否对日期型数据的格式进行检查。

说明：0 表示不进行严格的日期格式检查，目的是与早期版本的 Visual FoxPro 兼容；1 表示进行严格的日期格式检查，它是系统默认的设置；2 表示进行严格的日期格式检查，并且对 CTOD()和 CTOT()函数的格式也有效。

【例 3-1】　设置不同的日期格式示例。

```
SET MARK TO "."
SET CENTURY ON
SET CENTURY TO 19 ROLLOVER 50
?CTOD("12-05-01"),CTOD("12-05-99")
SET DATE TO YMD
?CTOD("12-05-01"),CTOD("99-05-01")
SET MARK TO
?{^2012-05-01},{^2012.05.01}
SET CENTURY OFF
?{^2012-05-01},{^2012.05.01}
```

结果：　12.05.2001　　12.05.1999

　　　　2012.05.01　　1999.05.01

　　　　2012/05/01　　2012/05/01

　　　　12/05/01　　　12/05/01

3.1.6　日期时间型常量

日期时间型常量包括日期和时间两部分内容：{<日期>,<时间>}。日期部分与日期型常量一样，时间部分的格式为：[hh[:mm[:ss]][a|p]]。其中 hh、mm 和 ss 分别代表时、分、秒，默认值分别为 12、0、0。AM（A）和 PM（P）分别代表上午和下午，默认值为 AM。如果指定的时间大于等于 12，则系统自然作为下午的时间。

【例 3-2】　设置不同的日期时间格式示例。

```
?{^2012-5-1,},{^2012-5-1,08:08}
?{^2012-5-1,08:08 P},{^2012-5-1,20:08:08}
```

结果： 12/05/01 12:00:00 AM   12/05/01 08:08:00 AM

12/05/01 08:08:00 PM   12/05/01 08:08:08 PM

3.2 变　量

变量是在命令执行过程中可以改变其值的量。实际上，可将变量看作一个命名的存储空间，变量的数据类型是由存储在其内的数据的类型决定的。在 Visual FoxPro 中，变量可以用字母、汉字、数字或下划线等为其命名，但必须以字母或汉字开头，并且不能含有空格。变量名通常不能超过 10 个字符。Visual FoxPro 的变量可分为字段变量、内存变量、数组变量、系统变量和对象变量 5 类，这里仅介绍字段变量和内存变量。

3.2.1　字段变量

字段变量是用来描述数据表中记录属性的量。在创建数据表时所定义的一个字段就对应一个字段变量，数据表中的字段名就是字段变量名，如图 1-6 所示。

字段变量也分为字符型、数值型、逻辑型和日期型等几种，图 1-6 中的"学号"、"姓名"、"性别"、"专业"都是字符型变量，"出生日期"为日期型变量，而"党员否"为逻辑型变量。除此之外，字段变量还有其特有的备注型变量和通用型变量。

字段变量是一种多值变量，如图 1-6 中各字段变量都有 10 个值与其对应。在数据表中有一个专门用来指示记录的记录指针，我们把该指针指向的记录称为当前记录，字段变量的值就是当前记录中该字段的值。

备注型变量简称 M（Memo）型变量，用来存放数据表中可能超过 254 个字符的数据，例如，学生表中的"简历"字段等。事实上，备注型字段变量的长度固定为 4 个字节，仅用来存放一个指针，该指针指向一个与数据表同名而扩展名为.fpt 的表备注文件内的某一个信息块，实际的备注字符数据就存放在这个信息块中。备注型数据可以被编辑、显示或打印，但不能进行任何形式的运算。

通用型变量简称为 G（General）型变量，用来存放各种 OLE（Object Linking and Embedding）对象的信息，例如，学生表中的"照片"字段等。与备注型字段类似，通用型字段的长度同样固定为 4 个字节，也是仅用来存放一个指针，该指针同样指向一个与数据表同名的.fpt 文件内的某一个信息块。扩展名为 fpt 的表备注文件是独立于数据表文件而存储在磁盘上的，专门用来存放那些长度较大且又不等长的信息块。需要指出的是，一个数据表不管有几个备注型字段或通用型字段，其对应的表备注文件都只有 1 个。

字段变量只有在数据表打开的情况下才有意义。字段变量的名称、类型与宽度是在创建数据表结构时定义的，有关这方面的内容将在第 4 章详细说明。

3.2.2　内存变量

内存变量是独立于数据表而存在的，用来存放数据处理过程中的一些数据。内存变量在使用时随时建立，其数据类型有字符型、数值型、货币型、逻辑型、日期型和日期时间型等几种。通常采用赋值的方法来建立内存变量，所赋值的数据类型决定了该内存变量的类型。

1. 内存变量赋值

向内存变量赋值有两种格式。

命令格式 1：<内存变量>=<表达式>

命令格式 2：STORE <表达式> TO <内存变量名表>

命令功能：计算表达式的值并把表达式的值赋予一个或多个内存变量。

说明：

① "=" 是赋值命令，它一次只能给一个内存变量赋值（不能给字段变量赋值）；STORE 命令可以同时给多个内存变量赋予相同的值，各内存变量名之间必须用逗号隔开。

② 可以通过对内存变量重新赋值来改变其值和类型。

【例 3-3】　内存变量赋值示例。

```
X=5
STORE 2*5 TO X1,X2,X3
```

2. 变量或表达式值的显示

使用 "?" 和 "??" 命令可以显示内存变量或表达式的值。

命令格式 1：?[<表达式表>]

命令格式 2：??<表达式表>

命令功能：计算表达式表中各表达式的值并将它们输出。

说明：不管有没有指定表达式表，命令格式 1 都会输出一个回车换行符，如果指定了表达式，各表达式值将在下一行的起始位置输出；命令格式 2 不会输出一个回车换行符，各表达式值将在当前行的光标所在位置直接输出。

3. 内存变量的显示

命令格式：LIST|DISPLAY MEMORY [LIKE <通配符>]

命令功能：显示当前的内存变量信息，包括其变量名、作用域、数据类型和当前值。

说明：

① LIST MEMORY 命令为一次性不分屏显示所有指定的内存变量；而 DISPLAY MEMORY 命令为分屏显示所有指定的内存变量，显示满一屏后暂停，可按任意键继续显示下一屏。

② LIKE 短语只显示与通配符相匹配的内存变量。通配符包括?和*，?表示任意一个字符，*表示任意多个字符。

【例 3-4】　内存变量显示举例。

```
CLEAR MEMORY                            && 清除所有内存变量
Book_name="Visual FoxPro 程序设计"
Book_date={^2012-08-01}
Book_price=32.50
LIST MEMORY LIKE Book*
```

在命令窗口执行上述命令后，最后一条命令的输出结果如下：

```
Book_name   Pub   C   "Visual FoxPro 程序设计"
Book_date   Pub   D   08/01/12
Book_price  Pub   N   32.50              (        32.50000000)
```

4. 内存变量的清除

命令格式 1：CLEAR MEMORY

命令格式 2：RELEASE <内存变量名表>

命令格式 3：RELEASE ALL [LIKE <通配符>|EXCEPT <通配符>]

命令功能：

命令格式 1 清除所有的内存变量（不包括系统内存变量）。

命令格式 2 清除指定的内存变量。

命令格式 3 清除所有的内存变量（不包括系统内存变量）。选用 LIKE 短语清除与通配符相匹配的内存变量，选用 EXCEPT 短语清除与通配符不相匹配的内存变量。

例如，RELEASE ALL LIKE A? 表示将内存变量中变量名为两个字符并且以 A 开头的内存变量清除。

5. 内存变量的有关说明

（1）在 Visual FoxPro 中，内存变量允许和字段变量同名，当某个内存变量与当前打开的数据表中的某个字段变量同名时，可在变量名前添加 "M." 或 "M->" 以特指内存变量，否则系统默认为字段变量。

（2）数组也是一种内存变量，Visual FoxPro 允许用户定义一维或二维数组变量，并支持数据表记录和数组之间的数据交换，从而增加数据处理的灵活性，有关这方面的内容将在第 7 章介绍。

3.3　表　达　式

表达式是指用运算符把常量、变量、函数等数据按一定规则连接起来的一个有意义的式子。此外，我们也可以将单个常量、变量或函数看成是一个表达式。表达式在各类数据操作命令中有着重要的作用，不仅常作为各类数据操作的对象，还可用于限制数据处理的范围、定义数据筛选的条件、指定数据输出的格式、设置系统的状态和参数等。

在 Visual FoxPro 中，表达式通常可分为字符表达式、算术表达式、日期表达式和逻辑表达式等。不同类型的表达式使用的运算符不尽相同，但在一般情况下某个运算符两端的数据类型必须相同，否则将导致出现数据类型不匹配的错误。

3.3.1　字符表达式

字符表达式简称 expC（Character Expression），是由字符串运算符将字符型数据连接起来形成的式子，其运算结果为一个字符串。字符串运算符有 "+" 和 "-" 两个，它们的优先级相同。

+：将前后两个字符串首尾连接形成一个新的字符串。

-：连接前后两个字符串，并将前字符串的尾部空格移到合并后的新字符串尾部。

【例 3-5】 字符串运算示例。

```
a="Visual□"
b="FoxPro"
?a+b,a-b
```

结果：Visual□FoxPro　　VisualFoxPro□

说明：表达式及结果中的空格用方框（□）表示。

3.3.2　数值表达式

数值表达式简称 expN（Numeric Expression），是由算术运算符将数值型数据连接起来形成的式子，其运算结果为一个数值型数据。

数值表达式中的算术运算符有些与日常使用的运算符稍有区别，算术运算符及其含义和优先级如表 3-1 所示。

表 3-1　　　　　　　　　　　　算术运算符及其优先级

优　先　级	运　算　符	说　　明
1	( )	形成表达式内的子表达式
2	**或^	乘方运算
3	*、/、%	分别为乘、除、求余运算
4	+、−	分别为加、减运算

【例 3-6】　计算数学算式 $(\sqrt[3]{64}-\dfrac{1}{2}) \times \dfrac{1+3^{1+2}}{2+3}+\sqrt{100}$ 的值。

```
?(64^(1/3)-1/2)*((1+3^(1+2))/(2+3))+SQRT(100)    && SQRT()是求平方根的函数
```

结果：29.60

【例 3-7】　求余运算示例。

```
?15%4 , 15%-4 , -15%4 , -15%-4
```

结果：3　−1　1　−3

求余运算%与求余函数 MOD() 的作用相同。

3.3.3　日期时间表达式

日期表达式简称 expD（Date Expression），日期时间表达式简称 expT（Datetime Expression）。在 Visual FoxPro 中，日期时间表达式中可以使用的运算符也有"+"和"−"两个。

日期时间表达式的格式有一定限制，不能任意组合。例如，不能用运算符"+"将两个日期连接起来。合法的日期时间表达式格式如表 3-2 所示，其中的天数和秒数都是数值表达式。

表 3-2　　　　　　　　　　　　日期时间表达式的格式

格　　式	返回类型及结果
<日期>+<天数>	日期型，指定日期若干天后的日期
<天数>+<日期>	
<日期>−<天数>	日期型，指定日期若干天前的日期
<日期>−<日期>	数值型，两个指定日期相差的天数
<日期时间>+<秒数>	日期时间型，指定日期时间若干秒后的日期时间
<秒数>+<日期时间>	
<日期时间>−<秒数>	日期时间型，指定日期时间若干秒前的日期时间
<日期时间>−<日期时间>	数值型，两个指定日期时间相差的秒数

【例 3-8】　日期时间运算示例。

```
SET CENTURY ON
SET DATE TO YMD
SET MARK TO "-"
```

```
?{^2012-10-14}+30,{^2012-10-14}-30,{^2012-10-14}-{^2012-05-01}
?{^2012-10-14 10:15:20 AM}+100,{^2012-10-14 10:15:20 AM}-100
?{^2012-12-14 10:15:20 AM}-{^2012-12-14 10:10:20 AM}
```

结果：2012-11-13   2012-09-14   166

　　　2012-10-14 10:17:00 AM   2012-10-14 10:13:40 AM

　　　300

符号"+"和"−"既可以作为日期时间运算符，也可以作为算术运算符或字符串连接运算符。到底作为哪种运算符使用，要视它们所连接的运算对象的数据类型而定。

3.3.4　关系表达式

1. 关系表达式

关系表达式是由关系运算符将两个运算对象连接起来形成的式子，即<表达式 1> <关系运算符> <表达式 2>。

关系运算符的作用是比较两个表达式的大小或前后，其运算结果为.T.或.F.。关系运算符及其含义如表 3-3 所示，它们的优先级相同。

表 3-3　　　　　　　　　　　　　　　关系运算符

运　算　符	说　　明	运　算　符	说　　明
<	小于	<=	小于等于
>	大于	>=	大于等于
=	等于	==	字符串精确比较
<>、#、!=	不等于	$	子串包含测试

运算符"=="和"$"仅适用于字符型数据，其他运算符适用于任何类型的数据，但前后两个运算对象的数据类型必须一致。

（1）数值型和货币型数据比较

按数值比较大小，包括正负号。例如，2>-3，$234>$85。

（2）日期和日期时间型数据比较

越早（晚）的日期或时间越小（大）。例如，{^2012-05-01}>{^2011-10-01}。

（3）逻辑型数据比较

逻辑真大于逻辑假，即.T.>.F.。

（4）子串包含测试

关系表达式<字符型表达式 1>$<字符型表达式 2>为子串包含测试，如果前者是后者的一个子串，结果为.T.，否则为.F.。例如：

```
?"计算机"$"计算机中心"          结果：.T.
?"ac"$"abcd"                  结果：.F.
```

2. 设置字符串的排序次序

当比较两个字符串时，系统对两个字符串的字符自左向右逐个进行比较，一旦发现两个对应字符不同，就根据这两个字符的排序序列决定两个字符串的大小。

字符的大小取决于字符集中字符的排列次序，排在前面的字符小，排在后面的字符大。在 Visual FoxPro 中，默认的字符排序序列名为 PinYin，但可以重新设置。

设置字符排序序列的命令是：SET COLLATE TO "<排序次序名>"

排序次序名必须放在引号当中。排序次序名有 "Machine"、"PinYin" 和 "Stroke"。

（1）Machine（机器）次序：按照机内码顺序排列。西文字符是按照 ASCII 码值排列的：空格在最前面，大写 ABCD 字母序列在小写 abcd 字母序列的前面，即大写字母小于小写字母。汉字根据它们的拼音顺序决定大小。

（2）PinYin（拼音）次序：按照拼音次序排列。对于西文字符而言，空格在最前面，小写 abcd 字母序列在前，大写 ABCD 字母序列在后。

（3）Stroke（笔画）次序：无论中文、西文，按照书写笔画的多少排序。

【例 3-9】 在不同的字符排序设置下比较字符串大小。

```
SET COLLATE TO "Machine"
?"a"<"A","a"<"B","一"<"二","上海"<"北京"
SET COLLATE TO "PinYin"
?"a"<"A","a"<"B","一"<"二","上海"<"北京"
SET COLLATE TO "Stroke"
?"a"<"A","a"<"B","一"<"二","上海"<"北京"
```

结果：　.F.　　.F.　　.F.　　.F.
　　　　.T.　　.T.　　.F.　　.F.
　　　　.T.　　.T.　　.T.　　.T.

3. 字符串精确比较与 EXACT 设置

在用双等号运算符（==）比较两个字符串时，只有当两个字符串完全相同（包括空格以及各字符的位置）时，运算结果才为.T.，否则为.F.。

在用单等号运算符（=）比较两个字符串时，运算结果与 SET EXACT ON|OFF 设置有关。当处于 OFF 状态（默认状态）时，只要右边的字符串与左边的字符串最前面部分相匹配，结果为.T.，即字符串的比较因右边的字符串结束而终止；当处于 ON 状态时，先在短字符串尾部加上若干个空格，使两个字符串的长度相等，然后再进行精确比较。

【例 3-10】 字符串精确比较与 EXACT 设置。

```
SET EXACT OFF
?"大家好"="大家","大家好"="好","大家好"=="大家"
SET EXACT ON
?"大家好"="大家","大家好"="好","大家好"=="大家"
```

结果：　.T.　　.F.　　.F.
　　　　.F.　　.F.　　.F.

4. 赋值与相等比较的区别

内存变量的赋值命令与相等比较运算都是用等号 = ，必须注意两者之间的区别。

在赋值命令<内存变量>=<表达式>中，等号左边只能是一个内存变量。命令的功能是计算等号右边表达式的值，并将计算结果赋给内存变量。命令执行前，内存变量可以存在，也可以不存在。命令执行后，内存变量的值与类型就是表达式的值与类型。

在相等比较运算<表达式 1>=<表达式 2>中，等号左右两边都是表达式，当然也可以是变量。相等比较运算式本身是一个关系表达式，其运算结果也可以赋给一个内存变量。关系表达式不是命令，不能直接执行。要计算和显示表达式的值，可以使用问号命令，即?<表达式表>。

【例 3-11】 赋值与相等比较的示例。

```
a=3
b=a=2
?a,b
```

结果：3　　.F.

3.3.5　逻辑表达式

逻辑表达式简称 expL（Logical Expression），是指最终运算结果为.T.或.F.的式子。因为关系表达式的运算结果为一个逻辑值，因此关系表达式也是一个逻辑表达式，即最简单的逻辑表达式。逻辑运算符有 3 个：.NOT.或!（逻辑非）、.AND.（逻辑与）和.OR.（逻辑或），也可以省略两端的点，写成 NOT、AND、OR。其优先顺序依次为：NOT、AND、OR。

逻辑非是单目运算符，其运算结果与操作数的值正好相反，即操作数为.T.时，结果为.F.；操作数为.F.时，结果为.T.。

逻辑与具有"并且"的含义，只有当两个操作数的值均为.T.时，运算结果才为.T.,否则运算结果为.F.。

逻辑或具有"或者"的含义，两个操作数中只要有一个为.T.，运算结果就为.T.，否则运算结果为.F.。

逻辑运算符的上述运算规则也可以用表 3-4 表示，其中 expL1 和 expL2 分别代表两个逻辑型数据。

表 3-4　　　　　　　　　　　　　　　　逻辑运算规则

expL1	expL2	NOT expL1	expL1 AND expL2	expL1 OR expL2
.T.	.T.	.F.	.T.	.T.
.T.	.F.	.F.	.F.	.T.
.F.	.T.	.T.	.F.	.T.
.F.	.F.	.T.	.F.	.F.

在许多命令和语句的格式中都有条件，这里的条件就是关系表达式或逻辑表达式。在编写复杂条件时，要注意分析问题的语义。例如，查询临床医学和计算机应用专业党员的学生，条件表达式应当写成：

（专业="临床医学" OR 专业="计算机应用"）AND 党员=.T.

或者写成：

专业="临床医学" AND 党员=.T. OR 专业="计算机应用" AND 党员=.T.

前面介绍了各种表达式以及它们使用的运算符。在每一类运算符中，各个运算符有一定的运算优先级，而不同类型的运算符也可能出现在同一个表达式中，这时它们的运算优先级顺序为：首先执行算术运算符、字符串运算符和日期时间运算符，其次执行关系运算符，最后执行逻辑运算符。

【例 3-12】 不同的运算符组成的表达式示例。

```
?-15%2=-1 OR NOT "A"$"ABC" AND "32">"234"
```

结果：.F.

有时候，在表达式的适当位置插入圆括号，并不是为了改变其他运算符的运算次序，而是为了提高代码的可读性。例如，逻辑表达式：

专业="临床医学" AND 党员=.T. OR 专业="计算机应用" AND 党员=.T.

一般表示为：

(专业="临床医学" AND 党员=.T.)OR (专业="计算机应用" AND 党员=.T.)。

3.4　常用内部函数

函数是用程序来实现的一种数据运算或转换。每一个函数都有特定的数据运算或转换功能，函数往往需要若干个运算对象，即参数，但只能有一个运算结果，即函数值或返回值。

函数的格式：函数名([<参数>[,<参数> …]])

函数调用可以出现在表达式中，表达式将函数的返回值作为自己运算的对象。函数调用也可作为一条命令使用，但此时系统忽略函数的返回值。

常用函数分为字符函数、数值函数、日期和时间函数、数据类型转换函数和测试函数5 类。

3.4.1　字符函数

字符函数是指参数一般是字符型数据的函数。

1. 求字符串长度函数

格式：LEN(<字符表达式>)

功能：返回字符表达式的值中包含的字符个数。

说明：函数值为数值型。一个汉字的长度为 2。

【例 3-13】 求字符串长度函数示例。

```
x="中文 Visual FoxPro6.0"
?LEN(x)
```

结果：20

2. 大小写转换函数

格式：UPPER(<字符表达式>)

　　　　LOWER(<字符表达式>)

功能：UPPER()将字符表达式的值中小写字母转换成大写字母，其他字符不变。

　　　　LOWER()将字符表达式的值中大写字母转换成小写字母，其他字符不变。

说明：函数值为字符型。

【例 3-14】 大小写转换函数示例。

```
x="中文 Visual FoxPro6.0"
?UPPER(x),LOWER(x)
```

结果：中文 VISUAL FOXPRO6.0　　中文 visual foxpro6.0

3. 空格字符串生成函数

格式：SPACE(<数值表达式>)

功能：返回由指定数目（数值表达式的值）的空格组成的字符串。

说明：函数值为字符型。数值表达式为大于等于 0 的整数。

4. 删除前后空格函数

格式：TRIM(<字符表达式>)

　　　LTRIM(<字符表达式>)

　　　ALLTRIM(<字符表达式>)

功能：TRIM()返回字符表达式的值去掉尾部空格后形成的字符串。

　　　LTRIM()返回字符表达式的值去掉前导空格后形成的字符串。

　　　ALLTRIM()返回字符表达式的值去掉前导空格和尾部空格后形成的字符串。

说明：函数值为字符型。

【例 3-15】 删除前后空格函数示例。

```
x=SPACE(2)+"FoxPro6.0"+SPACE(3)
?LEN(x),LEN(TRIM(x)),LEN(LTRIM(x)),LEN(ALLTRIM(x))
```

结果： 14　　 11　　 12　　 9

5. 取子串函数

格式：LEFT(<字符表达式>,<数值表达式>)

　　　RIGHT(<字符表达式>,<数值表达式>)

　　　SUBSTR(<字符表达式>,<数值表达式 1>[,<数值表达式 2>])

功能：LEFT()返回字符表达式的值中最左端指定长度（数值表达式的值）的字符串。

　　　RIGHT()返回字符表达式的值中最右端指定长度（数值表达式的值）的字符串。

　　　SUBSTR()返回字符表达式的值中从第 $N1$(数值表达式 1 的值)个字符开始，共 $N2$（数值表达式 2 的值）个字符组成的字符串。

说明：函数值为字符型。在 SUBSTR()中，若缺省数值表达式 2，则从第 $N1$ 个字符开始，一直取到最后一个字符组成的字符串作为函数返回值。

【例 3-16】 取子串函数示例。

```
x="2012 年全国高考"
?LEFT(x,6),RIGHT(x,8),SUBSTR(x,7,4),SUBSTR(x,7)
```

结果： 2012 年　　 全国高考　　 全国　　 全国高考

6. 求子串位置

格式：AT(<字符表达式 1>,<字符表达式 2>[,<数值表达式>])

　　　ATC(<字符表达式 1>,<字符表达式 2>[,<数值表达式>])

功能：返回字符表达式 1 的值在字符表达式 2 的值中出现的位置，若字符表达式 1 的值不是字符表达式 2 的值的子串，返回值为 0。数值表达式的值用于指明在字符表达式 2 的值中搜索字符表达式 1 的值的第几次出现，其默认值是 1。

说明：函数值为数值型。ATC()与 AT()功能类似，但在子串比较时不区分字母大小写。

【例 3-17】 求子串位置示例。

```
x="This is a tiger."
?AT("t",x),AT("T",x),AT("is",x,2)
?ATC("t",x),ATC("T",x),ATC("is",x,2)
```

结果： 11　　 1　　 6

　　　　 1　　 1　　 6

7. 字符串匹配函数

格式：LIKE(<字符表达式 1>,<字符表达式 2>)

功能：比较两个字符串中对应位置上的字符，若所有对应字符都相匹配，函数返回.T.，否则返回.F.。

说明：在字符比较时区分字母大小写。字符表达式 1 中可以包含通配符*和?，如字符表达式 2 中也包含*或?，则其为普通字符，而不是通配符。

【例 3-18】 字符串匹配函数示例。

```
x="def"
y="defg"
?LIKE("de*",x),LIKE("de*",y),LIKE(x,y),LIKE("?e?",x),LIKE(x,"de*")
```

结果：.T.　.T.　.F.　.T.　.F.

8. 计算子串出现次数函数

格式：OCCURS(<字符表达式 1>,<字符表达式 2>)

功能：返回字符表达式 1 的值在字符表达式 2 的值中出现的次数，若字符表达式 1 的值不是字符表达式 2 的值的子串，返回数值 0。

说明：函数值为数值型。在子串比较时区分字母大小写。

【例 3-19】 计算子串出现次数函数示例。

```
x="character"
?OCCURS("a",x),OCCURS("A",x),OCCURS("e",x),OCCURS("k",x)
```

结果：2　　0　　1　　0

9. 字符替换函数

格式：CHRTRAN(<字符表达式 1>,<字符表达式 2>,<字符表达式 3>)

功能：用字符表达式 3 的值中的字符，替换字符表达式 1 的值中在字符表达式 2 中出现的字符。

说明：当字符表达式 1 的值中的一个或多个相同字符与字符表达式 2 的值中的某个字符相匹配时，就用字符表达式 3 的值中的对应字符（与字符表达式 2 的值中的那个字符具有相同位置）替换这些字符。如果字符表达式 3 的值中包含的字符个数少于字符表达式 2 的值中包含的字符个数，导致没有对应字符，那么字符表达式 1 的值中相匹配的各字符将被删除。如果字符表达式 3 的值中包含的字符个数多于字符表达式 2 的值中包含的字符个数，多余字符被忽略。

【例 3-20】 字符替换函数示例。

```
x=CHRTRAN("EFGDS","DEG","TER")
y=CHRTRAN("小朋友们节日快乐!","小朋友","同学")
z=CHRTRAN("您好!","您","你们")
?x,y,z
```

结果：EFRTS　　同学们节日快乐!　　你好!

10. 子串替换函数

格式：STUFF(<字符表达式 1>,<数值表达式 1>,<数值表达式 2>,<字符表达式 2>)

功能：用字符表达式 2 的值替换字符表达式 1 的值中由第 $N1$（数值表达式 1 的值）个字符开始的 $N2$（数值表达式 2 的值）个字符。字符表达式 1 的值和字符表达式 2 的值的长度不一定相等。如果数值表达式 2 的值为 0，则相当于在字符表达式 1 中的第 $N1$ 个字符前面插入字符表达式 2 的值。如果字符表达式 2 的值是空串，则相当于在字符表达式 1 的值中删去由第 $N1$ 个字符开始的 $N2$ 个字符。

【例 3-21】 子串替换函数示例。

```
s1="This is a book!"
s2="computer "
?STUFF(s1,11,4,s2),STUFF(s1,11,0,s2)
```

结果：This is a computer !　　This is a computer book!

3.4.2　数值函数

数值函数是指函数值为数值的一类函数。它们的参数和返回值往往都是数值型数据。

1. 绝对值函数

格式：ABS(<数值表达式>)

功能：返回数值表达式的绝对值。

【例 3-22】 绝对值函数示例。

```
X=-10
?ABS(x),ABS(-x)
```

结果：10　　10

2. 平方根函数

格式：SQRT(<数值表达式>)

功能：返回数值表达式的平方根。

说明：数值表达式的值不能为负数，返回值保留 2 位小数。

【例 3-23】 平方根函数示例。

```
a=1
b=-3
c=2
?SQRT(b*b-4*a*c)
```

结果：1.00

3. 圆周率函数

格式：PI()

功能：返回圆周率 π (数值型)。

说明：该函数无参数。

【例 3-24】 圆周率函数示例。

```
r=5
s=PI()*r^2
?s
```

结果：78.5398

4. 随机函数

格式：RAND()

功能：返回（0,1）的一个随机数，返回值保留 2 位小数。

说明：该函数无参数。

【例 3-25】 产生一个 1～50 的整数并显示。

```
s=INT(RAND()*50)+1
?s
```

5. 取整数函数

格式：INT(<数值表达式>)

CEILING(<数值表达式>)

FLOOR(<数值表达式>)

功能：INT()返回数值表达式的整数部分。

CEILING()返回大于或等于数值表达式的最小整数。

FLOOR()返回小于或等于数值表达式的最大整数。

【例 3-26】 取整数函数示例。

```
STORE 5.3 TO x
?INT(x),CEILING(x),FLOOR(x)
?INT(-x),CEILING(-x),FLOOR(-x)
```

结果： 5   6   5

－5   －5   －6

6. 四舍五入函数

格式：ROUND(<数值表达式 1>,<数值表达式 2>)

功能：返回数值表达式 1 在指定位置（数值表达式 2 的值）四舍五入后的结果。数值表达式 2 是一个整数，若其值大于等于 0，表示的是要保留的小数位数，否则表示的是整数部分的舍入位数。

【例 3-27】 四舍五入函数示例。

```
STORE 1234.567 TO x
?ROUND(x,2),ROUND(x,0),ROUND(x,-2)
```

结果： 1234.57   1235   1200

7. 求余数函数

格式：MOD(<数值表达式 1>,<数值表达式 2>)

功能：返回数值表达式 1 与数值表达式 2 相除后的余数，其中，数值表达式 1 是被除数，数值表达式 2 是除数。函数返回值可用公式：MOD(x,y)=x-y*FLOOR(x/y)来表示。

【例 3-28】 求余数函数示例。

```
STORE 15 TO x
STOTE 4 TO y
?MOD(x,y),MOD(x,-y),MOD(-x,y),MOD(-x,-y)
```

结果： 3   -1   1   -3

8. 求最大值和最小值函数

格式：MAX(<表达式 1>,<表达式 2>[,<表达式 3> …])

MIN(<表达式 1>,<表达式 2>[,<表达式 3> …])

功能：MAX()计算参数中各表达式的值，并返回其中最大的一个表达式的值。

MIN()计算参数中各表达式的值，并返回其中最小的一个表达式的值。

说明：表达式的类型可以是数值型、字符型、货币型、日期型和日期时间型等，但所有表达式的数据类型必须相同。

【例 3-29】 求最大值和最小值函数示例。

```
?MAX(SQRT(81),4^2-2,14%3+7),MIN("上海","北京","武汉")
```

结果：14.00　　　北京

3.4.3　日期和时间函数

日期和时间函数的参数一般是日期型数据或日期时间型数据。

1. 系统日期和时间函数

格式：DATE()

　　　TIME()

　　　DATETIME()

功能：DATE()返回当前系统日期，函数值为日期型。

　　　TIME()以 24 小时制的 hh:mm:ss 格式返回当前系统时间，函数值为字符型。

　　　DATETIME()返回当前系统日期时间，函数值为日期时间型。

【例 3-30】 系统日期和时间函数示例。假设当前日期时间为 2012 年 2 月 13 日下午 3 点 10 分 23 秒。

```
?DATE(),TIME(),DATETIME()
```

结果：02/13/12　　　15:10:23　　　02/13/12 03:10:23 PM

2. 年份、月份和天数函数

格式：YEAR(<日期表达式>|<日期时间表达式>)

　　　MONTH(<日期表达式>|<日期时间表达式>)

　　　DAY(<日期表达式>|<日期时间表达式>)

功能：YEAR()返回日期表达式或日期时间表达式的值中的年份。

　　　MONTH()返回日期表达式或日期时间表达式的值中的月份。

　　　DAY()返回日期表达式或日期时间表达式的值中的的天数。

说明：以上 3 个函数的返回值都为数值型。

【例 3-31】 年份、月份和天数函数示例。

```
d={^2012-05-01}
?YEAR(d),MONTH(d),DAY(d)
```

结果：2012　　　5　　　1

3. 时、分和秒函数

格式：HOUR(<日期时间表达式>)

　　　MINUTE(<日期时间表达式>)

　　　SEC(<日期时间表达式>)

功能：HOUR()返回日期时间表达式的值中的小时部分（24 小时制）。

　　　MINUTE()返回日期时间表达式的值中的分钟部分。

　　　SEC()返回日期时间表达式的值中的秒数部分。

说明：以上 3 个函数的返回值都为数值型。

【例 3-32】 时、分和秒函数示例。

```
t={^2012-05-01,10:58:05}
?HOUR(t),MINUTE(t),SEC(t)
```

结果：10　　　58　　　5

4. 星期函数

格式：DOW(<日期表达式>)

功能：DOW()返回日期时间表达式的值中的星期。

说明：返回值为数值型，星期日为 1，星期一为 2,…,星期六为 7。

【例 3-33】 星期函数示例。

```
d={^2012-05-01}
?DOW(d)
```

结果：3

3.4.4 数据类型转换函数

数据类型转换函数的功能是将某一类型的数据转换成另一种类型的数据。

1. 数值转换成字符串函数

格式：STR(<数值表达式>[,<长度>[,<小数位数>]])

功能：将数值表达式的值转换成字符串，转换时根据需要自动进行四舍五入。返回字符串的理想长度 L 应该是数值表达式的值的整数部分位数加上小数部分位数，再加上 1（小数点的宽度）。如果长度值大于 L，则在转换后的字符串前加空格以满足长度值的要求；如果长度值大于等于数值表达式的值的整数部分位数（包括负号）但又小于 L，则优先满足整数部分位数而自动调整小数部分位数；如果长度值小于数值表达式的值的整数部分位数，则返回一串星号（*），星号的个数就是长度值。

说明：长度的默认值为 10，小数位数的默认值为 0。

【例 3-34】 数值转换成字符串函数示例。

```
STORE -123.457 TO n
?STR(n),STR(n,6,2),STR(n,3)
```

结果：□□□□□-123   -123.5   ***

说明：结果中的空格用方框（□）表示。

2. 字符串转换成数值函数

格式：VAL(<字符表达式>)

功能：将字符表达式的值转换成相应的数值型数据。若字符表达式的值中出现非数字字符，那么只能转换非数字字符的前面部分；若字符表达式的值的首字符不是数字字符，则返回数值 0。结果保留两位小数，超过两位进行四舍五入。

【例 3-35】 字符串转换成数值函数示例。

```
STORE "123.567" TO x
STORE "-123.A5" TO y
STORE "A-123.45" TO z
?VAL(x),VAL(y),VAL(z)
```

结果：123.57   -123.00   0.00

3. 字符串转换成日期函数

格式：CTOD(<字符表达式>)

功能：将字符表达式的值转换成日期型数据。

说明：字符表达式中日期部分格式要与 SET DATE TO 命令设置的格式一致。其中的年份可以用 4 位，也可以用 2 位。如果用 2 位，则世纪由 SET CENTURY TO 语句指定。

【例 3-36】 字符串转换成日期函数示例。

```
SET DATE TO YMD
SET CENTURY ON
SET CENTURY TO 19 ROLLOVER 50
d=CTOD("12/05/01")
?d
```

结果：2012/05/01

4. 日期转换成字符串函数

格式 1：DTOC(<日期表达式>)

格式 2：DTOC(<日期表达式>[,1])

功能：将日期表达式的值转换成字符串。

说明：格式 1 转换结果字符串中日期部分的格式与 SET CENTURY 和 SET DATE TO 语句的设置有关。格式 2 转换结果字符串中日期部分的格式总是为 YYYYMMDD，共 8 个字符。

【例 3-37】 日期转换成字符串函数示例。

```
d={^2012-05-01}
SET CENTURY OFF
SET DATE TO MDY
?DTOC(d),DTOC(d,1)
SET CENTURY ON
SET DATE TO YMD
?DTOC(d),DTOC(d,1)
```

结果：05/01/12　　　20120501

　　　2012/05/31　　　20120501

5. 宏替换函数

格式：&<字符型内存变量>[.]

功能：替换出字符型内存变量的内容，即函数值是变量中的字符串。如果该函数与其后的字符无明确分界，则用 "." 作函数结束标识。

【例 3-38】 宏替换函数示例。

```
STORE "学生" TO Tname
USE &Tname                 && 打开学生.dbf
STORE "&Tname..dbf" TO ss  && Tname 后的第一个点(.)表示宏替换的结束
?ss
STORE "x" TO t
x=100
?t,&t
```

结果：学生.dbf

　　　x　　　100

3.4.5　测试函数

在数据处理过程中，用户经常需要了解操作对象的状态。例如，表中记录指针是否到达了文件尾、查找是否成功、当前记录是否有删除标记、数据类型等信息。尤其是在运行应用程序时，常常需要根据测试结果来决定下一步的处理方法或程序走向。

1. 值域测试函数

格式：BETWEEN(<表达式 1>,<表达式 2>,<表达式 3>)

功能：判断表达式 1 的值是否介于表达式 2 和表达式 3 的值之间。当表达式 1 的值大于等于表达式 2 的值且小于等于表达式 3 的值时，函数值为.T.，否则函数值为.F.。

说明：函数的参数类型既可以是数值型，也可以是字符型、日期型、日期时间型、浮点型、整型、双精度型或货币型等，但 3 个参数的数据类型必须一致。

【例 3-39】 值域测试函数示例。

```
STORE 10 TO x
?BETWEEN(x,5,x+5),BETWEEN(5,x,x+10)
```

结果：.T. .F.

2. 条件测试函数

格式：IIF(<条件表达式>,<表达式 1>,<表达式 2>)

功能：测试条件表达式的值，若为.T.，函数返回表达式 1 的值，否则，函数返回表达式 2 的值。

说明：表达式 1 和表达式 2 的值的数据类型不要求一定相同。

【例 3-40】 条件测试函数示例。

```
STORE -10 TO x
?IIF(x>=0,x,-x)
score=80
?IIF(score>=90,"优秀!",IIF(score>=60,"合格!","不合格!"))
```

结果：10

　　　合格!

3. 空值（NULL 值）测试函数

格式：ISNULL(<表达式>)

功能：测试表达式的值是否为 NULL 值，若是 NULL 值则函数值为.T.，否则函数值为.F.。

【例 3-41】 空值（NULL 值）测试函数示例。

```
STORE .NULL. TO x
STORE 0 TO y
STORE "" TO z
?ISNULL(x),ISNULL(y),ISNULL(z)
```

结果：.T.   .F.   .F.

4. "空"值测试函数

格式：EMPTY(<表达式>)

功能：测试表达式的值是否为"空"值，若是"空"值则函数值为.T.，否则函数值为.F.。

说明：这里所指的"空"值与 NULL 值是两个不同的概念，该函数的参数可以是字符型、数值型、逻辑型、日期型等，不同类型的"空"值有不同的规定，如表 3-5 所示。

表 3-5　　　　　　　　　　不同类型数据的"空"值规定

数据类型	"空"值	数据类型	"空"值
数值型	0	字符型	空串、空格、制表符、回车、换行
双精度型	0	逻辑型	.F.

续表

数据类型	"空"值	数据类型	"空"值
整型	0	日期型	空（CTOD("")）
浮点型	0	日期时间型	空（CTOT("")）
货币型	0	备注字段	空（无内容）

【例 3-42】"空"值测试函数示例。

```
STORE .NULL. TO x
STORE 0 TO y
STORE "" TO z
?EMPTY(x),EMPTY(y),EMPTY(z)
```

结果：.F.   .T.   .T.

5. 数据类型测试函数

格式：VARTYPE(<表达式>)

功能：测试表达式的值的数据类型，返回一个大写字母，函数值为字符型。字母的含义如表 3-6 所示。

表 3-6 VARTYPE()测得的数据类型

字 母 符 号	数 据 类 型	字 母 符 号	数 据 类 型
N	数值型、整型、浮点型或双精度型	G	通用型
C	字符型或备注型	D	日期型
Y	货币型	T	日期时间型
L	逻辑型	X	NULL 值
O	对象型	U	未类型

【例 3-43】 数据类型测试函数示例。

```
?VARTYPE(10/20/2012),VARTYPE($123.45),VARTYPE(TIME())
?VARTYPE("123">"32"),VARTYPE(DATE()),VARTYPE(DATETIME())
```

结果：N   Y   C
　　　L   D   T

6. 表文件尾测试函数

系统对表中的记录是逐条进行处理的。对于一个打开的表文件来说，在某一时刻只能处理一条记录。Visual FoxPro 为每一个打开的表设置了一个内部使用的记录指针，指向正在被操作的记录，该记录称为当前记录。记录指针的作用是标识表的当前记录。

表文件的逻辑结构如图 3-2 所示。最上面的记录是首记录，记为 TOP；最下面的记录是尾记录，记为 BOTTOM。在第一条记录之前有一个文件起始标识，记为 BOF（Begin of file）；在最后一个记录的后面有一个文件结束标识，记为 EOF（End of file）。使用测试函数能够得到指针的位置。刚打开表时，记录指针总是指向首记录。

格式：EOF(<工作区号>|<表别名>)

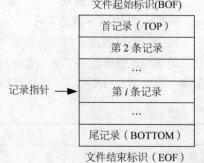

图 3-2 表文件逻辑结构

功能：测试当前表文件（若缺省参数）或指定表文件中记录指针是否指向文件结束标识，若是，函数值为.T.，否则函数值为.F.。

说明：若表文件中不包含任何记录，函数值为.T.。

【例 3-44】　文件尾测试函数示例。

```
USE 学生
GO BOTTOM            && 将记录指针移至表中尾记录
?EOF()
SKIP                 && 将记录指针移至文件结束标识
?EOF()
```

结果：.F.

　　　　.T.

7. 表文件首测试函数

格式：BOF(<工作区号>|<表别名>)

功能：测试当前表文件（若缺省参数）或指定表文件中记录指针是否指向文件起始标识，若是，函数值为.T.，否则函数值为.F.。

说明：若表文件中不包含任何记录，函数返回逻辑真(.T.)。

8. 记录删除测试函数

格式：DELETED(<工作区号>|<表别名>)

功能：测试当前表文件（若缺省参数）或指定表文件中当前记录是否有删除标记。若有，函数值为.T.，否则函数值为.F.。

9. 记录号测试函数

格式：RECNO(<工作区号>|<表别名>)

功能：返回当前表文件（若缺省参数）或指定表文件中当前记录的记录号。如果指定工作区中没有打开表文件，函数值为 0。如果记录指针指向文件起始标识，函数值为表文件中第 1 条记录的记录号；如果记录指针指向文件结束标识，函数值为表文件中的记录数加 1。

10. 记录个数测试函数

格式：RECCOUNT(<工作区号>|<表别名>)

功能：返回当前表文件（若缺省参数）或指定表文件中的记录个数。如果指定工作区中没有打开表文件，函数值为 0。

说明：RECCOUNT()返回的是表文件中物理上存在的记录个数。不管记录是否被逻辑删除以及 SET DELETED 的状态设置如何，也不管记录是否被过滤（SET FILTER），该函数都会把它们考虑在内。

3.4.6　MessageBox 函数

格式：MessageBox(<提示信息>[,<对话框属型>[,<对话框标题>]])

功能：显示一个用户自定义对话框，不仅能给用户传递消息，还可以通过用户在对话框上选择按钮以接受用户的响应，作为继续执行程序的依据。

说明：提示信息指定对话框中要显示的提示信息；对话框属型指定显示在对话框上的按钮及数目、图标的类型以及焦点选项的按钮，对话框属型参数如表 3-7 所示；对话框标题指定对话框的标题。当用户从对话框中单击选择某一按钮时，函数返回一个值，表示某个按钮被选中，返回值与所选按钮的关系如表 3-8 所示。

表 3-7 　　　　　　　　　　　　　　　　对话框属型参数及选项

按钮类型值	按钮类型	图标类型值	图标类型	焦点选项值	焦点选项
0	确定	0	无图标	0	第一个按钮
1	确定、取消	16	Stop 图标	256	第二个按钮
2	终止、重试、忽略	32	疑问图标	512	第三个按钮
3	是、否、取消	48	感叹号图标		
4	是、否	64	信息图标		
5	重试、取消				

表 3-8 　　　　　　　　　　　　　　　　对话框函数返回值

返 回 值	说 明	返 回 值	说 明
1	选"确定"按钮	5	选"忽略"按钮
2	选"取消"按钮	6	选"是"按钮
3	选"终止"按钮	7	选"否"按钮
4	选"重试"按钮		

【例 3-45】 执行下列命令：

MessageBox("除数不能为 0.",0+16+0,"错误")

MessageBox("继续查询吗?",1+32+256,"提示信息")

MessageBox("是否保存当前文档的更改?",3+32+0,"提示信息")

MessageBox("程序安装过程中出现错误.",2+64+256,"提示信息")

将分别弹出图 3-3（a）～图 3-3（b）所示的对话框。

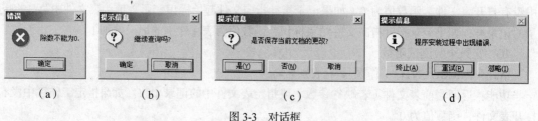

　（a）　　　　　　　（b）　　　　　　　（c）　　　　　　　（d）

图 3-3　对话框

用户在图 3-3 所示的对话框中选择不同的按钮，查看各个函数的返回值。

习 题 3

一、选择题

1. 下列字符型常量的表示中，错误的是（　　　）。

　　A. '5+3' 　　　　　B. [[品牌]] 　　　　　C. '[x=y]' 　　　　　D. ["计算机"]

2. 要将日期型或日期时间型数据中的年份用 4 位数字显示，应当使用设置命令（　　　）。

　　A. SET CENTURY ON 　　　　　　　　　　B. SET CENTURY OFF

　　C. SET CENTURY TO 4 　　　　　　　　　D. SET CENTURY OFF 4

3.　在 Visual FoxPro 中，有如下内存变量赋值语句：

```
X={^2012-08-08 08:00:00 PM}
Y=.T.
M=$123.45
N=123.45
Z="123.45"
```

执行上述赋值语句之后，内存变量 X、Y、M、N 和 Z 的数据类型分别是（　　　）。

  A．D、L、Y、N、C   B．D、L、M、N、C

  C．T、L、M、N、C   D．T、L、Y、N、C

4.　如果内存变量和字段变量均有变量名"姓名"，那么引用内存变量的正确方法是（　　　）。

  A．M.姓名   B．M->姓名   C．姓名   D．A 和 B 都可以

5.　以下赋值语句正确的是（　　　）。

  A．STORE 8 TO X,Y   B．STORE 8,9 TO X,Y

  C．X=8,Y=9   D．X,Y=9

6.　设 A=[6*8-2]，B=6*8-2,C="6*8-2"，属于合法表达式的是（　　　）。

  A．A+B   B．B+C   C．A-C   D．C-B

7.　教师表（教师号，姓名，性别，职称，研究生导师）中，性别是 C 型字段，研究生导师是 L 型字段。若要查询"是研究生导师的女老师"信息，那么查询的条件应是（　　　）。

  A．研究生导师 AND 性别="女"   B．研究生导师 OR 性别="女"

  C．性别="女" AND 研究生导师=.F. D．研究生导师=.T. OR 性别=女

8.　假设字符串 X="234"，Y="345"，则下列表达式的运算结果为逻辑假的是（　　　）。

  A．.NOT.(X=Y).OR.Y$("12345") B．.NOT.X$("XYZ").AND.(X<>Y)

  C．.NOT.(X<>Y)   D．.NOT.(X>=Y)

9.　运算结果不是 2010 的表达式是（　　　）。

  A．INT(2010.9)   B．ROUND(2010.1,0)

  C．CEILING(2010.1)   D．FLOOR(2010.9)

10.　有如下赋值语句：

```
a="你好"
b="大家"
```

结果为"大家好"的表达式是（　　　）。

  A．b+AT(a,1)   B．b+RIGHT(a,1)

  C．b+LEFT(a,3,4)   D．b+RIGHT(a,2)

11.　在下面的 Visual FoxPro 表达式中，运算结果不为逻辑真的是（　　　）。

  A．EMPTY(SPACE(0))   B．LIKE("xy*","xyz")

  C．AT("xy","abcxyz")   D．ISNULL(.NUILL.)

12.　执行以下命令序列后，最后显示的变量 MYFILE 值是（　　　）。

```
ANS="STUDENT.DBF"
MYFILE=SUBSTR(ANS,1,AT(".",ANS)-1)
?MYFILE
```

  A．TUDENT.DBF   B.STUDENT

  C．STUDENT.ANS   D．11

13. 设 $N = 886$，$M = 345$，$K="M+N"$，表达式 1+&K 的值是（　　　）。

  A. 1232   B. 346   C. 1+$M+N$ D. 数据类型不匹配

14. 在 Visual FoxPro 中，宏替换可以从变量中替换出（　　　）。

  A. 字符串   B. 数值   C. 命令   D. 以上 3 种都可能

15. 执行命令：STORE -3.1561 TO X，?"X="+STR(X,6,2) 后，输出结果为（　　　）。

  A. 3.16   B. X=−3.16   C. −3.16   D. X= 3.16

16. 连续执行以下命令之后，最后一条命令的输出结果是（　　　）。

```
SET EXACT OFF
X="A"
?IIF("A "=X,X-"BCD",X+"BCD")
```

  A. A   B. BCD   C. ABCD   D. A BCD

17. 在下列 Visual FoxPro 表达式中，运算结果值为逻辑真的是（　　　）。

  A. "112">"85"

  B. MOD(13,−2)=MOD(−13,2)

  C. CTOD("03/21/11")>CTOD("02/12/12")

  D. LEN("男")=1.OR.ASC("A")=65   &&ASC()返回参数的 ASCII 码值

18. 在下列函数中，函数值为数值的是（　　　）。

  A. BOF()   B. CTOD("03/01/12")

  C. AT("人民","中华人民共和国")   D. SUBSTR(DTOC(DATE()),7)

二、填空题

1. 在 Visual FoxPro 中，10/20/2012 的数据类型是＿＿＿＿＿；表达式"505"-"50"的数据类型是＿＿＿＿＿；命令 ROUND（337.2097,3)的执行结果是＿＿＿＿＿；TIME()返回值的数据类型是＿＿＿＿＿。

2. ?LEN(SPACE(3)-SPACE(2))的执行结果是＿＿＿＿＿；?LEFT("123456789",LEN("数据库"))的执行结果是＿＿＿＿＿；设 $X=5>6$，命令?VARTYPE(X)的输出值是＿＿＿＿＿。

3. 查询单价在 600 元以上的主板和硬盘的条件是＿＿＿＿＿。

4. 变量 A 的值是"45.678"，则表达式 STR(&A,2)+"12&A"的值是＿＿＿＿＿。

5. 有下列命令序列：

```
X="2"
?&X.2*3
```

执行以上命令序列之后，最后一条命令的显示结果是＿＿＿＿＿。

6. 有下列命令序列：

```
STORE 47.6554 TO M
?ROUND(INT(M)+M,2)
```

执行以上命令序列之后，最后一条命令的显示结果是＿＿＿＿＿。

三、简答题

1. Visual FoxPro 中常量和内存变量有哪几种类型，字段变量的数据类型有哪些?哪几种字段变量的宽度是固定的，各是多少?

2. Visual FoxPro 中有哪几种表达式，各有哪些运算符?

第4章
Visual FoxPro 数据库及其操作

数据库是存储和管理各种对象的容器，这些对象包括表、视图、表间联系等。数据表由字段和记录组成，是组织和存放大量相关数据的基本对象。Visual FoxPro 的数据表可以依附于一个指定的数据库，这样的表称为数据库表；也可以不依附于任何数据库，这样的表称为自由表。自由表与数据库表的基本操作是类似的，包括表结构的创建，数据的输入、修改、删除、排序、索引、统计和查找等。但数据库表还具有一些特有的属性，如支持长文件名、长字段名以及各种有效性安全检查等，使得数据库的管理变得更为安全有效。

4.1 数据表结构的创建和操作

4.1.1 数据表结构的创建

Visual FoxPro 的数据表包括两部分：表结构和记录数据。要创建一个数据表，首先需要设计和建立其结构，然后再输入具体的记录数据。表结构的设计与建立就是定义表中字段的个数，每一个字段的字段名、字段类型、字段宽度、小数位数、索引、字段值是否允许为空等。本章采用图 1-6～图 1-8 所示的学生表、课程表及成绩表为例来介绍数据表和数据库的基本操作，它们的表结构分别如图 4-1～图 4-3 所示。

字段名	类型	宽度	小数位数	索引	NULL
学号	字符型	7			
姓名	字符型	8			
性别	字符型	2			
出生日期	日期型				
党员否	逻辑型				
专业	字符型	12			
个人简历	备注型				√
照片	通用型				√

图 4-1　学生表结构

字段名	类型	宽度	小数位数	索引	NULL
课程号	字符型	3			
课程名	字符型	12			
课时	数值型	2	0		
学分	数值型	2	0		

图 4-2　课程表结构

字段名	类型	宽度	小数位数	索引	NULL
学号	字符型	7			
课程号	字符型	3			
平时成绩	数值型	3	0		
卷面成绩	数值型	3	0		
成绩	数值型	5	1		√

图 4-3　成绩表结构

这里对在定义表结构中涉及的一些基本内容和概念分别进行解释。

（1）字段名：表的属性名或列名。在 Visual FoxPro 中，字段名必须以汉字或字母开头，且中间不能包含除汉字、字母、数字和下划线之外的其他字符。一般地，自由表字段名最长为 10 个字符。

（2）字段类型：Visual FoxPro 的字段类型除了第 3 章所介绍的几种类型外，还包括以下几种。

① 整型（Integer）：即整数型数据，是不含小数部分的数值型数据，占用 4 个字节。

② 浮动型（Float）：也是数值型数据的一种，在存储形式上采取浮动小数点格式，具有较高的精度。

③ 双精度型（Double）：占用 8 个字节的存储空间，是具有更高精度的数值型数据。

④ 字符型（二进制）：用于存储当代码页更改时字符内容不变的字符数据。所谓代码页是供计算机正确解释并显示数据的字符集，通常不同的代码页对应不同的语言或应用平台。

⑤ 备注型（二进制）：用于存储当代码页更改时内容不变的备注数据。

（3）字段宽度：字段宽度也称为字段长度，字段宽度应能容纳所要存储在该字段中的数据，为此应对可能出现的数据预先进行详细的分析。在设定时应注意以下几点。

① 字符型字段的宽度不能超过 254 个字符，超过时应作为备注型字段存储。

② 数值型与浮点型字段的宽度为其整数位数与小数位数的和再加 1（小数点占 1 位）。

③ 逻辑型字段的宽度固定为 1 个字节；备注型、通用型、整型等字段的宽度固定为 4 个字节；日期型、日期时间型、货币型、双精度型字段的宽度固定为 8 个字节。

（4）索引：索引是对表中的记录数据按某个字段值的大小进行逻辑排序。有关索引的概念、种类、创建方法及其应用将在本章第 3 节中详细介绍。

（5）空值（NULL）：在设计表结构时，可为某个字段指定是否接受 NULL 值。空值与空字符串、数值 0 等具有不同的含义，空值就是还没有确定值。例如，对于一个表示成绩的字段，空值可表示暂未考试，其成绩还不确定，而数值 0 则可能表示 0 分。

对于那些暂时还无法确切知道具体数据的字段往往可设定为允许空值，但作为主关键字或候选关键字的字段则是不允许为空值的。

在表结构确定后，可以使用菜单方式或命令方式来创建数据表结构。

1. 菜单方式

【例 4-1】　按照图 4-1 所示学生表的结构创建学生表。

操作步骤如下。

（1）选择"文件"→"新建"菜单命令，在打开的"新建"对话框选择"表"选项，单击"新建文件"图标按钮，打开"创建"对话框。

（2）在"创建"对话框中的"输入表名"文本框中输入"学生"，选择数据表保存的位置，单击"保存"按钮，打开如图 4-4 所示的"表设计器"对话框。

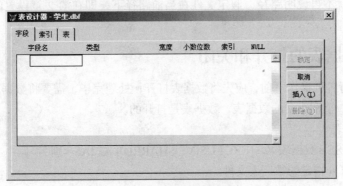

图 4-4　表设计器对话框

（3）在字段名下面的文本框中输入学生表的第 1 个字段的名字"学号"。

（4）单击类型下面的下拉列表框，则显示出所有可选数据类型供用户选择，选择"字符型"。

（5）数据类型选定后，在宽度下面的文本框中输入字段宽度的值，在此输入"7"，对于字符型数据，不需要定义小数位数。

（6）如果想让字段接受 NULL 值，则应选定 NULL 按钮。由于学号作为学生表的关键字，不能选定 NULL 按钮。

（7）将光标定位到字段名的下一个空行上面，按照同样方法完成所有字段的定义，如图 4-5 所示。最后单击表设计器的"确定"按钮，则会出现一个如图 4-6 所示对话框，询问用户是否立即向表中输入数据，如果单击"是"按钮，可以直接输入该数据表的记录内容；如果单击"否"按钮，则退出表设计器，仅保存该数据表的结构，用户可在以后再输入记录数据内容。这样，学生表的结构就建立完成了。

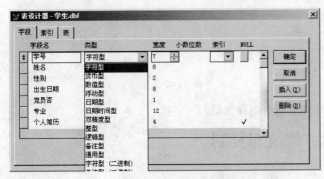

图 4-5　设计表的结构

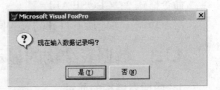

图 4-6　输入数据提示对话框

2. 命令方式

命令格式：CREATE [<数据表文件名>]

命令功能：打开表设计器，建立一个新表结构。

不管采用哪种方式建立数据表，都会产生一个扩展名为.dbf 的文件，如果此数据表中有备注型或通用型字段，系统会自动生成与所属数据表的主名相同，扩展名为.fpt 的备注文件。在以上创建表结构的例子中，将在当前磁盘目录中得到学生.dbf 和学生.fpt 两个文件。

说明：不管一个数据表中有多少个备注型字段和通用型字段，都只创建 1 个备注文件。

注意：在创建表时，如果没有指定路径，表文件将建立在当前路径下。为了方便，在今后的叙述中，我们就不再说明路径，假定文件在当前路径下，即在第 2 章设置的默认目录 "d:\教学管理"。

4.1.2　数据表的打开和关闭

对数据表进行各种操作之前，应先将数据表打开；处理完毕，需要将数据表关闭。在 Visual FoxPro 中，对于一个刚建立的数据表，数据表是打开的。

1. 打开数据表

命令格式：USE <数据表名> [EXCLUSIVE|SHARED][ALIAS <别名>]

命令功能：打开指定的数据表文件。

说明：

① EXCLUSIVE 表示数据表以独占方式打开，这也是数据表的默认打开方式；SHARED 表示数据表以共享方式打开。如数据表以共享方式打开，用户不能修改其结构。

② ALIAS <别名>表示给当前打开的数据表取别名，如缺省该选项，数据表的别名与原名相同。

用户也可以选择 "文件" → "打开" 菜单命令，在弹出的 "打开" 对话框中选择数据表所在的路径、文件类型、文件名后，单击 "确定" 按钮打开数据表。

打开数据表的操作虽然简单，但仍需要注意以下几点。

① 如果要打开的表文件中包含有备注型或通用型字段，则必须保证要打开的表文件和扩展名为.fpt 的同名备注文件在同一个文件夹中。

② 数据表打开后并不在屏幕上显示其记录内容，但在状态栏有提示信息，如图 4-7 所示。若要查看或修改已打开的数据表记录内容，还需要执行其他相应的命令。

学生 (d:\教学管理\学生.dbf)　　　　　记录:1/10　　　　　Exclusive

图 4-7　打开学生表后的状态栏

2. 关闭数据表

命令格式 1：USE

命令功能：关闭当前表文件及其索引文件。

命令格式 2：CLOSE ALL

命令功能：关闭所有打开的表，同时释放所有内存变量。

4.1.3　数据表结构的显示、修改与复制

1. 数据表结构的显示

显示的表结构信息中，包括表的存储位置与名称、数据记录数以及各字段的字段名、类型、

宽度和小数位等。其中，字段宽度的总计数为各字段宽度之和再加 1，外加的这 1 个字节用来放置记录删除标记。

命令格式：LIST STRUCTURE [TO FILE <文件名>|TO PRINTER]

命令功能：在 Visual FoxPro 主窗口中显示当前表的结构。

说明：TO FILE <文件名>|TO PRINTER 表示表结构在主窗口中显示的同时，还会输出到相应的文本文件中或送入到打印机中打印。

【例 4-2】　用命令方式显示学生表的表结构。

```
USE 学生
LIST STRUCTURE
```

显示学生的结构如图 4-8 所示。

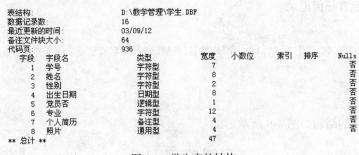

图 4-8　学生表的结构

2.　数据表结构的修改

在 Visual FoxPro 中创建数据表时，常常会因为考虑不周、操作不慎或情况有所变化，使数据表的结构设计不尽合理，这就需要对数据表的结构进行某些修改。对数据表结构的修改通常包括：增加字段、删除字段、修改字段名、修改字段类型、修改字段宽度、建立索引、修改索引、删除索引、建立有效性规则、修改有效性规则、删除有效性规则等（索引和有效性规则将在后面章节中介绍）。

修改一个数据表的结构，首先应使用 USE 命令打开这个数据表，然后选择"显示"→"表设计器"菜单命令，或者在命令窗口中执行"MODIFY STRUCTURE"命令打开表设计器。

命令格式：MODIFY STRUCTURE

命令功能：打开当前表的表设计器，修改表的结构。

修改数据表结构和建立数据表时的表设计器界面完全一样。此时在表设计器窗口可以进行以下操作。

（1）修改已有的字段

用户可以直接修改字段的名称、类型和宽度等。

（2）增加字段

如果要在原有的字段后增加新的字段，直接将光标移动到最后，然后输入新的字段名、字段类型和宽度等；如果要在原有的字段中间插入新字段，首先将光标定位在要插入新字段的位置，然后单击"插入"按钮，这时会插入一个新字段，输入新的字段名、字段类型和宽度等即可。

（3）删除字段

如果要删除某个字段，首先将光标定位在要删除的字段上，然后用鼠标单击"删除"按钮。当完成所有的修改后，单击表设计器窗口中的"确定"按钮即可。

注意

修改数据表结构时一定要谨慎从事，因为修改数据表的结构，可能会丢失数据表中原来的数据。

3. 数据表结构的复制

在 Visual FoxPro 中，数据表结构的复制只能使用命令完成。

命令格式：COPY STRUCTURE TO <新表文件名> [FIELDS <字段名表>]

命令功能：将当前数据表的结构按字段名表的要求复制到新表文件中。

说明：FIELDS <字段名表>指定了新表结构中包含的字段及字段的顺序，如果缺省该选项，则新表的结构与当前表的结构完全一样。

【例 4-3】 由学生表复制产生一个学生 1 表，该表只包含学号、姓名、性别、出生日期和专业 5 个字段，不包含任何记录。

```
USE 学生
COPY STRUCTURE TO 学生1 FIELDS 学号,姓名,性别,出生日期,专业    &&文件名中不能包含空格
USE 学生1
LIST STRUCTURE
USE
```

显示学生 1 表的结构如图 4-9 所示。

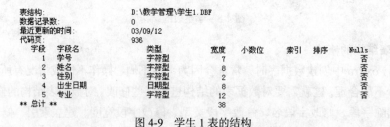

图 4-9　学生 1 表的结构

4.2　数据表的基本操作

4.2.1　建立表结构后立即输入数据

如前所述，在"表设计器"中完成表结构设计后单击"确定"按钮，将会弹出"现在输入数据记录吗？"对话框，如果回答"是"，即可出现如图 4-10 所示的输入记录窗口输入具体的记录数据。

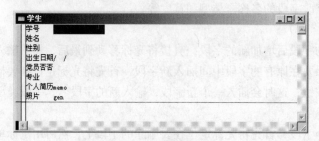

图 4-10　输入记录窗口

此外，如果数据表已经关闭，可先将其打开，然后选择"显示"→"浏览"菜单命令，出现如图 4-11 所示的浏览窗口，此时再选择"显示"→"追加方式"菜单命令，即可在该浏览窗口中输入记录数据。事实上，如果再选择"显示"→"编辑"菜单命令，便可切换到如图 4-10 所示的输入记录窗口。

1. 普通字段的输入

在图 4-10 所示的输入记录窗口中可按记录逐个输入各个字段数据。输入时应注意，输入数据的类型、宽度、取值范围等必须与该字段已设定的属性一致。在图 4-11 所示的输入窗口中则可按记录也可按字段逐个输入对应的各个数据。

输入日期时，可按默认的 mm/dd/yy 格式输入；若要按 yy/mm/dd 的格式输入，可在命令窗口中执行 SED DATE TO YMD 命令；若需要年份为 4 位数，则可在命令窗口中执行 SET CENTURY ON 命令。

2. 备注字段的输入

在输入数据时，双击备注型字段的"memo"字样，打开如图 4-12 所示的备注型字段编辑窗口，在其中输入或修改备注字段的具体内容。

图 4-11　在浏览窗口中输入数据

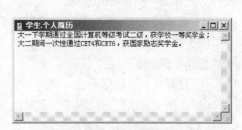

图 4-12　备注型字段编辑窗口

输入或编辑完成后可单击该窗口的关闭按钮将数据存盘并关闭编辑窗口；若要放弃本次的输入和修改可按 Esc 键。如果数据表中备注型字段的"memo"字样变为"Memo"，表示该字段已有具体内容。

3. 通用型字段的输入

在输入数据时，双击通用型字段的"gen"字样，打开通用型字段编辑窗口，然后便可在其内插入各种 OLE 信息。

通用型字段可以通过"编辑"→"插入对象"菜单命令插入各种 OLE 对象。例如，要插入照片，需先打开通用型字段编辑窗口，选择"编辑"→"插入对象"菜单命令，系统将弹出如图 4-13 所示的"插入对象"对话框，在其中选中"由文件创建"单选按钮，再单击"浏览"按钮在磁盘上选取所需插入的图片文件，最后单击"确定"按钮即可，效果如图 4-14 所示。

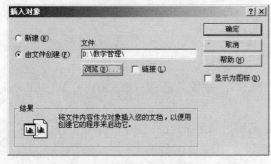

图 4-13　"插入对象"对话框

图 4-14　输入通用字段内容

插入或编辑完成后，可单击关闭按钮将输入内容存盘并关闭编辑窗口；若要放弃本次的输入和修改可按 Esc 键。如果通用型字段的"gen"字样变为"Gen"，表示该字段已有具体内容。

通用型字段不仅可以插入图片，也可以插入 Word、Excel 等文档及声音等多媒体数据。插入的图片在通用型字段编辑窗口出现的是一个该图片的图标，双击该图标，才能显示图形的内容。如果要在通用型字段编辑窗口直接显示某个图片的内容，可以通过剪贴板粘贴。操作如下：打开图片文件，选择该窗口"编辑"→"复制"菜单命令，然后进入 Visual FoxPro 窗口，打开通用型字段编辑窗口，选择"编辑"→"粘贴"菜单命令，即可将图片直接显示在通用型字段编辑窗口。

如果要删除通用型字段的数据，可先打开通用型字段编辑窗口，然后选择"编辑"→"清除"菜单命令即可。

备注字段和通用字段的保存在文件名与数据表相同，扩展名为.fpt 的备注文件中。

4.2.2　数据表记录的显示

数据表打开后并不自动在屏幕上显示其数据。若要查看已打开的数据表的数据，可采用菜单操作方式和命令操作方式进行。

1. 菜单操作方式

（1）在"浏览"窗口显示记录

操作步骤如下。

① 打开要显示数据的表。

② 选择"显示"→"浏览"菜单命令，进入表"浏览"窗口。

（2）在"编辑"窗口显示记录

操作步骤如下。

① 打开要显示数据的表。

② 选择"显示"→"浏览"菜单命令，选择"显示"→"编辑"菜单命令，进入表"编辑"窗口。

无论是在表"编辑"窗口还是在表"浏览"窗口，都可以对表中的数据进行显示，只是显示方式有所不同。另外，在这两个窗口中，不仅可以进行数据的显示，同时还可以编辑修改表中的数据和输入数据。

2. 命令操作方式

（1）BROWSE 命令

命令格式：BROWSE[FIELDS <字段名表>][FOR <条件>][NOAPPEND][NOMODIFY]

命令功能：在表的"浏览"窗口中显示满足条件的记录。

说明：

① NOAPPEND 在显示记录时，禁止在记录尾部追加记录。

② NOMODIFY 指出仅显示记录，禁止修改记录。

（2）LIST 命令或 DISPLAY 命令

命令格式：LIST|DISPLAY [OFF][<范围>][[FIELDS] <字段名表>][FOR <条件>][WHILE <条件>][TO PRINTER|TO FILE <文件名>]

命令功能：在主窗口中显示当前表文件中指定范围内满足条件的记录。

说明：

① 当范围缺省时，LIST 命令连续显示表中满足条件的记录，即默认范围为 ALL；而当范

围缺省时，DISPLAY 命令仅显示当前一条记录，但在缺省范围短语而有条件短语时则默认为全部记录。

②　命令中指定 OFF 时，不显示记录号，否则在记录前面显示出记录号。

【例 4-4】　显示学生表中计算机应用专业的学生的学号、姓名、性别和出生日期。

```
USE 学生
LIST 学号,姓名,性别,出生日期 FOR 专业="计算机应用"
```

4.2.3　数据表记录的添加

1. 菜单操作方式

在浏览窗口打开的情况下，选择"表"→"追加新记录"菜单命令，这时在浏览器尾部会增加一条空白记录，在此空白记录处输入新的记录值即可，如图 4-15 所示。

另外，在浏览窗口打开的情况下，也可以选择"显示"→"追加方式"菜单命令追加新记录。二者的区别为：执行"显示"→"追加方式"菜单命令可允许连续追加多条新记录，而执行"表"→"追加新记录"菜单命令则只允许追加一条新记录。

2. 命令操作方式

（1）APPEND 命令

APPEND 命令是在表的尾部追加记录。

命令格式：APPEND [BLANK]

使用 APPEND 命令需要立刻交互输入新的记录值，界面如图 4-16 所示，一次可以连续输入多条新的记录。关闭窗口结束输入新记录。

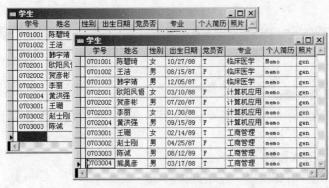

图 4-15　插入记录

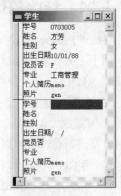

图 4-16　添加记录

而 APPEND BLANK 是在表的尾部追加一条空记录，然后再用 EDIT、CHANGE 或 BROWSE 命令交互修改空记录的值，或用 REPLACE 命令直接修改该空记录值。

（2）INSERT 命令

INSERT 命令可以在表的任意位置插入新的记录。

命令格式：INSERT [BEFORE][BLANK]

如果不指定 BEFORE 则在当前记录之后插入一条记录，否则在当前记录之前插入一条新记录。

如果不指定 BLANK 则直接以交互式方式输入记录的值。否则在当前记录之后（或之前）插入一条空记录，然后再用 EDIT、CHANGE 或 BROWSE 命令交互修改空记录的值，或用 REPLACE

命令直接修改该空记录值。

【例 4-5】 在学生表的第 8 条记录前插入一条记录。

```
USE 学生
GO 8                        &&将记录指针指向第 8 条记录
INSERT BEFORE
USE
```

（3）从其他表追加记录

命令格式：APPEND FROM <表文件名> [<范围>] [FOR <条件>][<WHILE <条件>] [FIELDS <当前表字段表>]

命令功能：在磁盘上指定的表文件中，将规定范围内符合条件的记录自动添加到当前数据表的末尾。

说明：

① 一般情况下，磁盘上指定的表文件的结构与当前打开的数据表的结构应该是相同的，即字段名、类型、宽度等应一致。

② 选择 FIELDS <当前表字段表>短语，则只有指定字段的内容被追加进来。

【例 4-6】 打开学生 1.dbf，将学生.dbf 中男生的学生记录追加进来。

```
USE 学生 1
APPEND FROM 学生 FOR 性别="男"
BROWSE                      &&浏览追加后学生 1.dbf 的内容
USE
```

4.2.4 修改数据记录

Visual FoxPro 不仅提供了 BROWSE、EDIT 和 CHANGE 命令在表"浏览"或"编辑"窗口中，用手工方式逐个修改表中记录，还提供了修改命令 REPLACE，可以不用打开表"浏览"或"编辑"窗口，自动替换修改。

1. 在表"浏览"或"编辑"窗口中修改

要在表"浏览"或"编辑"中修改记录的值，只需要将光标定位在要修改的记录和字段值上，然后直接进行修改就可以了。

2. 用 CHANGE 和 EDIT 命令交互式修改

命令格式：CHANGE|EDIT [<范围>][FIELDS <字段名表>][FOR <条件>]

命令功能：打开表的"编辑"窗口，以交互编辑方式修改记录。

说明：除命令动词之外，这两条命令的格式和功能完全一样。

【例 4-7】 修改学生表中的第 4 条记录。

```
USE 学生
CHANGE RECORD 4            &&打开编辑窗口，修改第 4 条记录的字段值
```

3. 用 REPLACE 命令直接修改

命令格式：REPLACE [范围] <字段 1> WITH <表达式 1> [,<字段 2> WITH <表达式 2> …] [FOR <条件>]

命令功能：修改当前表中指定范围、满足条件的记录的指定字段的值。用表达式的值自动替

换对应的字段值，即表达式 1 的值替换字段 1 的值，表达式 2 的值替换字段 2 的值……

说明：

① 表达式与对应字段的数据类型必须相同。

② 如果范围和条件短语均缺省，则只替换当前一条记录，即默认当前记录。

【例 4-8】　现利用 REPLACE 命令计算成绩表中的成绩字段的值（成绩=平时成绩*50%+卷面成绩*50%）。

```
USE 成绩
REPLACE ALL 成绩 WITH 平时成绩*0.5+卷面成绩*0.5
LIST
```

显示结果如图 4-17 所示。

记录号	学号	课程号	平时成绩	卷面成绩	成绩
1	0701001	101	88	80	84
2	0701001	102	76	70	73
3	0701002	101	97	85	91
4	0701002	102	93	91	92
5	0701002	103	92	90	91
6	0701003	101	80	80	80
7	0702001	201	60	74	67
8	0702001	203	70	82	76
9	0702002	202	60	60	60
10	0702003	201	90	98	94
11	0702003	202	87	95	91
12	0702004	203	62	78	70
13	0703001	301	74	80	77
14	0703001	302	80	70	75
15	0703002	302	90	86	88
16	0703002	303	96	90	93
17	0703003	301	85	77	81
18	0703003	303	90	82	86

图 4-17　成绩表的显示结果

4.2.5　删除数据记录

数据表中的一些记录如不再需要，可将其从数据表中删除。Visual FoxPro 对记录的删除分为逻辑删除和物理删除，逻辑删除只是在记录旁边做删除标记，必要时还可以去掉删除标记恢复记录，物理删除才是真正将记录从表中删除。

1. 菜单操作方式

【例 4-9】　删除学生表中男生记录。

操作步骤如下。

（1）打开学生表的"浏览"窗口，选择"表"→"删除记录"菜单命令。

（2）如图 4-18 所示，在删除对话框中选择删除范围和设置删除条件，单击"删除"按钮，结果如图 4-19 所示。

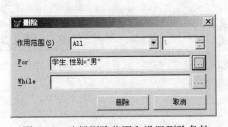

图 4-18　选择删除范围和设置删除条件

图 4-19　删除标记

（3）如果要物理删除有删除标记的记录，选择"表"→"彻底删除"菜单命令，然后在如图 4-20 所示的彻底删除提示框中选择"是"按钮。重新打开学生表的浏览窗口，结果如图 4-21 所示。

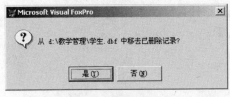

图 4-20　彻底删除提示框

图 4-21　彻底删除后的学生表

2. 命令操作方式

命令格式 1：DELETE [范围][FOR <条件>]

命令功能：逻辑删除当前表中指定范围、满足条件的记录。

说明：如果范围和条件短语均省略，则仅对当前记录做删除标记。

命令格式 2：PACK

命令功能：物理删除当前表中所有带有删除标记的记录。

说明：命令在执行时系统不弹出彻底删除提示框。如需弹出彻底删除提示框让用户确认自己的删除动作，以防误删除，应先执行 SET SAFETY ON 命令。

命令格式 3：ZAP

命令功能：物理删除当前表中所有记录，不管记录是否有删除标记。

说明：该命令只是删除表中全部记录，并没有删除表，执行完该命令后表结构依然存在。

【例 4-10】 删除学生表中所有非党员记录。

```
USE 学生
DELETE FOR 党员否=.F.            &&标记要删除的记录
PACK                            &&彻底删除
```

4.2.6 恢复表中逻辑删除的记录

1. 菜单操作方式

【例 4-11】 恢复学生表中逻辑删除的男生记录。

操作步骤如下。

（1）打开学生表的"浏览"窗口，选择"表"→"恢复记录"菜单命令。

（2）在"恢复记录"对话框中选择恢复范围和恢复条件，结果如图 4-22 所示。

（3）单击"恢复记录"按钮。

2. 命令操作方式

命令格式：RECALL [范围][FOR <条件>]

命令功能：恢复当前表中指定范围、满足条件的记录。

说明：

① 如果范围和条件短语均省略，则仅对当前记录恢复。

② 不能恢复使用 PACK 或 ZAP 命令物理删除的记录。

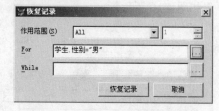

图 4-22　设置恢复范围和恢复条件

4.2.7 数据表记录指针的定位

在向表中输入数据时，系统按照其输入的先后顺序，给每一个记录赋予一个记录号。最先输入的记录为 1 号记录，其次为 2 号记录，依次类推。

数据表的逻辑结构如第 3 章图 3-2 所示。

当表刚打开时，记录指针指向第 1 条记录，表中记录指针是可以移动的。表中记录的定位，实质就是确定哪条记录为当前记录，即指针指向哪条记录。

1. 命令方式

（1）绝对定位

命令格式：GO N|TOP|BOTTOM

命令功能：将当前数据表的记录指针定位到指定记录号的记录上。

说明：N 是记录号，取值范围在 1 至数据表中记录总数之间。

（2）相对定位

确定了当前记录之后，可以用 SKIP 命令向前或向后移动若干条记录位置。

命令格式：SKIP [N]

其中 N 可以是正整数或负整数，默认为 1。如果是正数则向后移动，如果是负数则向前移动。SKIP 是按逻辑顺序定位，即如果使用索引时，是按索引项的顺序定位的。

（3）条件定位

LOCATE 是按条件定位记录位置的命令。

命令格式 1：LOCATE FOR <条件>[范围]

命令格式 2：CONTINUE

命令功能：LOCATE 用于在当前数据表指定范围内查找第一条符合条件的记录，CONTINUE 是查找下一条符合条件的记录。如果找到符合条件的记录，记录指针定位到这条记录；如果找不到符合条件的记录，记录指针定位到表文件尾。

为了判断 LOCATE 或 CONTINUE 命令是否找到了满足条件的记录，可以使用函数 EOF()。如果有满足条件的记录，EOF()返回.F.，否则 EOF()返回.T.。

2．菜单方式

打开数据表的"浏览"窗口，选择"表"→"转到记录"菜单命令，出现如图 4-23 所示的子菜单，各菜单项的功能如表 4-1 所示。

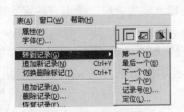

图 4-23　转到记录

表 4-1　　　　利用菜单记录定位

转到记录	功能相当于
第一个	GO TOP
最后一个	GO BOTTOM
下一个	SKIP 1
上一个	SKIP −1
记录号	GO N
定位	条件定位

【例 4-12】 记录指针移动示例。

```
USE 学生
?RECN()                  &&显示当前记录号为 1
?RECCOUNT()              &&显示当前表中有 10 条记录
GO 4                     &&将记录指针定位在第 4 条记录
?RECN()                  &&显示当前记录号为 4
SKIP 3                   &&将记录指针向下移动 3 条
?RECN()                  &&显示当前记录号为 7
SKIP -2                  &&将记录指针向上移动 2 条
?RECN()                  &&显示当前记录号为 5
GO TOP                   &&将记录指针移动到第 1 条记录
?BOF()                   &&显示.F.，说明第 1 条记录并不是文件首
?RECN()                  &&显示当前记录号为 1
```

```
SKIP -1                        &&将记录指针再向上移动一条
?BOF()                         &&显示.T.，说明记录指针已到文件首
?RECN()                        &&显示文件尾的记录号为 1
GO BOTTOM                       &&将记录指针移动到最后一条记录
?EOF()                         &&显示.F.，说明最后一条记录并不是文件尾
?RECN()                        &&显示当前记录号为 10
SKIP                           &&将记录指针再向下移动一条
?EOF()                         &&显示.T.，说明记录指针已到文件尾
?RECN()                        &&显示文件尾的记录号为 11
LOCATE FOR 性别="男"            &&将记录指针定位在第 1 个性别是"男"的记录
DISPLAY                        &&显示该条记录
CONTINUE                       &&将记录指针定位在第 2 个性别是"男"的记录
DISPLAY                        &&显示该条记录
USE
```

4.2.8　数据表的复制

1. 菜单操作方式

【例 4-13】 将学生表中所有性别为男的记录复制到 D:\教学管理\学生备份.dbf 中，学生备份表仅包含学号、姓名、性别、出生日期和专业 5 个字段。

操作步骤如下。

（1）选择"文件"→"导出"菜单命令，打开"导出"对话框。

（2）单击"来源于"后的浏览按钮，选择"D:\教学管理\学生.dbf"；单击"到"后的浏览按钮，在打开的"另存为"对话框中的"导出"文本框中输入学生备份，单击"确定"按钮，如图 4-24 所示。

（3）单击"选项"按钮，在"导出选项"对话框中设置如图 4-25 所示，作用范围"ALL"；条件 For "学生.性别="男""；字段："学生.学号,学生.姓名,学生.性别,学生.出生日期,学生.专业"。

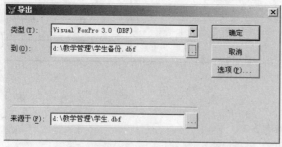

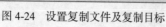

图 4-24　设置复制文件及复制目标

图 4-25　选择复制的对象

（4）单击"确定"按钮，打开学生备份表，浏览结果如图 4-26 所示。

2. 命令操作方式

命令格式：COPY TO <新表文件名>[<范围>][FIELDS <字段名表>][FOR <条件>]

命令功能：将当前表中满足条件的记录的指定字段复制成一个新表文件。

说明：范围缺省值为 ALL。

【例 4-14】 将学生表中党员学生的学号、姓名、性别、出生日期和专业信息复制到学生 2 表中。

```
USE 学生
COPY TO 学生 2 FIELDS 学号,姓名,性别,出生日期,专业 FOR 党员否
USE 学生 2
BROWSE
USE
```

显示结果如图 4-27 所示。

图 4-26　复制结果　　　　　　　　　　　图 4-27　复制结果

4.2.9　数据表的删除

命令格式 1：DELETE FILE <表文件名>

命令格式 2：ERASE <表文件名>

命令功能：删除指定的表文件。

说明：文件扩展名不能省略，如果存在与表文件同名的备注文件，应注意同时将其删除。

注意：删除数据表之前，应先将其关闭。

【例 4-15】 若要删除学生 2.dbf 和学生 2.fpt，可执行如下命令：

```
USE
DELETE FILE 学生 2.dbf
ERASE 学生 2.fpt
```

4.3　数据表的排序与索引

在向新建立的表录入数据时，表中记录的排列顺序是按照录入的先后顺序存放的。在实际应用中，我们往往需要重新组织数据，使表中的各条记录按照某个字段值的大小或按照某种指定的规则进行排序。例如，对某地高考成绩按照各科总成绩进行排序，则为划定当地各批次录取分数线提供了很大的方便。将记录按某字段值由小到大的顺序排列称为升序，由大到小的顺序排列称为降序。Visual FoxPro 提供了两种排序方法：分类排序（排序）和索引排序（索引）。

4.3.1　数据表的排序

Visual FoxPro 系统的排序并不改变当前表中记录的位置，而是将排序的结果形成一个新的有序表。操作时允许用户根据一个或多个字段进行排序。对于多个字段，按所需要的优先级顺序选出字段后，系统就会把查询得到的记录首先对第一个字段排序，对于那些第一个字段值相同的记录，再按第二个字段进行排序，…，依此类推。

命令格式：SORT TO <新表名> ON <字段名 1>[/A][/D][/C] [,<字段名 2>[/A][/D][/C]…]；

[ASCENDING]|[DESCENDING][FOR <条件>][FIELDS <字段名表>]

命令功能：对当前表中满足条件的记录按指定字段的值重新排列生成新的有序表。

说明：

① ON <字段名 1>[/A][/D][/C] [,<字段名 2>[/A][/D][/C]…]依次指定排序字段（不能为字段构成的表达式）。其中，"/A"表示升序排序，"/D"表示降序排序，"/C"表示按指定的字符型字段排序时，不区分英文字母的大小写。默认值为/A，C 可与 A、D 联用，即/AC、/DC。

② 排序可指定多个字段，首先按第一个字段排序，如果其值相同再按第二个字段排序，依此类推。

③ 如果为多字段排序且皆为升序，可选择 ASCENDING 或默认此选项；如皆为降序可选择 DESCENDING。

④ 生成新表只包含满足条件的记录，若缺省 FOR <条件>，所有记录均参与排序；新表结构由 FIELDS 短语决定；若缺省 FIELDS <字段名表>，则新表结构与当前表结构相同。

【例 4-16】 将学生表先按专业升序排序，专业相同再按出生日期降序排序。

```
USE 学生
SORT TO 学生排序 ON 专业,出生日期/D
USE 学生排序
BROWSE
```

显示结果如图 4-28 所示。

学号	姓名	性别	出生日期	党员否	专业	个人简历	照片
0703003	陈诚	男	08/12/89	F	工商管理	memo	gen
0703001	王珊	女	02/14/89	T	工商管理	memo	gen
0703002	赵士刚	男	04/25/87	F	工商管理	memo	gen
0702004	黄洪强	男	09/15/89	F	计算机应用	memo	gen
0702001	欧阳凤悟	男	03/10/88	F	计算机应用	memo	gen
0702003	李丽	女	01/30/88	T	计算机应用	memo	gen
0702002	贺彦彬	男	07/20/87	F	计算机应用	memo	gen
0701001	陈碧琦	女	10/27/88	F	临床医学	memo	gen
0701003	韩宇箐	男	12/05/87	T	临床医学	memo	gen
0701002	王洁	男	08/15/87	F	临床医学	memo	gen

图 4-28 对学生排序结果

每次使用 SORT 命令都会生成一个新表，如果一个数据量比较大的表需要多种排序方式，使用 SORT 命令产生多个有序表，这样做将浪费大量磁盘空间。而且多份数据表的存在也可能导致数据的不一致。因此，对数据表排序通常采用索引方式。

4.3.2 数据表的索引

1. 基本概念

首先用一个通俗的例子来说明索引的概念。假设要在本书中找到数据表的排序与索引这一节，有两种方法可以达到此目的。其一是从书中第 1 页开始顺序往后翻阅，直至找到为止；其二是首先查看书中的目录，先找到数据表的排序与索引这一节的页号，再直接翻到该页。目录在此就起到了索引的作用。显然通过索引可以大大提高查找速度。

建立索引有以下用途：

① 排序数据表中的数据；

② 提高查找数据的速度；

③ 避免关键字段值相同；

④ 建立表与表之间的关系。

在 Visual FoxPro 中索引是由指针构成的文件，这些指针逻辑上按照索引关键字值进行排序。索引文件和表文件分别存储，并且不改变表中记录的物理顺序。实际上，创建索引是创建一个由指向表文件记录的指针构成的文件。若要根据特定顺序处理表记录，可以选择一个相应的索引。

Visual FoxPro 中的索引分为主索引、候选索引、唯一索引和普通索引 4 种。

（1）主索引

在指定字段或表达式中不允许出现重复值的索引，这样的索引可以起到关键字的作用，它强调的"不允许出现重复值"是指建立索引的字段值不允许重复。如果根据任何已含有重复值的字段建立主索引，Visual FoxPro 将产生错误信息，如果一定要在这样的字段上建立主索引，则必须首先修改或删除重复的字段值。

建立主索引的字段可以看作是主关键字。一个数据库表只能有一个主关键字，所以一个数据库表只能创建一个主索引。

（2）候选索引

候选索引和主索引具有相同的特性，建立候选索引的字段可以看作是候选关键字。候选索引像主索引一样要求字段值的唯一性并决定了处理记录的次序。在一个表中可以建立多个候选索引。

（3）唯一索引

唯一索引是为了保持同早期版本的兼容性，它的"唯一性"是指索引项的唯一性，而不是字段值的唯一性。它以指定字段的首次出现值为基础，选定一组记录，并对记录进行排序。在一个表中可以建立多个唯一索引。

（4）普通索引

普通索引也可以决定记录的处理次序，它不仅允许字段中出现重复值，并且索引项中也允许出现重复值。在一个表中可以建立多个普通索引。

2．索引文件的分类

Visual FoxPro 支持 3 种不同的索引文件：结构复合索引、非结构复合索引和独立索引。

（1）索引表达式

索引表达式用来作为建立索引的标准，通常是一个字段或字段表达式，表达式中可以出现函数、内存变量等。使用表达式时，根据计算结果排序。比如，索引表达式为"专业+学号"，则 Visual FoxPro 将两个字符型字段的值组合成一个字符串，然后进行比较。结果是专业值相同的记录排列在一起，同一专业内再按学号排序。

不同类型字段构成一个索引表达式时，必须将其中一个字段转换数据类型。

（2）索引名

索引名也称为索引标识，是用于区别该索引与其他索引的，索引名可以与字段同名，也可自己指定，但必须以字母、汉字或下划线开头。例如，可以为前面建立的索引指定索引名"ZY_XH"。

（3）独立索引文件

独立索引文件（.IDX）中只包含一个索引项，并且各索引文件相互独立。独立索引文件中的索引项不需要索引名，而直接使用索引文件名。独立索引只能使用 INDEX 命令建立。

（4）结构复合索引文件

结构复合索引文件（.CDX）中可以包含多个索引项，且每个索引项都有一个索引名。一个数据表只能创建一个结构复合索引文件，因为它是一个与数据表同名的文件，只是扩展名不同。结构复合索引可以在表设计器中建立，也可以使用 INDEX 命令建立。

（5）非结构复合索引文件

非结构复合索引文件与结构化复合索引文件非常相似，只是用户需要指定一个索引文件名，该文件名不能与相关的表同名。非结构复合索引也只能使用 INDEX 命令建立。

4.3.3 建立索引

1. 表设计器中建立索引

在表设计器界面中有"字段"、"索引"和"表"3 个选项卡，在"字段"选项卡中定义字段时就可以直接指定某些字段是否是索引项，用鼠标单击定义索引的下拉列表框可以看到有 3 个选项：无（默认值）、升序和降序，如图 4-29 所示。如果选定了升序或降序，则在对应的字段上建立了一个普通索引，索引名与字段名相同，索引表达式就是对应的字段。

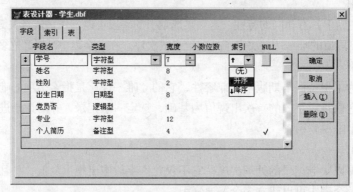

图 4-29　表设计器

如果要将索引定义为其他类型的索引，则必须将界面切换到"索引"选项卡，然后从"类型"下拉列表框中选择索引的类型，如图 4-30 所示，这时可以根据需要选择主索引（自由表不能建立主索引）、候选索引、普通索引或唯一索引。

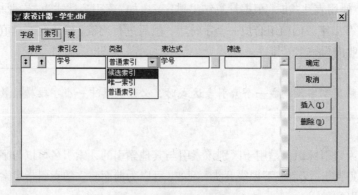

图 4-30　建立索引的界面

如果要根据字段构成的表达式建立索引，打开表设计器，将界面切换到"索引"选项卡。在"索引名"框中输入索引名，在"类型"下拉列表中选择索引类型，在"表达式"框中输入索引表达式或单击　按钮打开"表达式生成器"对话框生成表达式，如图 4-31 所示。

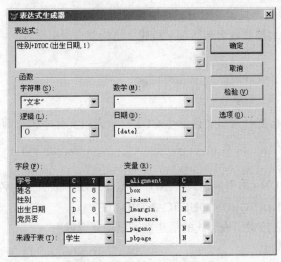

图 4-31　索引表达式生成器

2. 命令建立索引

（1）独立索引

命令格式：INDEX ON <索引表达式> TO <索引文件名> [FOR <条件>][UNIQUE][ADDITIVE]

命令功能：为当前表按索引表达式的值建立独立索引。

说明：

① 独立索引只能对索引表达式建立升序索引。

② UNIQUE 说明建立唯一索引，默认为普通索引。在独立索引文件中不能建立主索引和候选索引。

③ ADDITIVE 与建立索引本身无关，说明现在建立索引时是否关闭当前索引，默认是关闭当前索引，使新建立的索引成为当前索引。

【例 4-17】 对学生表按照专业字段建立独立索引。

```
USE 学生
INDEX ON 专业 TO ZY
```

结果：生成一个独立索引文件 ZY.IDX，该索引文件中只包含一个索引，索引名为专业。

独立索引文件与数据表没有联系，在数据表和索引较多的情况下，用户很容易将它们混淆。而且，如果在编辑数据表时没有打开全部索引，Visual FoxPro 将不更新那些未打开的索引，这样，索引就会指向错误的记录。

Visual FoxPro 引入了结构化和非结构化的索引，称作复合索引，它是在一个物理文件中包含几个索引的特殊索引文件。由于可以把一个数据表的所有索引定义都定义在单一的文件中，就不必再担心忘记打开索引文件而导致不同步的索引问题了。

（2）结构复合索引

命令格式：INDEX ON <索引表达式> TAG <索引名> [FOR <条件>][ASCENDING ⌐ DESCENDING][UNIQUE][CANDIDATE]

命令功能：为当前表按索引表达式的值建立结构复合索引。

说明：

① ASCENDING 或 DESCEDNDING 说明建立升序或降序索引，默认为升序。

② CANDIDATE 说明建立候选索引，其他参数意义同上。

【例 4-18】 对学生表按照姓名和性别字段建立结构复合索引文件。

```
USE 学生
INDEX ON 姓名 TAG XM CANDIDATE DESCENDING
INDEX ON 性别 TAG XB UNIQUE
```

结果：创建一个结构复合索引文件学生.CDX，该索引文件中包含两个索引，索引名分别为 XM 和 XB。

（3）非结构复合索引

命令格式：INDEX ON <索引表达式> TAG <标识名> OF <索引文件名> [FOR <条件>] [ASCENDING|DESCEDNDING][UNIQUE][CANDIDATE]

命令功能：为当前表按索引表达式的值建立非结构复合索引。

说明：各参数意义同上。

【例 4-19】 对学生表按照年龄表达式和党员否字段建立非结构复合索引。

```
USE 学生
INDEX ON YEAR(DATE())-YEAR(出生日期) TAG NL OF XSCDX
INDEX ON 党员否 TAG DYF OF XSCDX
```

结果：创建一个非结构复合索引文件 XSCDX.CDX，该索引文件中包含两个索引，索引名分别为 NL 和 DYF。

从以上命令格式可以看出，使用命令可以建立普通索引、唯一索引(UNIQUE)或候选索引(CANDIDATE)，但没有主索引，主索引只能在表设计器中建立。

4.3.4　索引文件的打开与设置当前索引

当需要对数据表中的记录按某个索引项的逻辑顺序进行操作时，则必须在打开该数据表的同时打开有关的索引文件。打开一个数据表的同时可以打开多个索引文件，然而某个时刻只有一个索引文件起作用，此索引文件称为主控索引文件。对于打开的包含多个索引项的复合索引文件，在任何时候也只有其中的一个索引项起作用，该索引称为当前索引项或主控索引项。

1．索引文件的打开

与数据表同名的结构复合索引文件是在打开数据表时自动打开的，但对于独立索引文件和非结构复合索引文件则必须用专门的命令将其打开。

命令格式 1：USE <数据表文件> INDEX <索引文件名表>

命令功能：在打开数据表的同时，打开指定的一系列索引文件。

命令格式 2：SET INDEX TO <索引文件名表>

命令功能：在数据表已打开的情况下，打开指定的一系列索引文件。

说明：

① 索引文件列表可以包含复合索引文件和独立索引文件，但各个索引文件之间需用逗号分开。

② 执行该命令后，索引文件列表中第一个索引文件称为主控索引文件。如果主控索引文件是独立索引文件，表处理的记录次序将按其索引顺序进行；如果主控索引文件是复合索引文件，因为它可包含多个索引，则应该设置当前索引。

③ 用 INDEX 命令刚建立的独立索引文件处于打开状态。

2. 设置当前索引

尽管结构复合索引文件在打开表时都能够自动打开，或者打开了非结构复合索引文件作为主控索引文件，但在使用某个特定索引进行查询或需要记录按某个特定索引的顺序显示时，则必须用 SET ORDER TO 命令指定当前索引。

命令格式：SET ORDER TO <索引名> [ASCENDING|DESCENDING]

命令功能：为当前打开的数据表设置当前索引。

说明：不管索引是按升序或降序建立的，在使用时都可以用 ASCENDING 或 DESCENDING 重新指定升序或降序。

【例 4-20】 设学生表已在其结构复合索引文件中，分别按"姓名"和"性别"各建立了 1 个索引，索引名分别为 XM 和 XB，那么：

```
USE 学生                    &&同时自动打开结构复合索引文件
BROWSE                      &&按原表顺序排列显示
SET ORDER TO XM             &&指定 XM 为主索引
BROWSE                      &&按姓名的顺序排列显示
SET ORDER TO XB             &&指定 XB 为主索引
BROWSE                      &&按性别的顺序排列显示
USE
```

4.3.5　索引文件的更新

当数据表中的记录数据发生变化时，所有已经打开的索引文件都会自动进行重新索引，自动实现索引文件的更新。因为与数据表同名的结构复合索引文件总是和数据表一起打开的，所以总能自动得到重新索引。

如果在对数据表中数据进行修改时没有事先打开相关的独立索引文件或非结构复合索引文件，这就需要在事后同时打开这个数据表和相关的索引文件，再用 REINDEX 命令对修改后的数据表进行重新索引。

命令格式：REINDEX

命令功能：分别根据打开的各索引文件中的索引表达式的规定，对当前数据表重新进行索引，使对应的索引文件得到更新。

【例 4-21】 更新例 4-19 中为学生表建立的非结构复合索引 XSCDX.CDX。

```
USE 学生
SET INDEX TO XSCDX.CDX
REINDEX
```

4.3.6　使用索引查找

利用索引能快速地查找所需要的信息，索引查找有两种格式。

命令格式 1：FIND <数值常量>|<字符常量>|&<字符变量>

命令格式 2：SEEK <表达式>

命令功能：查找与索引关键字值相同的第一条记录。如果找到符合条件的记录，记录指针定位到这条记录；如果找不到符合条件的记录，记录指针定位到表文件尾。

说明：

① 在使用索引定位时，必须打开对应的索引文件，并使对应的索引项成为当前索引。

② FIND 命令只能在数值型和字符型字段变量中查找；SEEK 命令后的表达式中可包含数值型、字符型、日期型常量和内存变量，字符型常量要加定界符。

③ 查找成功与否可通过 EOF()函数判断。

【例 4-22】 在学生表中查找 1987 年 7 月 20 日出生的学生的学号、姓名、性别和专业。

```
USE 学生
INDEX ON 出生日期 TO XS_CSRQ
D={^1987-07-20}
SEEK D
DISP 学号,姓名,性别,专业
```

显示结果如下：

记录号	学号	姓名	性别	专业
5	0702002	贺彦彬	男	计算机应用

4.3.7 索引的删除

删除无用的索引可以提高性能，因为 Visual FoxPro 不必再去更新无用索引来反映表中数据的变化。

1. 从复合文件中删除索引

在打开数据表时，将复合索引文件一并打开（结构复合文件随表的打开而自动打开），然后在数据表"表设计器"中使用"索引"选项卡选择并删除索引。另外，还可以使用命令从复合文件中删除索引。

命令格式：DELETE TAG ALL|<索引名 1>[,<索引名 2>[,…]]

命令功能：从当前打开的复合索引文件中删除指定的索引。

说明：ALL 表示删除主控索引文件中的所有索引。当删除指定复合索引文件中的全部索引后，该复合索引文件将自动被删除。

【例 4-23】 删除学生表的结构复合文件中的"XM"和"XB"索引。

```
USE 学生
DELETE TAG XM,XB
```

【例 4-24】 删除学生表的非结构复合文件 XSCDX 中的"DYF"索引。

```
USE 学生 INDEX XSCDX
DELETE TAG DYF
```

2. 删除独立索引

由于独立索引文件只包含单索引，索引可通过从磁盘上删除独立索引文件来删除。

4.4 数据表的统计与计算

在 Visual FoxPro 中，不仅可以对数据表中的记录进行检索，还可以对表中相应记录进行统计与计算。

1. 统计记录个数

命令格式：COUNT [<范围>][TO <内存变量>][FOR <条件>][WHILE <条件>]

命令功能：统计当前表文件中指定范围内满足条件的记录个数。

说明：

① 缺省范围和条件子句时，将得到当前数据表所有记录的个数。

② TO <内存变量>短语用来指定存放计数结果的内存变量，若无此项，计数结果只显示不保存。

③ 在 SET DELETED ON 状态，本命令对已经逻辑删除的记录不予统计。

【例 4-25】 统计学生表中党员人数所占百分比并显示。

```
USE 学生
COUNT TO N
COUNT TO N1 FOR 党员否=.T.
?"党员人数所占百分比: ",N1/N
SET DELETED ON
DELETE FOR 性别="女"
COUNT TO N2
?N2,RECCOUNT()
```

2. 数值型字段求和

命令格式：SUM [<范围>][<数值型字段表达式表>][TO <内存变量表>|TO ARRAY <数组>][FOR <条件>][WHILE <条件>]

命令功能：对当前表中指定范围内满足条件的数值型字段表达式求和。

说明：

① 范围缺省为 ALL。

② 若没有数值型字段表达式表，表示对所有数值型字段分别求和。

③ TO <内存变量表>用来指定内存变量，存放求和结果，内存变量的个数和顺序应与数值型字段表达式或数值型字段一致；TO ARRAY <数组>将求和结果存入指定的数组中。

3. 数值型字段求平均值

命令格式：AVERAGE [<范围>][<数值型字段表达式表>][TO <内存变量表>| ARRAY <数组>][FOR <条件>][WHILE <条件>]

命令功能：对当前表中指定范围内满足条件的数值型字段表达式求平均值。

说明：各选项的功能与 SUM 相同。

【例 4-26】 分别计算成绩表中平时成绩、卷面成绩、成绩总和及平均值。

```
USE 成绩
SUM 平时成绩,卷面成绩,成绩 TO pscj_sum,jmcj_sum,cj_sum
AVERAGE 平时成绩,卷面成绩,成绩 TO ARRAY cj_avg
?"平时成绩,卷面成绩,成绩总和分别为: ",pscj_sum,jmcj_sum,cj_sum
?"平时成绩,卷面成绩,成绩平均值分别为: ",cj_avg(1),cj_avg,cj_avg(3)
```

4. 分类求和

分类求和是在按某个字段排序的基础上，分别对数据表中同一类别所有记录的数值型字段进行求和。

格式：TOTAL [<范围>] ON <索引表达式> [FIELDS <字段名表>] TO <文件名> [FOR <条件>] [WHILE <条件>]

命令功能：对当前表指定范围内满足条件的数值型字段按索引表达式分类求和。

说明：求和前必须按照分类表达式建立索引且使其成为当前索引。

【例 4-27】 在成绩表中，按课程号统计各科成绩的总分。

```
USE 成绩
INDEX ON 课程号 TO ZC
TOTAL ON 课程号 TO 成绩统计
USE 成绩统计
BROWSE
```

成绩统计					
学号	课程号	平时成绩	卷面成绩	成绩	
0701001	101	265	245	255	
0701001	102	169	161	165	
0701002	103	92	90	91	
0702001	201	150	172	161	
0702002	202	147	155	151	
0702001	203	132	160	146	
0703001	301	159	157	158	
0703001	302	170	156	163	
0703002	303	186	172	179	

图 4-32　对成绩表按"课程号"分类求和的结果

显示结果如图 4-32 所示。

4.5　数据库及其操作

4.5.1　建立数据库

创建 Visual FoxPro 的数据库实际上是创建一个扩展名为.dbc 的文件，用来存放数据库的定义信息。与此同时还将自动建立一个扩展名为.dbt 的数据库备注文件和一个扩展名为.dcx 的数据库索引文件。

Visual FoxPro 提供了 3 种创建数据库的方法：

（1）使用"项目管理器"；

（2）使用菜单方式；

（3）使用 CREATE DATABASE 命令。

1. 使用"项目管理器"创建数据库

使用"项目管理器"创建数据库的操作步骤如下。

（1）打开"项目管理器"，选择其中的"数据"选项卡，在"数据"选项卡中选择"数据库"项，如图 4-33 所示，然后单击"新建"按钮。

（2）在弹出的"新建数据库"对话框中单击"新建数据库"图标按钮。

（3）在弹出的"创建"对话框中，选择保存位置并输入数据库名（如输入"教学管理"）。单击"保存"按钮，系统即打开"数据库设计器"窗口，同时弹出"数据库设计器"工具栏，如图 4-34 所示。

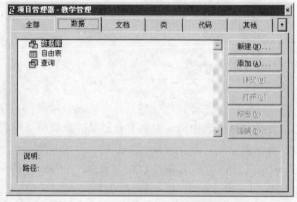

图 4-33　"项目管理器"中的"数据"选项卡

图 4-34　数据库设计器

2. 使用菜单方式创建数据库

用菜单方式创建数据库的操作步骤如下。

（1）选择"文件"→"新建"菜单命令，在打开的"新建"对话框选择"数据库"选项，单击"新建文件"图标按钮，打开"创建"对话框。

（2）在弹出的"创建"对话框中，选择保存位置并输入数据库名（如输入"教学管理"）。单击"保存"按钮，系统即打开"数据库设计器"窗口，同时弹出"数据库设计器"工具栏，如图 4-34 所示。

3. 使用命令方式创建数据库

命令格式：CREATE DATABASE <数据库文件名>|?

命令功能：在当前目录下建立一个指定名称的数据库文件。

说明：

① 执行本命令后，创建的数据库自动处于打开状态，可在"常用"工具栏的"数据库"列表框中见到该数据库的名字。

② 如果用"?"代替数据库名，系统会显示"创建"对话框。

注意：与前两种建立数据库的方式不同的是，执行本命令后并不打开"数据库设计器"窗口。如需打开"数据库设计器"窗口，还应执行 MODIFY DATABASE 命令。

在"数据库设计器"窗口内，可根据需要新建数据表或将已有的自由表添加进来，并可进行其他有关的操作。

4.5.2　数据库的打开与关闭

1. 数据库的打开

在数据库中建立表或使用数据库中的表时，都必须先打开数据库。打开数据库的常用方法有以下两种。

（1）菜单方式

选择"文件"→"打开"菜单命令，在弹出"打开"对话框中选择所要打开的数据库文件，单击"确定"按钮打开数据库。

（2）命令方式

命令格式：OPEN DATABASE [<数据库文件名>|?][EXCLUSIVE|SHARED]

说明：

① 数据库文件名指定要打开的数据库名。如果用"?"代替数据库名，系统会弹出"打开"对话框，要求用户选择要删除的数据库文件。

② EXCLUSIVE 指定以独占方式打开数据库，与在"打开"对话框中选择复选框"独占"等效，即不允许其他用户在同一时刻使用该数据库；SHARED 指定以共享方式打开数据库，即不允许其他用户在同一时刻使用该数据库。默认的打开方式由 SET EXCLUSIVE ON|OFF 的设置值确定，系统默认设置为 ON。

打开一个数据库文件，在"常用"工具栏中可以看见当前正在使用的数据库名，同时当数据库设计器为当前窗口。在数据库被打开的情况下，它所包含的所有表都可以使用。但这些表并没有被自动打开，使用时仍需要用 USE 命令打开。

2. 数据库的关闭

数据库文件操作完成后，必须将其关闭，以确保数据的安全性。要关闭当前打开的数据库可以使用 CLOSE 命令。

命令格式：CLOSE DATABASE|ALL

说明：DATABASE 选项用于关闭当前数据库和数据库表；ALL 选项用于关闭所有对象，如数据库、数据表、程序等。

4.5.3 数据库的修改与删除

以下介绍修改和删除数据库的命令，用户也可在"项目管理器"中或使用其他方法修改和删除指定的数据库。

1. 修改数据库命令

命令格式：MODIFY DATABASE <数据库名>

命令功能：打开"数据库设计器"窗口，在其中显示出指定的数据库内容供用户修改。

2. 删除数据库命令

命令格式：DELETE DATABASE <数据库文件名>|?[DELETETABLES]

命令功能：删除指定名称的数据库。

说明：

① 数据库文件名是要删除的数据库名，如果用"?"代替数据库名，则打开"删除"对话框，要求用户选择要删除的数据库文件。

② 选择 DELETETABLES 短语时，数据库中的所有数据表都将被删除；否则只删除数据库文件，原数据库中的表随即变成自由表。

注意：被删除的数据库必须处于关闭状态。

4.5.4 数据库中表的添加与移去

新创建完成的数据库是一个空库，用户可以在打开的数据库中将一个已经存在的自由表添加到数据库中。当将自由表添加到数据库中时，该自由表即变成数据库表，且同时具有数据库表的诸多特性；当将数据库表移出数据库时，该数据库表也就变成了自由表，并且同时失去了数据库表的特性。

任何一个数据表只能为某一个数据库所有，不能同时添加到多个数据库中。

1. 向数据库中添加表

在数据库设计器中可以很方便地将自由表添加到数据库中。选择"数据库"→"添加表"菜单命令，或者在数据库设计器中任意空白区单击鼠标右键，在弹出的快捷菜单中选择"添加表"命令，然后从"打开"对话框中选择要添加到当前数据库的自由表，即可完成将自由表添加到数据库的操作。

另外，还可以使用 ADD TABLE 命令添加一个自由表到当前数据库中。

命令格式：ADD TABLE <表文件名>|?

说明：<表文件名>是要添加的表名，如果使用"?"，则打开"添加"对话框，要求用户选择要添加的表文件。

一个表文件只能被添加到一个数据库。

在"数据库设计器"窗口内，双击某个表可将其打开；右键单击，然后在弹出的快捷菜单中选择"修改"命令，可弹出"表设计器"对该表进行修改。

2．从数据库中移去表

从数据库设计器中要移出一个表，首先选择该表，然后选择"数据库"→"移去"菜单命令，或者右键单击该表，在弹出的快捷菜单中选择"删除"命令，都会弹出如图 4-35 所示的提示对话框。

另外，还可以使用 REMOVE TABLE 命令将一个表从数据库中移出。

命令格式：REMOVE　TABLE ＜表文件名＞|?
[DELETE]

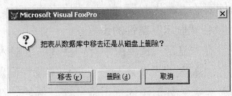

图 4-35　提示对话框

说明：

① 表文件名是要添加的表名，如果使用"?"，则打开"移去"对话框，要求用户选择要移去的文件。被删除的表必须处于关闭状态。

② DELETE 表示在把所选表从数据库中移出之外，还将其从磁盘上彻底删除。

注意：如果 SET SAFETY 设置值为 ON，系统会在删除数据表时提示是否要删除数据表，否则不出现提示，直接将其删除。

4.5.5　在数据库中新建表

用户不仅可以将自由表添加到数据库中，还可以在打开的数据库中建立新表。

打开需要建立表的数据库设计器，选择"数据库"→"新建表"菜单命令，或者在数据库设计器中任意空白区右键单击，在弹出的快捷菜单中选择"新建表"命令，则弹出如图 4-36 所示的选择界面，用户可以选择"表向导"或"新建表"建立新表。

在图 4-36 所示的界面中选择"新建表"图标按钮，从打开的"创建"对话框中选择表存放的位置及输入新表文件名，然后单击"保存"按钮，打开数据库"表设计器"，如图 4-37 所示。

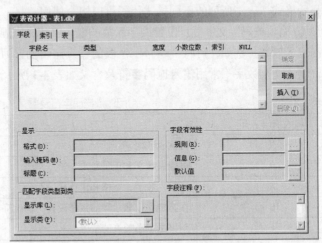

图 4-36　新建表对话框　　　　　　　图 4-37　数据库表设计器

数据库表的"表设计器"对话框与自由表的"表设计器"对话框有所不同。在图 4-37 所示的数据库表的"表设计器"对话框的下方有显示、字段有效性、匹配字段类型到类、字段注释 4 个输入/选择区域，而自由表的"表设计器"对话框没有，这是因为数据库表具有一些自由表所没有的特性。

此外，Visual FoxPro 还允许为数据库表指定一个不超过 128 个字符的长数据表名称，并允许为数据库表中的字段指定一个不超过 128 个字符的长字段名，以便更加清楚地表达数据库表及表中字段的含义。

4.5.6　设置数据库表的字段属性

如图 4-37 所示，除了常规的"字段名"、"类型"、"宽度"和"小数位数"等字段属性外，在数据库表的"表设计器"的"字段"选项卡中，还增加了"显示"和"字段有效性"等几组字段属性。

1．"显示"属性的设置

在"显示"选项组中有"格式"、"输入掩码"、"标题"3 个文本框。

（1）"格式"文本框：设置该字段在浏览窗口、表单或报表中显示时的格式，包括字母的大小写及是否为数值添加货币符号等。例如，在此文本框中输入一个字符"!"，表示在浏览窗口中该字段的字母均自动转换为大写；输入一个字符"A"，表示在浏览窗口中该字段只能输入字母。常用格式字符及功能如表 4-2 所示。

表 4-2　　　　　　　　　　　常用格式代码列表

格 式 字 符	含 义 说 明
A	只允许输入、输出字母字符
D	使用当前系统设置的日期格式
L	在数值型数据前面显示前导 0，而非空格字符
T	删除字段中的前导空格和尾部空格
!	将字段中的小写字母转换成大写字母
^	使用科学计数法显示数值型字段的值
$	显示当前的货币符号，只用于数值型或货币型字段

在"格式"文本框中，输入的是一位格式代码，指定的是整个字段内每个字符的输入限制条件和显示格式。表中所列的不同格式代码可以组合使用。

（2）"输入掩码"文本框：设置该字段值的输入格式，以限制数据的输入范围，减少输入错误与提高输入效率。例如，可将"学号"字段的输入掩码设置为"9999999"，则在输入该字段值时只允许输入 7 个数字。常用输入掩码字符及含义如表 4-3 所示。

表 4-3　　　　　　　　　　　常用输入掩码字符及含义

输入掩码字符	含 义 说 明
X	可输入任何字符
9	可输入数字和正负号
#	可输入数字、空格和正负号
$	在指定位置显示当前系统设置的货币符号
.	用来指定小数点的位置
,	用来分隔小数点左边的整数部分，通常作为千分位分隔符

"输入掩码"文本框中的一个符号只能控制对应字段中的一位数据，因此，输入掩码的个数与字段的宽度相对应。

（3）"标题"文本框：用于设置数据库表的字段标题。例如，在"学号"字段的"标题"文本框中输入"学生编号"，则在浏览窗口中，该字段的列标题即显示为"学生编号"。

"标题"文本框所设置的字段标题，在浏览窗口中只作为临时显示的列标题，并未改变表结构本身。该文本框中一般是对字段含义的直观描述或具体解释。

2. "字段有效性"的设置

对输入到数据库表中的数据以字段为整体设置其验证规则，称为字段的有效性。当输入到表中的数据违反了字段有效性规则时，则系统会拒绝接收新数据，并显示出错的提示信息。

"字段有效性"组框用于定义字段的有效性规则、违反规则时的提示信息和字段的默认值，详细介绍见 4.6.2。

4.5.7　在数据库表中建立主索引

对于自由表来讲，只能建立普通索引、候选索引和唯一索引，而对于数据库表则还可以建立主索引。用于建立主索引和候选索引的字段不允许出现重复值，也不能设定为空值（NULL）。

数据库中的任何一个数据库表均可建立多个普通索引、候选索引和唯一索引，建立这些索引的方法已在前面介绍过。此外，任何一个数据库表只能建立一个主索引，通常可在"表设计器"的"索引"选项卡中建立主索引，创建方法同其他类型索引的创建方法一样，在此不再赘述。

4.5.8　记录有效性规则和触发器

在"表设计器"对话框的"表"选项卡中，包含了一些关于当前数据库表的信息，包括表名、表中记录的个数等；而在其下部则可设置"记录有效性"规则，并可设置在记录插入、更新或删除操作时的"触发器"等，如图 4-38 所示。

1. "记录有效性"的设置

设置"记录有效性"实际上是通过指定同一记录不同字段间应有的逻辑关系，来更好地保证记录数据输入的正确性。在"记录有效性"选项组内有"规则"和"信息"两个文本框。通常应在"规则"文本框中输入一个用于检验的逻辑表达式；而在"信息"文本框中输入该逻辑表达式不成立时应出现的提示信息。例如，对于成绩表，我们可在"规则"框中输入规则：平时成绩-卷面成绩>=0；而在"信息"框中输入："平时成绩不能小于卷面成绩！"。这样，每输入完一条记录时，Visual FoxPro 就会按此规定进行记录有效性的检验，一旦出错就会显示所设定的出错信息。

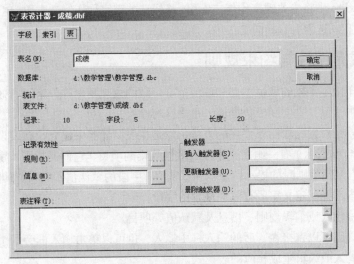

图 4-38　数据库表设计器的"表"选项卡

2. 设置触发器

"触发器"实际上是一个对数据库表中的记录进行插入、更新、删除操作时而引发的检验规则，该规则可以是逻辑表达式也可以是用户自定义的函数。触发器是对表中数据进行有效性检查的机制之一，可以作为数据库表的一种属性而建立并存储在数据库中。

在"表"选项卡的"触发器"选项组内有"插入触发器"、"更新触发器"和"删除触发器"3个文本框，用来分别输入对应的规则。

（1）"插入触发器"文本框：用于指定记录的插入规则，每当用户向表中插入或追加记录时就触发此规则并进行相应的检查。当表达式或自定义函数的结果为.F.时，插入的记录将不被接受。

（2）"更新触发器"文本框：用于指定记录的修改规则，每当对表中的记录进行修改时就触发此规则并进行相应的检查。当表达式或自定义函数的结果为.T.时，保存修改后的记录内容，否则所做的修改将不被接受。

（3）"删除触发器"文本框：用于指定记录的删除规则，每当对表中记录进行删除时就触发此规则并进行相应的检查。当表达式或自定义函数的结果为.F.时，记录将不能被删除。

4.6　数据完整性

在数据库中数据完整性是指保证数据正确的特性。数据完整性一般包括实体完整性、域完整性和参照完整性等，Visual FoxPro 提供了实现这些完整性的方法和手段。

4.6.1　实体完整性与主关键字

实体完整性是保证表中记录唯一的特性，即在一个表中不允许有重复的记录。在 Visual FoxPro 中利用主关键字或候选关键字来保证表中的记录唯一，即保证实体唯一性。

如果一个字段的值或几个字段的值能够唯一标识表中的一条记录，则这样的字段称为候选关键字。在一个表上可能会有几个具有这种特性的字段或字段的组合，这时从中选择一个作为主关键字。

在 Visual FoxPro 中将主关键字称作主索引，将候选关键字称作候选索引。由上所述，在 Visual FoxPro 中主索引和候选索引有相同的作用。

4.6.2　域完整性与约束规则

域完整性用于限定字段的取值类型和取值范围。域约束规则也称作字段有效性规则，在插入或修改字段值时被激活，主要用于数据输入正确性的检验。

建立字段有效性规则比较简单直接的方法仍然是在表设计器中建立，在表设计器的"字段"选项卡中（如图 4-39 所示）有一组定义字段有效性规则的项目，它们是规则（字段有效性规则）、信息（违背字段有效性规则时的提示信息）和默认值（字段的默认值）三项。具体操作步骤如下：

（1）首先单击选择要定义字段有效性规则的字段；

（2）然后分别输入或编辑规则、信息及默认值等项目。

字段有效性规则可以直接在其后的输入框中输入，也可以单击输入框旁的▢按钮打开表达式生成器对话框，输入或编辑生成相应的表达式。

【例 4-28】 以教学管理数据库中的成绩表为例，设学生的平时成绩有效性规则在 0～100 分，当输入的平时成绩不在此范围时给出出错信息，学生的默认平时成绩值为 60。

在"规则"框（或表达式生成器）中输入表达式：平时成绩>=0 AND 平时成绩<=100

在"信息"框（或表达式生成器）中输入表达式："平时成绩输入错误，应该在 0～100 分之间！"

在"默认值"框（或表达式生成器）中输入表达式：60

设置完毕后，如图 4-39 所示。

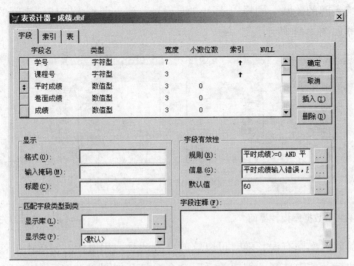

图 4-39　"平时成绩"的有效性规则设置

　　"规则"是逻辑表达式，"信息"是字符串表达式，"默认值"的类型则与字段的类型一致。图 4-39 中"规则"框中的表达式及"信息"框中的表达式并没有完全显示出来。

4.6.3　参照完整性与表之间的关系

参照完整性与表之间的联系有关，它的大概含义是：当插入、删除或修改一个表中的数据时，通过参照引用相互关联的另一个表中的数据，来检查对表的数据操作是否正确。比如，当我们向成绩中插入一条记录时，如果没有参照完整性检查，则可能会插入一个并不存在的学生的成绩记录，这时插入的记录肯定是错误的。如果在插入成绩记录之前，能够进行参照完整性检查，检查插入成绩记录的学号在学生表中是否存在，则可以保证插入记录的合法性。

在 Visual FoxPro 中为了建立参照完整性，必须首先建立表之间的关联关系。

1. 建立表之间的关联关系

建立数据库中的表间的关联关系，一是要保证建立关联关系的表具有相同属性的字段；二是每个表都要以该字段建立索引。

在数据库设计器中设计两个表之间的一对一关联关系时，首先要使两个表具有相同属性的字段，然后在父表中以该字段建立主索引，在子表中以与其同名的字段建立主索引或候选索引，然后通过父表的主索引和子表的主索引或候选索引建立起两个表之间的关联关系。

在数据库设计器中设计两个表之间的一对多关联关系时，首先要使两个表具有相同属性的字段，然后在父表中以该字段建立主索引，在子表中以与其同名的字段建立普通索引，然后通过父表的主索引和子表的普通索引建立起两个表之间的关联关系。

【例 4-29】　在教学管理数据库中建立学生表、课程表和成绩表三表之间的关联关系。

操作步骤如下。

（1）打开教学管理数据库，在学生表中以"学号"建立主索引，在课程表中以"课程号"建立主索引，在成绩表中分别以"学号"和"课程号"建立普通索引，索引建立后如图 4-40 所示。

（2）在图 4-40 所示的数据库设计器中用鼠标选中学生表的主索引"学号"，保持按住鼠标左键，并拖曳鼠标到成绩表中的普通索引"学号"上，鼠标箭头变成小矩形状，然后释放鼠标就建立了学生表与成绩表间的关联。同样以索引"课程号"建立课程表与成绩表间的关联。建立好关联的数据库设计器如图 4-41 所示。

图 4-40　数据库设计界面　　　　　　　　　　　图 4-41　表之间的关联

如果在建立关联时操作有误，随时可以修改。方法是：用鼠标右键单击要修改的关联，连线变粗，从弹出的快捷菜单中选择"编辑关系"命令，打开如图 4-42 所示的"编辑关系"对话框。

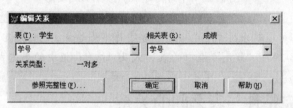

图 4-42　"编辑关系"对话框

在图 4-42 所示的"编辑关系"对话框中，通过在下拉列表中重选相关表的索引名则可以达到修改关系的目的。

如果要将某个已经存在的关系删除，可直接用鼠标右键单击关系连线，在弹出的快捷菜单中选择"删除关系"命令，即可将表间的关系删除，关系连线也将同时消失。

2．设置参照完整性约束

到目前为止，只是建立了表之间的联系，Visual FoxPro 默认没有建立任何参照完整性约束。在建立参照完整性之前必须首先清理数据库，所谓清理数据库就是物理删除数据库各个表中所有带有删除标记的记录。只要数据库设计器为当前窗口，主菜单栏上就会出现"数据库"菜单，这时选择"数据库"→"清理数据库"菜单命令，该操作与命令"PACK DATABASE"功能相同。

在清理数据库完毕后，用鼠标右键单击表之间的关联并在快捷菜单中选择"编辑参照完整性"命令，打开的参照完整性生成器界面如图 4-43 所示。注意，不管单击的是哪个关联，所有关联将都出现在参照完整性生成器中。

参照完整性规则包括更新规则、删除规则和插入规则。

更新规则规定了当更新父表中的关联字段（主关键字）值时，如何处理子表中的相关记录的关联字段值：

（1）选择"级联"，则用新的关联字段值自动修改子表中的所有相关记录的关联字段值；

（2）选择"限制"，若子表中有相关的记录，则禁止修改父表中的关联字段的值；

（3）选择"忽略"，则不做参照完整性检查，可以随意修改父表中的关联字段的值，与子表无关。

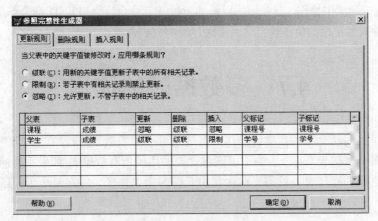

图 4-43　参照完整性规则

删除规则规定了当删除父表中的记录时，如何处理子表中的相关记录：

（1）选择"级联"，则自动删除子表中的所有相关记录；

（2）选择"限制"，若子表中有相关的记录，则禁止删除父表中的记录；

（3）选择"忽略"，则不做参照完整性检查，可以随意删除父表中的记录，与子表无关。

插入规则规定了当在子表中的插入记录时，是否进行参照完整性检查：

（1）选择"限制"，若父表中没有相匹配的关联字段值，则禁止在子表中插入记录；

（2）选择"忽略"，则不做参照完整性检查，可以随意在子表中插入记录，与父表无关。

【例 4-30】　为教学管理数据库的学生表、课程表和成绩表之间的关联建立参照完整性。

操作步骤如下。

（1）在教学管理数据库设计器中建立这 3 个表之间的关联关系，如图 4-41 所示。

（2）选择"数据库"→"清理数据库"菜单命令，执行数据库清理操作。

（3）将它们的更新规则都设定为"级联"，即在学生表中修改学号或在课程表中修改课程号时，也自动修改成绩表中对应的学号或课程表中对应的课程号。

（4）将它们的删除规则都设定为"级联"，即在学生表中删除学生记录或在课程表中删除课程记录时，自动删除相关的成绩记录。

（5）将它们的插入规则都设定为"限制"，即在成绩表中插入成绩记录时，检查学生表中相关的学生和课程表中相关的课程是否存在，如果不存在，则禁止插入成绩记录。

（6）设置完毕，单击"确定"按钮，弹出如图 4-44 所示的保存对话框。

单击"是"按钮，打开如图 4-45 所示的提示对话框。

图 4-44　参照完整性设置的保存对话框

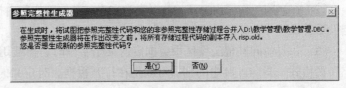

图 4-45　参照完整性设置的提示对话框

单击"是"按钮，完成参照完整性的设计，返回"数据库设计器"窗口。

建立参照完整性规则后，数据表的操作不像以前那么方便了。例如，将插入规则设定为限制，如果在父表中不存在匹配的关键字则在子表中禁止插入记录。利用以前的各种插入或追加记录的方法几乎不能完成所要的操作。这是因为以前的 INSERT 命令或 APPEND 命令都是先插入一条空记录，然后再输入各字段的值，这自然无法通过参照完整性检查。

4.7　多数据表的操作

迄今为止，我们所介绍的数据表操作大多数是对一个数据表进行的。然而一个数据库应用项目往往涉及多个数据表（一个表中不可能包含要使用的所有数据），如果需要同时打开多个数据表进行多表之间的操作时，就需要在内存中开辟多个工作区，并在每个工作区中分别打开不同的数据表。

4.7.1　工作区

工作区就是内存中为表开设的一个缓冲区，用于存放与表有关的系统信息。Visual FoxPro 设置了 32 767 个工作区。如果在同一时刻需要打开多个表，则只需要在不同的工作区中打开相应的表就可以了。

1. 工作区的选择

任何时候只有一个工作区处于活动状态，称为当前工作区。当前工作区是由 SELECT 命令指定的。

命令格式：SELECT <工作区号|别名>

命令功能：指定某个工作区为当前工作区。

说明：

① 工作区号通常用数字 1～32767 表示，1～10 号工作区还可用字母 A～J 表示，11～32767 号工作区还可用 W11～W32767 表示。

② 别名是代表打开的数据表文件的一个简短名称，打开数据表并为其指定别名的命令格式是：USE <数据表名> ALIAS <别名>。若已用此命令为打开的数据表定义了别名，则可用别名来选择该数据表所在的工作区；若数据表在打开时未赋予别名，则允许用原数据表名来选择该数据表所在的工作区。

③ 若执行 SELECT 0 命令，则表示选择编号最小的空闲工作区为当前工作区。

2. 多工作区操作规则

开辟了多个工作区后，在多个工作区间进行操作时，必须遵循以下的规则。

（1）每个工作区只能打开一个表文件，同一表文件不能同时在多个工作区中打开。

（2）在当前工作区内打开的数据表为主表，其他工作区内打开的数据表被称为别名表。系统启动后自动选择 1 号工作区为主工作区。

（3）若要访问其他工作区中数据表的某个字段时，需要用"别名.字段名"或"别名->字段名"的格式来指定。其中的别名可以是在打开数据表时定义的别名，也可以是表示工作区的特定字母。

4.7.2　数据表的关联

前面介绍参照完整性时介绍了表间的关联或联系，它们是基于索引建立的一种永久联系，这种联系存储在数据库中。虽然永久联系在每次使用表时不需要重新建立，但永久联系不能控制不同工作区中记录指针的关系。所以在开发 Visual FoxPro 应用程序时，不仅需要使用永久联系，有时也需使用能够控制表间记录指针关系的临时联系，使得一个表中记录指针的移动能够带动另一个表中记录指针的移动，达到同步协调工作的目的。

命令格式：SET RELATION TO [<关键字表达式> INTO <工作区号>|<别名>][ADDITIVE]

命令功能：将两个打开的表按照关键字表达式的值建立关联。即当父表的记录指针移到某一记录时，被关联的子表的记录指针也自动指向关键字值相同的记录上。

说明：

① 关键字表达式表示两表相互关联的字段（一般情况为两表的公共字段，而且被关联的表必须以此字段建立索引）。

② INTO <工作区号>|<别名>指出被关联的表所在的工作区号或别名。

③ ADDITIVE 表示在建立新关联的时候保留原来建立的关联，无此选项时，会随着新关联的建立而自动取消原有的关联。

【例 4-31】 在学生表、成绩表和课程表三表间建立关联，显示所有学生的学号、姓名、性别、专业、课程名和成绩。

```
CLOSE ALL
SELECT 1
USE 学生
INDEX ON 学号 TO XH
SELECT 2
USE 课程
INDEX ON 课程号 TO KCH
SELECT 3
USE 成绩
SET RELATION TO 学号 INTO A
SET RELATION TO 课程号 INTO B ADDITIVE
LIST FIELDS A.学号,A.姓名,A.性别,A.专业,B.课程名,成绩
```

显示结果如图 4-46 所示。

图 4-46　三表关联效果

习 题 4

一、选择题

1. 某表中包含 2 个备注型字段和 1 个通用型字段，在建立该表时将产生（　　）个备注文件。

    A. 0　　　　　　　　　　B. 1　　　　　　　　　　C. 2　　　　　　　　　　D. 3

2. 以下关于空值（NULL）叙述正确的是（　　）。

    A. 空值等同于空字符串　　　　　　　　B. 空值表示字段或变量还没有确定值

    C. Visual FoxPro 不支持空值　　　　　　D. 空值等同于数值 0

3. 要为当前表所有职工增加 100 元工资，应该使用命令（　　）。

    A. CHANGE 工资 WITH 工资+100

    B. REPLACE 工资 WITH 工资+100

    C. CHANGE ALL 工资 WITH 工资+100

    D. REPLACE ALL 工资 WITH 工资+100

4. 表文件和索引文件都已打开，为确保记录指针定位在第一条记录上，可使用命令（　　）。

    A. GO TOP　　　　B. GO BOF()　　　　C. SKIP 1　　　　D. GO 1

5. 在 Visual FoxPro 中，使用 LOCATE FOR <expL>命令按条件查找记录，当查询到满足条件的第一条记录后，如果还需要查找下一条满足条件的记录，应该（　　）。

    A. 再次使用 LOCATE 命令重新查询　　　B. 使用 SKIP 命令

    C. 使用 CONTINUE 命令　　　　　　　　D. 使用 GO 命令

6. 在 Visual FoxPro 中，假设 student 表中有 40 条记录，执行下面的命令后，屏幕显示的结果是（　　）。

    `?RECCOUNT()`

    A. 0　　　　　　　　　B. 1　　　　　　　　　C. 40　　　　　　　　D. 出错

7. 某数据库有 20 条记录，若用函数 EOF()测试结果为.T.，那么此时函数 RECNO()的值是（　　）。

    A. 21　　　　　　　　B. 20　　　　　　　　C. 19　　　　　　　　D. 1

8. 下面有关索引的描述正确的是（　　）。

    A. 建立索引以后，原来的数据库表文件中记录的物理顺序将被改变

    B. 索引与数据库表的数据存储在一个文件中

    C. 创建索引是创建一个指向数据库表文件记录的指针构成的文件

    D. 使用索引不仅能加快对表的查询操作，还能提高更新速度

9. 在指定字段或表达式中不允许出现重复值的索引是（　　）。

    A. 唯一索引　　　　　　　　　　　　　B. 候选索引和唯一索引

    C. 主索引和唯一索引　　　　　　　　　D. 主索引和候选索引

10. 对数据表建立性别（C,2）和年龄（N,2）的复合索引时，正确的索引关键字表达式为（　　）。

    A. 性别+年龄　　　　　　　　　　　　B. VAL（性别）+年龄

    C. 性别,年龄　　　　　　　　　　　　D. 性别+STR（年龄,2）

11. 用命令"INDEX ON 姓名 TAG index_name UNIQUE"建立索引，其索引类型是（　　）。
　　A. 主索引　　　　B. 候选索引　　　　C. 唯一索引　　　　D. 普通索引

12. 可以随表的打开而自动打开的索引是（　　）。
　　A. 单项压缩索引文件　　　　　　B. 独立索引文件
　　C. 非结构复合索引文件　　　　　D. 结构复合索引文件

13. Visual FoxPro 数据库文件是（　　）。
　　A. 是存放用户数据的文件　　　　B. 是管理数据库对象的系统文件
　　C. 是存放用户数据和系统数据的文件　　D. 前 3 种说法都对

14. 以下关于自由表的叙述，正确的是（　　）。
　　A. 全部是用以前版本的 FoxPro（FoxBaseE）建立的表
　　B. 可以用 Visual FoxPro 建立，但是不能把它添加到数据库中
　　C. 自由表可以添加到数据库中，数据库表也可以从数据库中移出成为自由表
　　D. 自由表可以添加到数据库中，但数据库表不可从数据库中移出成为自由表

15. 一数据库名为 book，要想打开该数据库，应使用的命令(　　)。
　　A. OPEN book　　　　　　　　B. OPEN DATA book
　　C. USE DATA book　　　　　　D. USE book

16. 在建立数据库表时，将年龄字段值限制在 12～40 岁的这种约束属于（　　）。
　　A. 实体完整性约束　　　　　　　B. 域完整性约束
　　C. 参照完整性约束　　　　　　　D. 视图完整性约束

17. Visual FoxPro 的"参照完整性"中"插入规则"包括的选择是（　　）。
　　A. 级联和忽略　　　　　　　　　B. 级联和删除
　　C. 级联和限制　　　　　　　　　D. 限制和忽略

18. 执行下列一组命令之后，选择"学生"表所在工作区的错误命令是（　　）。

```
CLOSE ALL
USE 课程 IN 0
USE 学生 IN 0
```

　　A. SELECT 学生　　　　　　　　B. SELECT 0
　　C. SELECT 2　　　　　　　　　　D. SELECT B

19. 在 Visual FoxPro 中使用 SET RELATION 命令可以建立两个表之间的关联，这种关联是（　　）。
　　A. 永久性关联　　　　　　　　　B. 永久性关联或临时性关联
　　C. 临时性关联　　　　　　　　　D. 永久性关联和临时性关联

二、填空题

1. Visual FoxPro 不允许在主关键字字段中有_____和_____。

2. Visual FoxPro 中，在自由表中字段名的长度不超过_____个字符，而数据库表中字段名的长度不超过_____个字符。

3. 假设学生表已在当前工作区打开，其当前记录的"姓名"字段（C(8)）值为"陈碧琦"。在命令窗口输入并执行如下命令：

```
姓名=姓名+"考试"
?姓名        （显示结果：_____）
?M.姓名      （显示结果：_____）
```

4. 在 Visual FoxPro 中，在当前打开的表中物理删除带有删除标记记录的命令是_____。

5. 在 Visual FoxPro 中，使用 LOCATE ALL 命令按条件对表中的记录进行查找，若查不到记录，函数 EOF()的返回值应是_____。

6. 若建立索引的字段值不允许重复，并且一个数据库表中只能创建一个，它应该是_____索引。

7. 有一个学生表文件，且通过表设计器已经为该表建立了若干普通索引。其中一个索引的索引表达式为姓名字段，索引名为 XM。现假设学生表已经打开，且处于当前工作区中，那么可以将上述索引设置为当前索引的命令是_____。

8. 若要删除结构复合索引文件中的索引 SPH，则使用的命令为_____。

9. 在 Visual FoxPro 中选择一个没有使用的、编号最小的工作区的命令是_____。

10. 实现表之间临时关联的命令是_____。

11. Visual FoxPro 的主索引和候选索引可以保证数据的_____完整性。

12. 数据库表之间的一对多联系通过主表的_____索引和子表的_____索引实现。

13. 在定义字段有效性规则时，在规则框中输入的表达式类型是_____。

14. 如果在主表中删除一条记录，要求子表中的相关记录自动删除，则参照完整性的删除规则应设置成_____。

三、简答题

1. 如何修改表的结构？在修改时应当注意哪些事项？

2. 索引有哪几种类型，它们各有何特点？

第5章
结构化查询语言SQL

SQL 是 Structured Query Language（结构化查询语言）的缩写。查询是 SQL 的重要组成部分，但不是全部，实际上它的功能包括查询、操纵、定义和控制 4 个方面。SQL 语言已经成为关系数据库语言的标准。

5.1 SQL 概述

SQL 是在 1974 年由 Boyce 和 Chamberlin 提出的，并在 IBM 公司研制的 System R 上首次实现了这种语言。由于它功能丰富、使用方式灵活和语言简洁易学等突出特点，在计算机界备受欢迎。最早的 SQL 标准是 1986 年 10 月由美国国家标准局 ANSI 公布的，随后国际标准化组织 ISO 又将其定为国际标准，推荐它为关系型数据库的标准语言。

SQL 具有如下主要特点。

（1）一体化：SQL 是一种一体化的语言，它可以完成数据库活动中的全部工作，包括数据查询、数据操纵、数据定义和数据控制等方面的功能。

（2）高度非过程化：SQL 是一种高度非过程化的语言，它没有必要一步步地告诉计算机"如何"去做，而只需要描述清楚用户要"做什么"，SQL 就可以将要求交给系统，自动完成全部工作。

（3）语言简洁、易学易用：SQL 功能虽强，但由于设计巧妙，语言简洁，核心功能只需要使用 9 个命令动词，如表 5-1 所示。另外 SQL 语法也非常简单，很接近英语自然语言，因此容易学习和掌握。

表 5-1　　　　　　　　　　　　　　　　　SQL 命令动词

SQL 功能	命 令 动 词
数据查询	SELECT
数据操纵	INSERT、UPDATE、DELETE
数据定义	CREATE、ALTER、DROP
数据控制	GRANT、REVOKE

（4）两种使用方式，统一的语法结构：SQL 既是交互式语言，又是嵌入式语言。作为交互式语言，它能够独立地用于联机交互，用户可以在命令窗口中直接输入 SQL 对数据进行操作；作为嵌入式语言，SQL 能够嵌入到程序设计语言中，供用户设计程序时使用。而在两种不同的使用方

式下，SQL 的语法结构是一致的。这种以统一的语法结构提供两种不同的使用方式的做法，具有极大的灵活性和方便性。

Visual FoxPro 在 SQL 方面支持数据查询、数据操纵和数据定义功能，但在具体实现方面也存在一些差异。另外，由于 Visual FoxPro 自身在安全控制方面的缺陷，所以它没有提供数据控制功能。

5.2 数 据 查 询

数据查询就是从数据库存储的数据中，根据用户的需求提取数据。除此之外，还能对查询结果进行排序、统计等操作，是数据库的核心操作。

SQL 中用于数据查询的只有一条 SELECT 语句。该语句用途广泛，应用灵活，功能丰富。常见的 SELECT 语句语法格式如下：

```
SELECT [ALL| DISTINCT] [TOP <数值型表达式> [PERCENT]]
[表名.]<字段名 1>[[AS] <别名 1>][,[表名.]<字段名 2>[[AS] <别名 2>],…]
FROM [<数据库名>!]<表名>[[AS] <本地别名>]
[INNER|LEFT|RIGHT|FULL JOIN [<数据库名>!]<表名>[[AS] <本地别名>] ON <联接条件>,…]
[INTO <目标>|TO FILE <文件名> [ADDITIVE]|[TO PRINTER [PROMPT]] |TO SCREEN]
[WHERE <连接条件 1>[AND <连接条件 2>,…][AND|OR <筛选条件 1>[AND|OR <筛选条件 2>,…]]]
[GROUP BY <分组列名 1>[,<分组列名 2>]]
[HAVING <过滤条件>][UNION [ALL] SELECT 命令]
[ORDER BY <排序项 1>[ASC|DESC][,<排序项 2>[ASC|DESC],…]]
```

从 SELECT 的命令格式来看似乎非常复杂，实际上只要理解了命令中各个短语的含义，SQL SELECT 还是很容易掌握的，其主要短语的含义如下。

（1）SELECT 说明要查询的数据（字段或表达式）。

（2）FROM 说明要查询的数据来自哪个（些）表，可以对单表或多表进行查询。

（3）如果对多表进行超链接查询，ON 用于多表间链接的条件。

（4）INTO|TO 说明查询结果的去向。

（5）WHERE 说明查询筛选条件，即选择记录的条件。

（6）GROUP BY 用于对查询结果进行分组，可以利用它进行分组汇总。

（7）HAVING 必须跟随 GROUP BY 之后使用，用于限定分组必须满足的条件。

（8）ORDER BY 用于对查询的结果进行排序。

SELECT 查询命令的使用非常灵活，用它可以构造各种各样的查询。本节以第 4 章建立的学生表、课程表和成绩表为基础，通过大量实例来介绍 SELECT 命令的使用。

5.2.1 基本查询

基本查询是指无条件的单表查询。

1. 查询全部字段

如查询表中所有字段，可以有两种方法：

（1）在 SELECT 短语中列出所有字段名；

（2）如果显示表中的全部字段，且字段的显示顺序与其在源表中的顺序一致，可以在 SELECT 短语中用*表示。

【例 5-1】 查询全体学生的详细信息。

```
SELECT * ;
   FROM 学生
```

等价于：

```
SELECT 学号,姓名,性别,出生日期,党员否,专业,个人简历,照片 ;
   FROM 学生
```

查询结果如图 5-1 所示。

2. 选择指定字段

在很多情况下,用户只对表中的部分字段查询,这时可以通过 SELECT 子句指定要查询的字段。

【例 5-2】 查询全体学生的学号、姓名和专业。

学号	姓名	性别	出生日期	党员否	专业	个人简历	照片
0701001	陈碧琦	女	10/27/88	T	临床医学	memo	gen
0701002	王洁	男	08/15/87	F	临床医学	memo	gen
0701003	韩宇靖	男	12/05/87	T	临床医学	memo	gen
0702001	欧阳凤悟	女	03/10/88	F	计算机应用	memo	gen
0702002	贺彦彬	男	07/20/87	T	计算机应用	memo	gen
0702003	李丽	女	01/30/88	T	计算机应用	memo	gen
0702004	黄洪强	男	09/15/89	F	计算机应用	memo	gen
0703001	王珊	女	02/14/89	T	工商管理	memo	gen
0703002	赵士刚	男	04/25/87	F	工商管理	memo	gen
0703003	陈诚	男	08/12/89	F	工商管理	memo	gen

图 5-1 例 5-1 查询结果

```
SELECT 学号,姓名,专业 ;
FROM 学生
```

查询结果如图 5-2 所示。

3. 查询经过计算的值

SELECT 子句不仅可以是表中的字段，也可以是表达式。

【例 5-3】 查询全体学生的学号、姓名和年龄。假设当前日期为 2012 年 4 月 15 日。

```
SELECT 学号,姓名,YEAR(DATE())-YEAR(出生日期) AS 年龄 ;
FROM 学生              &&通过指定别名"年龄"来改变查询结果的列标题。
```

查询结果如图 5-3 所示。

4. 消除取值重复的行

两个本来并不完全相同的记录，投影到指定的某些列上后，可能变成相同的行了。如果想去掉结果表中的重复行，必须指定 DISTINCT 短语。

【例 5-4】 查询学生表中的所有专业。

```
SELECT DISTINCT 专业 ;
   FROM 学生
```

查询结果如图 5-4 所示。

如果没有指定 DISTINCT 短语，则缺省为 ALL，即保留结果中取值重复的行。

学号	姓名	专业
0701001	陈碧琦	临床医学
0701002	王洁	临床医学
0701003	韩宇靖	临床医学
0702001	欧阳凤悟	计算机应用
0702002	贺彦彬	计算机应用
0702003	李丽	计算机应用
0702004	黄洪强	计算机应用
0703001	王珊	工商管理
0703002	赵士刚	工商管理
0703003	陈诚	工商管理

图 5-2 例 5-2 查询结果

学号	姓名	年龄
0701001	陈碧琦	24
0701002	王洁	25
0701003	韩宇靖	25
0702001	欧阳凤悟	24
0702002	贺彦彬	25
0702003	李丽	24
0702004	黄洪强	23
0703001	王珊	23
0703002	赵士刚	25
0703003	陈诚	23

图 5-3 例 5-3 查询结果

专业
工商管理
计算机应用
临床医学

图 5-4 例 5-4 查询结果

5.2.2 条件查询

查询满足一定条件的记录，可以通过 WHERE 子句来实现。

1. 比较大小

用于比较的运算符一般包括：=(等于)、>(大于)、>=(大于等于)、<(小于)、<=(小于等于)、!= 或<>（不等于）。

【例 5-5】 查询 1987 后出生的学生的学号、姓名及其出生日期。

```
SELECT 学号,姓名,出生日期 ;
  FROM 学生 ;
 WHERE 出生日期>{^1987-12-31}
```

查询结果如图 5-5 所示。

【例 5-6】 查询计算机应用专业的男生的学号、姓名及其出生日期。

```
SELECT 学号,姓名,出生日期 ;
  FROM 学生 ;
 WHERE 专业="计算机应用" ;
   AND 性别="男"
```

查询结果如图 5-6 所示。

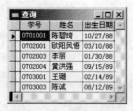

图 5-5　例 5-5 查询结果　　　　图 5-6　例 5-6 查询结果

2. 确定范围

谓词 BETWEEN…AND…可以用来查找字段值在指定范围内的记录，其中，BETWEEN 后是范围的下限（即低值），AND 后是范围的上限（即高值）。

【例 5-7】 查询 1988 年出生的学生的姓名、出生日期和专业。

```
SELECT 姓名,出生日期,专业 ;
  FROM 学生 ;
 WHERE 出生日期 BETWEEN {^1988-01-01} AND {^1988-12-31}
```

等价于：

```
SELECT 姓名,出生日期,专业 ;
  FROM 学生 ;
 WHERE 出生日期>={^1988-01-01} AND 出生日期<={^1988-12-31}
```

查询结果如图 5-7 所示。

3. 确定集合

谓词 IN 可以用来查找属性值属于指定集合的记录。

【例 5-8】 查找"临床医学"和"工商管理"专业的学生的姓名、性别和出生日期。

```
SELECT 姓名,性别, 出生日期 ;
   FROM 学生 ;
 WHERE 专业 IN("临床医学","工商管理")
```

等价于：

```
SELECT 姓名,性别,出生日期 ;
   FROM 学生 ;
 WHERE 专业="临床医学" OR 专业="工商管理"
```

查询结果如图 5-8 所示。

图 5-7 例 5-7 查询结果   图 5-8 例 5-8 查询结果

4. 字符匹配

谓词 LIKE 可以用来进行字符串匹配。其一般语法格式为：[NOT] LIKE "<匹配串>"，其含义是查找指定的属性列值与<匹配串>相匹配的记录。<匹配串>可以是一个完整的字符串，也可以含有通配符%和_。

%（百分号）代表任意长度（长度可以为 0）的字符串。

_（下横线）代表任意单个字符或汉字。

【例 5-9】 查询姓 "陈" 学生的学号、姓名和专业。

```
SELECT 学号,姓名,专业 ;
   FROM 学生 ;
 WHERE 姓名 LIKE "陈%"
```

查询结果如图 5-9 所示。

【例 5-10】 查询姓 "陈" 且全名为 3 个汉字的学生的学号、姓名和专业。

```
SELECT 学号,姓名,专业 ;
   FROM 学生 ;
 WHERE 姓名 LIKE "陈__"          &&此处有两个下划线（_）
```

查询结果如图 5-10 所示。

图 5-9 例 5-9 查询结果   图 5-10 例 5-10 查询结果

5. 涉及空值的查询

在前面已介绍过空值概念，SQL 支持空值，当然也可以利用空值进行查询。

【例 5-11】 某些学生由于未参加考试，其成绩为空。现查询缺少成绩的学生的学号和相应的课程号。

```
SELECT 学号,课程号 ;
  FROM 成绩 ;
  WHERE 成绩 IS NULL
```

查询空值时要使用 IS NULL，而 = NULL 是无效的，因为空值不是一个确定的值，所以不能用"="这样的运算符进行比较。

5.2.3 排序查询

SELECT 命令对查询结果默认按数据源中数据的物理顺序输出。如果要按某种顺序组织查询结果，可以使用 ORDER BY 短语，对查询结果按升序（ASC）或降序（DESC）排列。

【例 5-12】 先按专业升序，再按年龄降序输出年龄大于 23 岁的学生的姓名、性别、专业和年龄。假设当前日期为 2012 年 4 月 15 日。

```
SELECT 姓名,性别,专业,YEAR(DATE())-YEAR(出生日期) AS 年龄 ;
  FROM 学生 ;
  WHERE YEAR(DATE())-YEAR(出生日期)>23 ;
  ORDER BY 专业,年龄 DESC
```

等价于：

```
SELECT 姓名,性别,专业,YEAR(DATE())-YEAR(出生日期) AS 年龄 ;
  FROM 学生 ;
  WHERE YEAR(DATE())-YEAR(出生日期)>23 ;
  ORDER BY 专业,4 DESC
```

查询结果如图 5-11 所示。

说明：

① 如不使用短语 ASC 和 DESC，则默认排序方式为升序。

② 对于空值，若按升序排，含空值的记录将最后显示；若按降序排，空值的记录将最先显示。

③ SELECT 子句中的别名不能出现在 WHERE 子句中，但在 SELECT 子句中的非字段表达式可以作为条件。

④ SELECT 子句中的非字段表达式不能出现在 ORDER BY 子句中，但在 SELECT 子句中的别名或序号可以作为排序依据。

姓名	性别	专业	年龄
赵士刚	男	工商管理	25
贺彦彬	男	计算机应用	25
欧阳凤悟	女	计算机应用	24
李丽	女	计算机应用	24
王洁	男	临床医学	25
鞦宇蒲	男	临床医学	25
陈碧琦	女	临床医学	24

图 5-11 例 5-12 的结果

5.2.4 使用集函数

为了方便用户，增强检索功能，SQL 提供了许多集函数，主要有：

COUNT([DISTINCT | ALL] *)	统计记录的个数
COUNT([DISTINCT | ALL] <列名>)	统计一列中值的个数
SUM([DISTINCT | ALL] <列名>)	计算一列值的总和（此列必须是数值型）
AVG([DISTINCT | ALL] <列名>)	计算一列值的平均值（此列必须是数值型）
MAX([DISTINCT | ALL] <列名>)	求一列值中的最大值
MIN([DISTINCT | ALL] <列名>)	求一列值中的最小值

如果指定 DISTINCT 短语，则表示在计算时取消指定列中的重复值；如果不指定 DISTINCT

短语或指定 ALL 短语（ALL 为缺省值），则表示不取消重复值。

【例 5-13】　查询学生表中的专业数。

```
SELECT COUNT(DISTINCT 专业) 专业数 ;
   FROM 学生
```

查询结果如图 5-12 所示。

【例 5-14】　计算成绩表中课程号为 "101" 的平均分和最高分。

```
SELECT AVG(成绩) 平均分,MAX(成绩) 最高分 ;
   FROM 成绩 ;
   WHERE 课程号="101"
```

查询结果如图 5-13 所示。

图 5-12　例 5-13 的结果　　　　图 5-13　例 5-14 的结果

5.2.5　对查询结果分组

GROUP BY 子句将查询结果表按某一列或多列分组，值相等的为一组。

对查询结果分组的目的是为了细化集函数的对象。如果未对查询结果分组，集函数将作用于整个查询结果，分组后集函数将作用于每一个组，即每一组都有一个函数值。

【例 5-15】　求每个专业的学生人数。

```
SELECT 专业,COUNT(学号) AS 人数 ;
   FROM 学生 ;
  GROUP BY 专业
```

查询结果如图 5-14 所示。

【例 5-16】　求每个专业的男女学生人数。

```
SELECT 专业,性别,COUNT(学号) AS 人数 ;
   FROM 学生 ;
  GROUP BY 专业,性别
```

查询结果如图 5-15 所示。

如果分组后还要求按一定的条件对这些分组进行筛选，最终只输出满足指定条件的组，这时，则可以使用 HAVING 短语指定筛选条件。

【例 5-17】　查询平均分在 90 分（包括 90 分）以上的学生的学号及平均分。

```
SELECT 学号,AVG(成绩) 平均分 ;
   FROM 成绩 ;
  GROUP BY 学号 ;
  HAVING AVG(成绩)>=90
```

查询结果如图 5-16 所示。

这里先用 GROUP BY 子句按学号进行分组，再用集函数 COUNT 对每一组的成绩求平均值。HAVING 短语指定选择组的条件，只有满足条件（即学生平均分在 90 分以上）的组才会被选出来。

图 5-14　例 5-15 的结果　　　图 5-15　例 5-16 的结果　　　图 5-16　例 5-17 的结果

WHERE 子句与 HAVING 短语的区别在于作用对象不同。WHERE 子句作用于基本表或视图，从中选择满足条件的记录；HAVING 短语作用于组，从中选择满足条件的组。

如果在查询中设置了分组而没有设置排序，查询结果则按 SELECT 子句后的第一个字段或表达式排序。

5.2.6　多表查询

前面的查询都是在单表中进行的，一般比较简单，而在多表之间进行查询就比较复杂，必须设置表间的等值联接条件。

【例 5-18】　查询所有男学生的学号、姓名、专业、所学课程和成绩信息，并按课程名升序排序，课程名相同按成绩降序排序。

```
SELECT    学生.学号,学生.姓名,学生.专业,课程.课程名,成绩.成绩 ;
   FROM    学生,课程,成绩 ;
   WHERE   学生.学号=成绩.学号 ;
   AND     课程.课程号=成绩.课程号 ;
   AND     学生.性别="男" ;
ORDER BY 课程.课程名,成绩.成绩 DESC
```

查询结果如图 5-17 所示。

本例中，SELECT 子句与 WHERE 子句中的属性名前都加上了表名前缀，这是为了避免混淆。如果属性名在参加联接的各表中是唯一的，则可以省略表名前缀。

上例的 SQL 语句也可以表示为：

```
SELECT 学生.学号,姓名,专业,课程名,成绩 ;
   FROM 学生,课程,成绩 ;
   WHERE 学生.学号=成绩.学号 ;
   AND 课程.课程号=成绩.课程号 ;
   AND 性别="男" ;
ORDER BY 课程名,成绩 DESC
```

学号	姓名	专业	课程名	成绩
0702004	黄洪强	计算机应用	编译原理	70
0703003	陈诚	工商管理	财务管理	81
0702002	贺彦彬	计算机应用	操作系统	60
0701002	王洁	临床医学	免疫学	92
0701002	王洁	临床医学	内科学	91
0701003	师宇靖	临床医学	内科学	80
0703002	赵士刚	工商管理	人力资源管理	93
0703003	陈诚	工商管理	人力资源管理	86
0701002	王洁	临床医学	生物化学	91
0703002	赵士刚	工商管理	市场营销学	88

图 5-17　例 5-18 的结果

5.2.7　超联接查询

在新的 SQL 标准中还支持几个新的关系联接——超联接。超联接首先保证一个表中满足条件的记录都在结果表中，然后将满足联接条件的记录与另一个表的记录进行联接，不满足联接条件的则将应来自另一表的属性值置为空值。超联接分为：内部联接、左联接、右联接和全联接。超联接查询的语法格式为：

```
SELECT …
FROM <表1> INNER|LEFT|RIGHT|FULL JOIN <表2>
ON 联接条件
WHERE …
```

（1）内部联接：内部联接是将只有满足联接条件的记录才包含在查询结果中。

（2）左联接：左联接是将除满足联接条件的记录包含在查询结果中外，左表中不满足联接条件的记录也包含在查询结果中。

（3）右联接：右联接是将除满足联接条件的记录包含在查询结果中外，右表中不满足联接条件的记录也包含在查询结果中。

（4）全联接：全联接是将除满足联接条件的记录包含在查询结果中外，左右两个表中不满足联接条件的记录都包含在查询结果中。

为了便于对超联接的说明，在此建立两个数据表：读者.dbf 和借阅.dbf，其结构及表中输入的数据分别见表 5-2 和表 5-3。

表 5-2 读者（借书证号、姓名、性别、单位、地址）

借书证号	姓名	性别	单位	地址
00001	章丽萍	女	临床医学	8-302
00002	李金华	男	药学	4-101
00003	夏萍	女	计算机应用	5-505
00004	华宏	男	工商管理	12-408

表 5-3 借阅（借书证号、书名、借阅日期）

借书证号	书名	借阅日期
00001	操作系统	10/12/08
00001	外科学	03/15/09
00001	鲁迅全集	05/10/09
00002	法律基础	09/20/08
00002	Internet 应用	04/18/09

【例 5-19】 分别使用内部联接、左联接、右联接和全联接查询读者信息及其借阅信息，查询结果包含借书证号、姓名、性别、书名和借阅日期。为了看到右联接和全联接的效果，在进行右联接和全联接查询之前，假设在借阅表中插入了如下一条记录：（"00005","外科学",12/15/08）。

```
SELECT 读者.借书证号,姓名,书名 AS 所借书名,借阅日期 ;
    FROM 读者 JOIN 借阅 ON 读者.借书证号=借阅.借书证号
SELECT 读者.借书证号,姓名,书名 AS 所借书名,借阅日期 ;
    FROM 读者 LEFT JOIN 借阅 ON 读者.借书证号=借阅.借书证号
SELECT 读者.借书证号,姓名,书名 AS 所借书名,借阅日期 ;
    FROM 读者 RIGHT JOIN 借阅 ON 读者.借书证号=借阅.借书证号
SELECT 读者.借书证号,姓名,书名 AS 所借书名,借阅日期 ;
    FROM 读者 FULL JOIN 借阅 ON 读者.借书证号=借阅.借书证号
```

查询结果如图 5-18 所示。

内部联接的 SQL 语句等价于：

```
SELECT 读者.借书证号,姓名,性别,单位,地址,书名 AS 所借书名,借阅日期 ;
  FROM 读者,借阅 ;
 WHERE 读者.借书证号=借阅.借书证号
```

实际上，由于借书证号为"00005"的读者在读者表中并不存在，因此在向借阅表中插入上述一条记录是不允许的。

（a）内部联接

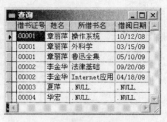

（b）左联接

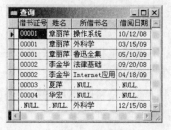

（c）右联接

（d）全联接

图 5-18　例 5-19 的结果

5.2.8　嵌套查询

在 SQL 语言中，一个 SELECT…FROM…WHERE 语句称为一个查询块。将一个查询块嵌套在另一个查询块的 WHERE 子句或 HAVING 子句的条件中的查询称为嵌套查询。

【例 5-20】　查询每门课程的成绩都高于等于 80 分的学生的学号、姓名、专业和平均分。

先分步来完成查询，然后再构造嵌套查询。

（1）确定有成绩低于 80 分的学生的学号。

```
SELECT DISTINCT 学号 ;
  FROM 成绩 ;
  WHERE 成绩<80
```

查询结果如图 5-19 所示。

（2）查询除学号（0701001、0702001、0702002、0702004、0703001）外且参加考试的学生的学号、姓名和专业和平均分。

```
SELECT 学生.学号,姓名,专业,AVG(成绩) 平均分 ;
  FROM 学生,成绩 ;
  WHERE 学生.学号=成绩.学号 ;
AND 学生.学号 NOT IN ("0701001","0702001","0702002","0702004","0703001");
  GROUP BY 学生.学号
```

查询结果如图 5-20 所示。

图 5-19　例 5-20 的第（1）步查询结果

学号	姓名	专业	平均分
0701002	王洁	临床医学	91.33
0701003	郝宇靖	临床医学	80.00
0702003	李丽	计算机应用	92.50
0703002	赵士刚	工商管理	90.50
0703003	陈诚	工商管理	83.50

图 5-20　例 5-20 的第（2）步查询结果

将第（1）步查询嵌入到第（2）步查询的条件中，构造嵌套查询，SQL 语句如下：

```
SELECT 学生.学号,姓名,专业,AVG(成绩) 平均分 ;
  FROM 学生,成绩 ;
 WHERE 学生.学号=成绩.学号 ;
 AND 学生.学号 NOT IN ( ;
     SELECT DISTINCT 学号 ;
       FROM 成绩 ;
      WHERE 成绩<80) ;
 GROUP BY 学生.学号
```

当子查询的结果是一个值时，WHERE 子句中 IN 也可以用 "=" 代替，否则不允许用 "=" 代替 IN。

5.2.9　别名与自联接查询

在联接查询中，经常需要使用表名作为前缀，有时这样显得很麻烦。因此，SQL 允许在 FROM 短语中为表名定义别名，格式为：<表名> <别名>

例如，例 5-18 的 SQL 语句：

```
SELECT 学生.学号,学生.姓名,学生.专业,课程.课程名,成绩.成绩 ;
  FROM 学生,课程,成绩 ;
 WHERE 学生.学号=成绩.学号 ;
   AND 课程.课程号=成绩.课程号 ;
   AND 学生.性别= "男" ;
 ORDER BY 课程.课程名,成绩.成绩 DESC
```

是一个基于 3 个表的联接查询，其中学号和课程号字段必须使用表名前缀。如果使用别名就会简单一些，如下是使用了别名的联接查询语句：

```
SELECT a.学号,a.姓名,a.专业,b.课程名,c.成绩 ;
  FROM 学生 a,课程 b,成绩 c ;
 WHERE a.学号=c.学号 ;
   AND b.课程号=c.课程号 ;
   AND a.性别="男" ;
 ORDER BY b.课程名,c.成绩 DESC
```

在这个例子中，别名并不是必需的，但是在表的自联接操作中，别名就是必不可少的了。SQL 不仅可以对多个表实行联接操作，也可以将表与其自身进行联接，这种联接就称为自联接。

【例 5-21】 假设有一个雇员表 Employee.dbf，如图 5-21 所示，要求编写并运行 SQL，使得运行时可以显示如图 5-22 所示结果。

```
SELECT p.组别,p.姓名 组长,c.姓名 组员 ;
  FROM employee p JOIN employee c ;
    ON p.组别=c.组别 ;
 WHERE p.职务="组长" AND p.职员号<>c.职员号;
 ORDER BY c.组别
```

这里通过定义别名形成了两个逻辑表，一个是组长表 p，一个是组员表 c，结果在表 p 和 c

上的联接实现了我们的查询要求。

Employee

职员号	姓名	性别	组别	职务
101	朱茵	女	1	组长
102	李毅军	男	2	组长
103	王一凡	男	1	组员
104	杨小萍	女	2	组员
105	吴军	男	3	组长
106	赵小青	女	3	组员
107	李琪	女	4	组员
108	杨小阳	男	4	组长
109	王靖	女	1	组员
110	胡小晴	女	2	组员
111	吴伟军	男	3	组员
112	李楠	女	4	组员

图 5-21　雇员表 Employee.dbf

查询

组别	组长	组员
1	朱茵	王一凡
1	朱茵	王靖
2	李毅军	杨小萍
2	李毅军	胡小晴
3	吴军	赵小青
3	吴军	吴伟军
4	杨小阳	李琪
4	杨小阳	李楠

图 5-22　例 5-21 的查询结果

5.2.10　使用量词和谓词的查询

除了前面使用过和嵌套查询或子查询有关的 IN 和 NOT IN 运算符外，还有两类和子查询有关的运算符，他们有以下两种形式：

```
<表达式> <比较运算符> [ANY|ALL|SOME] (子查询)
[NOT] EXISTS (子查询)
```

ANY、ALL 和 SOME 是量词，其中 ANY 和 SOME 是同义词，在进行比较运算时只要子查询中有一行能使结果为真，则结果就为真；而 ALL 则要求子查询中的所有行都使结果为真时，结果才为真。

EXISTS 是谓词，EXISTS 和 NOT EXISTS 是用来查询在子查询中是否有结果返回，即存在记录或不存在记录。

【例 5-22】 查询年龄大于或等于任何一名临床医学专业学生年龄的学生信息。

这个查询可以使用 ANY 或 SOME 量词。

```
SELECT * FROM 学生 WHERE 出生日期<=ANY ;
   (SELECT 出生日期 FROM 学生 WHERE 专业="临床医学")
```

等价于：

```
SELECT * FROM 学生 WHERE 出生日期<= ;
   (SELECT MAX(出生日期) FROM 学生 WHERE 专业="临床医学")
```

【例 5-23】 查询年龄大于或等于临床医学专业中所有学生年龄的学生信息。

这个查询可以使用 ALL 量词。

```
SELECT * FROM 学生 WHERE 出生日期<= ALL ;
   (SELECT 出生日期 FROM 学生 WHERE 专业="临床医学")
```

等价于：

```
SELECT * FROM 学生 WHERE 出生日期<= ;
   (SELECT MIN(出生日期) FROM 学生 WHERE 专业="临床医学")
```

【例 5-24】 查询至少有一门课的成绩高于或等于 80 分的学生的学号、姓名和性别。

```
SELECT 学号,姓名,性别 FROM 学生 WHERE EXIST ;
   (SELECT * FROM 成绩 WHERE 学号=学生.学号 AND 成绩>=80)
```

等价于：

```
SELECT 学号,姓名,性别 FROM 学生 WHERE 学号 IN ;
   (SELECT DISTINCT 学号 FROM 成绩 WHERE 学号=学生.学号 AND 成绩>=80)
```

【例 5-25】 查询每门课程的成绩都高于或等于 80 分的学生的学号、姓名和性别。

这里的查询是不存在成绩<80 分的学生信息，所以可以使用谓词 NOT EXISTS。

```
SELECT 学号,姓名,性别 FROM 学生 WHERE NOT EXIST ;
   (SELECT * FROM 成绩 WHERE 学号=学生.学号 AND 成绩<80)
```

等价于：

```
SELECT 学号,姓名,性别 FROM 学生 WHERE 学号 NOT IN ;
   (SELECT DISTINCT 学号 FROM 成绩 WHERE 学号=学生.学号 AND 成绩<80)
```

5.2.11 集合的并运算

SQL 支持集合的并（UNION）运算，即可以将两个语句的查询结果通过并运算合并成一个查询结果。为了进行并运算，要求两个查询结果具有相同的字段个数，并且对应字段的值要出自同一值域（相同的数据类型和取值范围）。

【例 5-26】 查询临床医学和工商管理专业的学生信息。

```
SELECT * FROM 学生 WHERE 专业="临床医学" UNION ;
SELECT * FROM 学生 WHERE 专业="工商管理"
```

等价于：

```
SELECT * FROM 学生 WHERE 专业="临床医学" OR 专业="工商管理"
```

查询结果如图 5-23 所示。

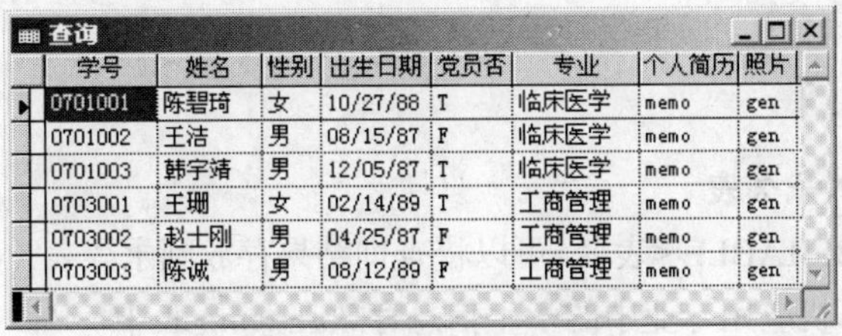

学号	姓名	性别	出生日期	党员否	专业	个人简历	照片
0701001	陈碧琦	女	10/27/88	T	临床医学	memo	gen
0701002	王浩	男	08/15/87	F	临床医学	memo	gen
0701003	韩宇靖	男	12/05/87	T	临床医学	memo	gen
0703001	王珊	女	02/14/89	T	工商管理	memo	gen
0703002	赵士刚	男	04/25/87	F	工商管理	memo	gen
0703003	陈诚	男	08/12/89	F	工商管理	memo	gen

图 5-23 例 5-26 的查询结果

5.2.12 Visual FoxPro 中 SQL SELECT 的几个特殊选项

1. 显示部分结果

有时只需要满足条件的前几个记录，这时使用 TOP expN [PERCENT]短语非常有用，其中，expN 是数字表达式，当不使用 PERCENT 时，expN 是 1～32767 的整数，说明显示前几个记录；当使用 PERCENT 时，expN 是 0.01～99.99 的实数，说明显示结果中前百分之几的记录。如果查询计算所得的记录数不是一个整数，则对其向上取整。需要注意的是，TOP 短语要与 ORDER BY 短语同时使用才有效。

【例 5-27】 显示学生表中年龄最小的 3 名学生的学号、姓名和专业。

```
SELECT TOP 3 学号,姓名,专业 ;
   FROM 学生 ;
 ORDER BY 出生日期 DESC
```

【例 5-28】 显示成绩表中成绩最低那 30%学生的学号、课程名和成绩。

```
SELECT TOP 30 PERCENT S.学号,课程名,成绩 ;
   FROM 学生 S,课程 T,成绩 K ;
 WHERE S.学号=K.学号 ;
   AND T.课程号=K.课程号 ;
 ORDER BY 成绩
```

2. 将查询结果存入数组

可以使用 INTO ARRAY <数组名>短语将查询结果存入到数组中，此数组一般作为二维数组来使用，每行一条记录，每列对应于查询结果的一列。查询结果存放到数组中，可以非常方便地在程序中使用。

【例 5-29】 将学生表中年龄最大的 3 名学生的学号、姓名和出生日期存放在数组 s 中。

```
SELECT TOP 3 学号,姓名,出生日期 ;
   FROM 学生 ;
 ORDER BY 出生日期 ;
   INTO ARRAY s
```

s(1,1)存放的是年龄最大的学生的学号，s(2,2)存放的是年龄第二大的学生的姓名。

3. 将查询结果存入临时表

使用短语 INTO CURSOR <临时表名>可以将查询结果存放到临时表文件中，当查询结束后该临时表是当前文件，可以像一般的表文件一样使用，但仅是只读。当关闭文件时该临时表将自动删除。

【例 5-30】 将学生表中女生信息存放在临时表文件 lsb 中。

```
SELECT * FROM 学生 ;
 WHERE 性别="女" ;
   INTO CURSOR lsb
```

4. 将查询结果存入永久表

使用短语 INTO DBF|TABLE <表名>可以将查询结果存放到永久表（dbf 文件）中。

【例 5-31】 将计算机应用专业中的学生信息存放在 temp 表中。

```
SELECT * FROM 学生 ;
   WHERE 专业="计算机应用" ;
 INTO TABLE temp
```

5. 将查询结果存入文本文件

使用短语 TO FILE <文件名> [ADDITIVE]可以将查询结果存放到文本文件中，如果使用ADDITIVE，查询结果将追加到原文件的尾部，否则将覆盖原文件。

【例 5-32】 将男生的信息按学号降序以文本的形式存储在 one.txt 中。

```
SELECT * FROM 学生 ;
 WHERE 性别="男" ;
 ORDER BY 学号 DESC ;
    TO FILE one
```

5.3 操 作 功 能

SQL 的操作功能是指对数据库中数据的操作功能，主要包括数据的插入、更新和删除 3 个方面的内容。

5.3.1 插入数据

Visual FoxPro 支持两种 SQL 插入命令的格式，第一种格式是标准格式，第二种是 Visual FoxPro 的特殊格式。

命令格式 1：INSERT;

    INTO <表名>[(<字段名 1>[,<字段名 2>,...])] ;

    VALUES(<表达式 1>[,<表达式 2>,...])

命令功能：在指定表的尾部插入一条包含指定字段值的新记录。新记录中字段 1 的值为表达式 1，字段 2 的值为表达式 2，......如 INTO 子句中没有出现的属性列，新记录在这些列上将取空值。

说明：表达式的值应与对应插入字段的类型一致。

【例 5-33】 将一个新课程记录（课程号：304，课程名：工程管理，课时：54，学分：3）插入到课程号表中。

```
INSERT ;
   INTO 课程(课程号,课程名,课时,学分) ;
VALUES("304","工程管理",54,3)
```

等价于：

```
INSERT ;
   INTO 课程 ;
VALUES("304","工程管理",54,3)
```

【例 5-34】 在成绩表中插入一条记录（学号：0703003；课程号：302）。

```
INSERT ;
   INTO 成绩(学号,课程号) ;
VALUES("0703003","302")
```

命令格式 2：INSERT INTO 表名 FROM ARRAY <数组名>

命令功能：在指定表尾增加一条新记录，记录中的值由数组提供。

但必须注意的是，在表定义时说明了 NOT NULL 或 PRIMARY KEY 的属性列不能取空值，否则会出错。如果 INTO 子句中没有指明任何列名，则新插入的记录必须在每个属性列上均有值。

【例 5-35】 从数组向课程表中添加一条新记录。

```
DIMENSION S(4)          && 创建一个包含 4 个元素的一维数组 S
S(1)="305"
S(2)="电子商务"
S(3)=72
S(4)=4
INSERT INTO 课程 FROM ARRAY S
```

5.3.2　更新数据

命令格式：UPDATE <表名> ;

　　　　　　SET <字段名 1>=<表达式 1>[,<字段名 2>=<表达式 2>...] ;

　　　　　　[WHERE <条件>]

命令功能：对指定表中指定字段按对应表达式的值进行更新。

说明：一般使用 WHERE 子句指定条件，以更新满足条件的一些记录的字段值，并且一次可以更新多个字段；如果不使用 WHERE 子句，则更新全部记录。

【例 5-36】　将学生表中姓名为"陈碧琦"的学生的出生日期修改为 1988 年 10 月 7 日，可用命令：

```
UPDATE 学生 ;
    SET 出生日期={^1988-10-7} ;
  WHERE 姓名="陈碧琦"
```

5.3.3　删除数据

命令格式：DELETE ;

　　　　　　FROM <表名> ;

　　　　　　[WHERE <条件>]

命令功能：对指定表中满足条件的记录添加逻辑删除标记。

说明：FROM 指定从哪个表中删除，WHERE 指定被删除的记录所满足的条件，如果不使用 WHERE 子句限定条件，则删除表中的全部记录。

【例 5-37】　删除学生表中专业为计算机应用的所有记录。

```
DELETE ;
  FROM 学生 ;
 WHERE 专业="计算机应用"
PACK
```

注意：在 Visual FoxPro 中 SQL DELETE 命令同样是逻辑删除记录，如果要物理删除记录需要继续使用 PACK 命令。

在使用 Visual FoxPro 命令对表进行各种操作时，都需要事先使用 USE 命令打开表；而使用 SQL 命令对表进行操作时，则不需要事先使用 USE 命令打开表。

5.4　定　义　功　能

标准 SQL 的数据定义功能非常广泛，一般包括数据库的定义、表的定义、视图的定义、存储过程的定义、规则的定义和索引的定义等若干部分。在本节将主要介绍 Visual FoxPro 支持的表定义功能。

5.4.1　表的定义

除了通过表设计器建立数据表之外，在 Visual FoxPro 中还可以通过 SQL 的 CREATE TABLE 命令建立表结构。其命令格式为：

CREATE TABLE|DBF <表名> [NAME <长表名>][FREE]

(<字段名 1> <字段类型>[(<字段宽度>[,<小数位数>])][NULL|NOT NULL]

　[PRIMARY KEY|UNIQUE] [CHECK <表达式> [ERROR <录入错误提示信息>]]

　[DEFAULT <表达式>],

　<字段名 2> <字段类型>[(<字段宽度>[,<小数位数>])][NULL|NOT NULL]

　[PRIMARY KEY|UNIQUE] [CHECK <表达式> [ERROR <录入错误提示信息>]]

　[DEFAULT <表达式>]

　[PRIMARY KEY <主关键字> TAG <标识符>]

　[UNIQUE <候选关键字> TAG <标识符>]

　[FOREIGN KEY <外部关键字> TAG <标识符> REFERENCES <表名 2> TAG <标识名>])

命令功能：创建数据表结构。

说明：

① TABLE 和 DBF 等价，CREATE TABLE 命令中使用的数据类型如表 5-4 所示。

表 5-4　　　　　　　　　　　　　　　数据类型说明

字 段 类 型	字 段 宽 度	小 　数 　位	说　　　明
C	n	-	字符型字段的宽度为 n
D	-	-	日期类型（Date）
T	-	-	日期时间类型（DateTime）
N	n	d	数值字段类型，宽度为 n，小数位为 d（Numeric）
F	n	d	浮点数值字段类型，宽度为 n，小数位为 d（Float）
I	-	-	整数类型（Integer）
B	-	d	双精度类型（Double）
Y	-	-	货币类型（Currency）
L	-	-	逻辑类型（Logical）
M	-	-	备注类型（Memo）
G	-	-	通用类型（General）

② 建数据表时若没有打开数据库或在打开数据库的情况下使用 FREE 选项，则所建立的表是自由表，此时 CHECK、DEFAULT 等数据库表的属性将不能设置。选项 CHECK 用于设定字段有效性规则，ERROR 设定当违反有效性规则时，显示错误信息的内容。选项 DEFAULT 用于设定字段的默认值。

③ 选项 NULL|NOT NULL 用于设定字段是否允许为空值；选项 PRIMARY KEY|UNIQUE 用于设定主索引或候选索引，标识符与字段名相同。

④ 选项 PRIMARY KEY <主关键字> TAG <标识符>用于设定主索引和主索引标识名；选项 UNIQUE <候选关键字> TAG <标识符>用于设定候选索引和候选索引标识名。

⑤ FOREIGN KEY <外部关键字> TAG <标识符>用于设定外部索引和外部索引标识名，选项 REFERENCES <表名> TAG <标识名>指定与之建立永久关系的父表及索引标识。

【例 5-38】建立一个名为 Manage_teaching 的数据库，在其中分别创建 Student.dbf、Course.dbf、Score.dbf，表结构分别与教学管理数据库中的学生.dbf、课程.dbf 和成绩.dbf 结构相同，并建立表间的连接关系。

```
CREATE DATABASE Manage_teaching
MODIFY DATABASE
```

```
CREATE TABLE Student ;
    (学号 C(7),;
     姓名 C(8),;
     性别 C(2),;
     出生日期 D,;
     党员否 L,;
     专业 C(12) DEFAULT "临床医学",;
     个人简历 M,;
     照片 G,;
     PRIMARY KEY 学号 TAG XH)
CREATE TABLE Course ;
    (课程号 C(3),;
     课程名 C(12),;
     学时 N(2),;
     学分 N(2),;
     PRIMARY KEY 课程号 TAG KCH)
CREATE TABLE Score;
    (学号 C(7),;
     课程号 C(3),;
     平时成绩 N(3) CHECK(平时成绩>=0 AND 平时成绩<=100),;
     卷面成绩 N(3) CHECK(卷面成绩>=0 AND 卷面成绩<=100),;
     成绩 N(3),;
     FOREIGN KEY 学号 TAG XH REFERENCES Student,;
     FOREIGN KEY 课程号 TAG KCH REFERENCES Course)
```

在命令窗口中执行上述操作后，查看数据库设计器，可以看到如图 5-24 所示的界面。

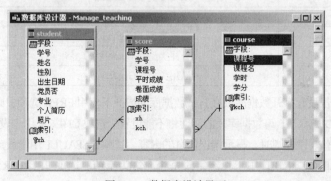

图 5-24　数据库设计界面

5.4.2　表结构的修改

随着应用需求的变化，有时需要修改已建立好的数据表，SQL 语言用 ALTER TABLE 语句修改数据表。该命令有 3 种格式：

命令格式 1：ALTER TABLE <表名 1> ADD|ALTER [COLUMN]

<字段名 1> <字段类型>[(<字段宽度>[,<小数位数>])][NULL|NOT NULL]

[CHECK <有效规则> [ERROR <录入错误提示信息>]][DEFAULT <默认值>]

[PRIMARY KEY|UNIQUE][REFERENCES <表名 2>[TAG <标识名>]]

命令功能：修改数据表的结构，为其添加新的字段或修改已有字段的类型、宽度、有效性规则、错误信息、默认值，定义主关键字和建立永久关系等。

说明：

① ADD 表示添加指定的字段，ALTER 表示修改指定的字段。

② 该格式不能修改字段名，不能删除字段，也不能删除已定义的规则。

【例 5-39】 在 Course.dbf 中增加"类别"字段，其数据类型为数值型，宽度为 1。

```
ALTER TABLE Course ADD 类别 N(1)
```

不论基本表中原来是否已有数据，新增加的列一律为空值。

【例 5-40】 修改 Course.dbf 的"类别"字段类型为字符型，宽度为 4。

```
ALTER TABLE Course ALTER 类别 C(4)
```

命令格式 2：ALTER TABLE <表名> ALTER [COLUMN] <字段名> [NULL|NOT NULL]
[SET DEFAULT <默认值>][SET CHECK <有效规则> [ERROR <录入错误提示信息>]]
[DROP DEFAULT][DROP CHECK]

从命令格式可以看出，该格式主要用于定义、修改和删除有效性规则和默认值定义。

【例 5-41】 设置 Student.dbf 性别字段的有效性规则为：性别="男" OR 性别="女"，录入错误提示信息为："性别取值必须为男或女"，默认值为："男"。

```
ALTER TABLE Student ALTER 性别 SET CHECK 性别="男" OR 性别="女" ;
ERROR "性别取值必须为男或女"
ALTER TABLE Student ALTER 性别 SET DEFAULT "男"
```

【例 5-42】 删除 Student.dbf 中性别字段的有效性规则（包括录入错误提示信息）和默认值。

```
ALTER TABLE Student ALTER 性别 DROP CHECK
ALTER TABLE Student ALTER 性别 DROP DEFAULT
```

命令格式 3：ALTER TABLE <表名 1> [DROP [COLUMN] <字段名>]
[RENAME [COLUMN] <原字段名> TO <新字段名>]
[SET CHECK <有效性规则>[ERROR <录入错误提示信息>]][DROP CHECK]
[ADD PRIMARY KEY <主关键字> TAG <索引标识>]
[DROP PRIMARY KEY]
[ADD UNIQUE <候选关键字> TAG <索引标识>]]
[DROP UNIQUE TAG <索引标识>]
[ADD FOREIGN KEY <外部关键字> TAG <索引标识>]
REFERENCES <表名 2> [TAG <索引标识>]]
[DROP FOREIGN KEY TAG <索引标识>]]

命令功能：删除表中指定的字段、修改字段名、修改记录的有效性规则，添加和删除主索引、候选索引及外部关键字等。

【例 5-43】 将 Course.dbf 的"类别"字段改名为"课程类别"，再将"课程类别"字段从课程 1 表中删除。

```
ALTER TABLE Course RENAME COLUMN 类别 TO 课程类别
ALTER TABLE Course DROP COLUMN 课程类别
```

【例 5-44】 将 Student.dbf 的学号定义为主索引，索引名为 XH，再将 Score 的学号和课程号定义为候选索引，索引名为 XH_KCH。

**先在 Student 表设计器中将其主索引删除

ALTER TABLE Student.dbf ADD PRIMARY KEY 学号 TAG XH

ALTER TABLE Score ADD UNIQUE 学号+课程号 TAG XH_KCH

【例 5-45】 将 Student.dbf 中的主索引删除，再将 Score.dbf 中的候选索引 XH_KCH 删除。

ALTER TABLE Student DROP PRIMARY KEY

ALTER TABLE Score DROP UNIQUE TAG XH_KCH

5.4.3　表的删除

当不再需要某个数据表时，可以使用 DROP TABLE 语句将其删除。

命令格式：DROP TABLE <表名>

命令功能：直接从磁盘上删除指定的数据表文件。

【例 5-46】 删除雇员表 Employee.dbf。

DROP TABLE Employee

数据表一旦删除，表中的数据、在此表上建立的索引和视图都将自动被删掉。因此，执行删除数据表的操作一定要格外小心。

习　题　5

一、选择题

1. SQL 是那几个英文单词的缩写（　　　）。

    A.　Standard Query Language　　　　　　B.　Structured Query Language

    C.　Select Query Language　　　　　　　　D.　以上都不是

2. SQL 语言的数据操纵语句包括 SELECT，INSERT，UPDATE 和 DELETE 等。其中最重要的，也是使用最频繁的语句是（　　　）。

    A.　SELECT　　　　　B.　INSERT　　　　　C.　UPDATE　　　　D.　DELETE

3. 在 SQL 语句中，与表达式"仓库号 NOT IN（"wh1","wh2"）"功能相同的表达式是（　　　）。

    A.　仓库号="wh1" AND 仓库号="wh2"

    B.　仓库号!="wh1" OR 仓库号# "wh2"

    C.　仓库号<>"wh1" OR 仓库号!="wh2"

    D.　仓库号!="wh1" AND 仓库号!="wh2"

4. 将图书编号以字母 A 开头的图书记录全部打上删除标记，正确的 SQL 命令（　　　）。

    A.　DELETE FROM 图书 FOR 图书编号="A"

    B.　DELETE FROM 图书 WHERE 图书编号="A%"

    C.　DELETE FROM 图书 FOR 图书编号="A*"

    D.　DELETE FROM 图书 WHERE 图书编号 LIKE "A%"

5. 设有学生选课表 SC(XH，KCH，CJ)，用 SQL 检索同时选修课程号为"C1"和"C5"的学生的学号的正确命令是（　　　）。

 A. SELECT XH FROM SC WHERE KCH="C1" AND KCH="C5"

 B. SELECT XH FROM SC WHERE KCH="C1" AND KCH=(SELECT KCH FROM SC
  WHERE KCH="C5")

 C. SELECT XH FROM SC WHERE KCH="C1" AND KCH=(SELECT XH FROM SC
  WHERE KCH="C5")

 D. SELECT XH FROM SC WHERE KCH="C1" AND XH IN (SELECT XH FROM SC
  WHERE KCH="C5")

6. 使用 SQL 语句进行分组检索时，为了去掉不满足条件的分组，应当（　　　）。

 A. 使用 WHERE 子句

 B. 在 GROUP BY 后面使用 HAVING 子句

 C. 先使用 WHERE 子句，再使用 HAVING 子句

 D. 先使用 HAVING 子句，再使用 WHERE 子句

7. 如果在 SQL 查询的 SELECT 短语中使用 TOP，则应该配合使用（　　　）。

 A. HAVING 短语   B. GROUP BY 短语

 C. WHERE 短语   D. ORDER BY 短语

8. 向学生表中插入一条记录，正确的命令是（　　　）。

```
CREATE TABLE 学生(学号 C(4) PRIMARY KEY,;
姓名 C(8),专业 C(8),;
年龄 I CHECK 年龄 >=15 年龄 AND <=20)
```

 A. INSERT INTO 学生 VALUES(1234,"陈碧琦","计算机",18)

 B. INSERT INTO 学生 VALUES("1234","陈碧琦","计算机",25)

 C. INSERT INTO 学生(姓名,专业,年龄) VALUES("陈碧琦","计算机",25)

 D. INSERT INTO 学生(学号,姓名,年龄) VALUES("1234","陈碧琦",18)

9. 为成绩表定义成绩字段的默认值为 0，正确的命令是（　　　）。

 A. ALTER TABLE 成绩 ALTER 成绩 SET DEFAULT 0

 B. ALTER TABLE 成绩 ALTER 成绩 DEFAULT 0

 C. ALTER TABLE 成绩 ALTER 成绩 SET DEFAULT 成绩=0

 D. ALTER TABLE 成绩 ALTER 成绩 DEFAULT 成绩=0

10. 删除表 s 中字段 c 的 SQL 命令是（　　　）。

 A. ALTER TABLE s DELETE c   B. ALTER TABLE s DROP c

 C. DELETE TABLE s DELETE c   D. DELETE TABLE s DROP c

二、填空题

1. 在 SQL 的 SELECT 查询中使用_____字句消除查询结果中的重复记录。

2. 在 SQL 的 SELECT 语句进行分组计算查询时，可以使用_____子句来去掉不满足条件的分组。

3. 在 Visual FoxPro 中，使用 SQL 的 SELECT 语句将查询结果存储在一个临时表中，应该使用_____子句；SQL SELECT 语句中与 INTO TABLE 等价的短语是_____。

4. 在 SQL 语句中要查询表 S 在 AGE 字段上取空值的记录，正确的 SQL 语句为：

SELECT * FROM S WHERE_____。

5. 在 SQL 的 WHERE 子句的条件表达式中，字符串匹配（模糊查询）的运算符是_____。

6. 在 Visual FoxPro 中，使用 SQL 的 CREATE TABLE 语句建立数据库表时，用_____子句说明关键字（主索引），使用_____子句说明有效性规则（域完整性规则或字段取值范围）。

第 7～第 9 题使用如下 3 个数据库表：

部门　部门号 C(3),部门名称 C(10),主任 C(8)
职工　职工号 C(5),姓名 C(8),部门号 C(3),性别 C(2),年龄 I
工资　职工号 C(5),基本工资 N(7,2),补贴 N(6,2),扣除 N(6,2),实发工资 N(7,2)

7. 为表"职工"的字段设置有效性规则：年龄≥20，错误信息是：年龄不得小于 20 岁!，应使用 SQL 语句：

ALTER TABLE 职工 _____ 年龄 _____ 年龄>=20 ERROR "年龄不得小于 20 岁! "

8. 查询基本工资大于等于 1500 的职工情况，应使用 SQL 语句：

SELECT 职工.职工号,姓名 ;
　FROM 职工 INNER JOIN 工资 ;
_____ 职工.职工号=工资.职工号 ;
WHERE 基本工资>=1500

9. 计算工资表中的"实发工资"字段的值，应使用 SQL 语句：
_____ 工资 _____ 实发工资 = 基本工资 + 补贴 − 扣除

10. 将学生.dbf 的学号字段的宽度由原来的 9 改为 11（字符型），应使用的命令是：

ALTER TABLE 学生 _____。

11. 将学生.dbf 的学号和姓名定义为学生表的候选索引，索引名 xhxm。请对下面的 SQL 语句填空：ALTER TABLE 学生 _____ 学号+姓名 TAG xhxm。

三、简答题

1. Visual FoxPro 中的 SQL 语言的功能主要有哪些?分别用什么命令来实现?

2. 何为 SQL 的嵌套查询与自联接查询? 用自己的例子说明它们的用途。

第6章
查询与视图

查询和视图有很多类似之处，创建查询和创建视图的步骤也非常类似。视图兼有表和查询的特点，查询可以根据表或视图定义，所以查询和视图有很多交叉的概念和作用。查询和视图都是为快速、方便地使用数据库中的数据所提供的一种方法。

6.1 查 询

查询是从指定表或视图中提取满足条件的记录，然后按照想得到的输出类型定向输出查询结果，诸如浏览器、报表、表、标签等，而不会改变源表的内容。查询可以从单个表中提取有用的数据，也可以从多个表中提取综合信息。

实际上，查询就是预先定义好的一条 SQL SELECT 语句，在不同的场合可以直接或反复使用，从而提高效率。在很多情况下都需要建立查询，例如，为报表组织信息或查看数据中的相关子集等。

6.1.1 创建查询

在 Visual FoxPro 中可以使用查询向导和查询设计器来建立查询，也可以使用 SQL SELECT 语句直接编辑.qpr 文本文件来建立查询。在此仅介绍使用查询设计器建立查询。

1. 打开查询设计器

打开查询设计器有以下两种常用方法：

（1）单击"文件"→"新建"菜单命令，在打开的"新建"对话框中选择"查询"选项，然后单击"新建文件"图标按钮；

（2）在命令窗口中执行命令：CREATE QUERY。

上述操作或命令执行后有以下两种情况。

（1）如果当前没有数据库处于打开状态，则直接弹出如图 6-1 所示的"打开"对话框，在该对话框中选择查询基于的源表。

① 当选择的表为自由表时，单击"确定"按钮后，打开如图 6-2 所示的"添加表或视图"对话框。如果选择单个表建立查询时，单击图 6-2 中的

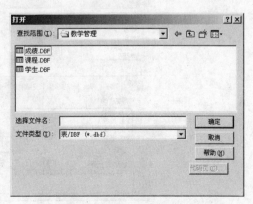

图 6-1 "打开"对话框

"关闭"按钮即可；如果选择多个表进行查询时，单击"其他"按钮，在如图 6-1 所示的"打开"对话框中选择查询需要的其他表。

② 当选择的表为数据库表时，单击"确定"按钮后，打开如图 6-3 所示的"添加表或视图"对话框，当前表所在的数据库也被打开。如果选择单个表建立查询，单击图 6-3 中的"关闭"按钮即可；如果选择多个表进行查询时，则在当前数据库中选择其他表或视图（取决于"选定"选项组的选择），单击"添加"按钮即可；如果需要的其他表或视图如果不在当前数据库中，则单击"其他"按钮，再次在如图 6-1 所示的"打开"对话框中选择查询需要的其他表。

图 6-2 "添加表或视图"对话框

图 6-3 "添加表或视图"对话框

（2）如果当前有数据库处于打开状态，则直接弹出如图 6-3 所示的"添加表或视图"对话框。如果建立查询所需的表或视图在数据库中，则直接在数据库中选择。否则单击"其他"按钮，在图 6-1 所示的"打开"对话框中选择查询所需的表。

当一个查询是基于多个表的时候，用户需要指定这些表或视图间的联接条件，如图 6-4 所示。系统为用户提供了 4 种联接方式：内部联接、左联接、右联接和完全联接，每种联接方式的具体含义在 5.2.7 节已做介绍，在此不再赘述。

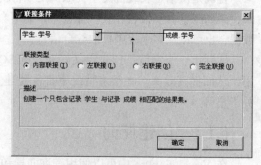

图 6-4 "联接条件"对话框

添加完表或视图后单击"关闭"按钮，进入图 6-5 所示的"查询设计器"窗口。

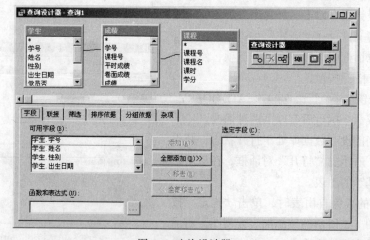

图 6-5 查询设计器

2. 查询设计器窗口界面

查询设计器的操作主要是在其选项卡中完成，其中的各选项卡和第 5 章介绍的 SQL 语句的各子句是相对应的。

（1）"字段"选项卡

指定查询结果输出的字段或表达式，对应于 SQL 的 SELECT 子句。"字段"选项卡如图 6-6 所示。

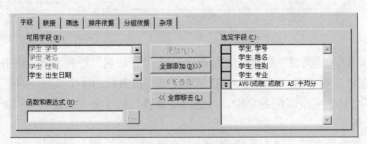

图 6-6 "字段"选项卡

在运行查询之前，必须选择要包括在查询结果中的字段。在某些情况下，用户可能会使用表或视图中的所有字段。但在另一些情况下，用户也许只想使查询与选定的部分字段相关，甚至想在查询中"创建"新字段。

① 添加字段

选择"可用字段"列表框中的字段，然后单击"添加"按钮，选定的字段就移到了"选定字段"列表框中。"选定字段"列表框列出的是将在查询结果中显示的字段，从中选择字段后单击"移去"按钮，则这个字段将不再显示在输出结果中。用户也可直接通过单击"全部添加"按钮一次将"可用字段"列表框中所有字段添加到"选定字段"列表框中，或者通过单击"全部移去"按钮一次将添加到"选定字段"列表框中的所有字段移走。

② 设置字段输出顺序

字段在"选定字段"列表框中的排列顺序决定了它们在输出结果中的排列顺序。可以在该列表框中选定字段，然后上下拖动该字段左侧的小方框按钮，改变它们的输出顺序。

③ 在查询中"创建"字段

在查询结果中出现的并不一定是选定表或视图中的字段，可以是根据表或视图中字段生成的表达式。在"字段"选项卡下部的"函数和表达式"文本框中输入要作为查询结果的表达式，如 AVG(成绩.成绩)，然后单击"添加"按钮，这个表达式就添加到"选定字段"列表框中了。

④ 使用字段的别名

由于在"函数和表达式"文本框中创建的表达式在查询结果中使用"Exp_n"作为显示标题，为了使查询结果易于阅读和理解，可以给输出结果字段添加说明标题（别名）。比如，我们可将表达式改为 AVG(成绩.成绩) AS 平均分，则输出时列标题将变为"平均分"。

（2）"联接"选项卡

指定相互关联的表之间的联接条件，对应于 SQL 的 JOIN ON 子句。"联接"选项卡如图 6-7 所示。

"联接"选项卡中列出查询中的所有联接条件，它们是在添加数据表或视图时设置的。在每一项的左边有两个小按钮，最左边的按钮带有上下箭头，拖动它可以改变联接的顺序。第二个按钮带有左右箭头，单击它就会出现图 6-4 中所示的"联接条件"对话框。

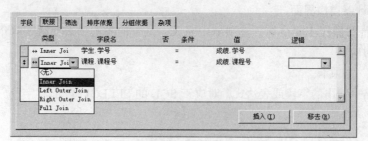

图 6-7 "联接"选项卡

"联接"选项卡中,"类型"栏指定表间联接类型,"字段名"栏和"值"栏中列出了联接左右两边的字段,"逻辑"栏中用户可以选 AND 或 OR 来连接表间的多个条件。

联接可以不必基于完全匹配的字段,可选择"条件"栏中的"Like"、"="、">"或"<"等设置不同的联接条件。

在"否"一栏中单击后,将对所设置的联接条件取反。比如,选择"=",又选择了"否",则显示的将是不符合联接条件的记录。

联接条件和筛选条件类似:二者都先比较值,然后选出满足条件的记录。不同处在于筛选是将字段值和筛选值进行比较,而联接条件是将一个表中的字段值和另一表中的字段值进行比较。

(3)"筛选"选项卡

用于指定选择记录的条件,对应于 SQL 的 WHERE 子句。"筛选"选项卡如图 6-8 所示。

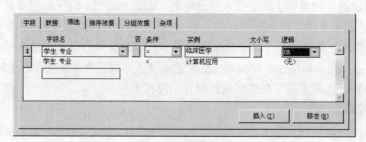

图 6-8 "筛选"选项卡

在 Visual FoxPro 中,使用"筛选"选项卡可以确定用于选择记录的字段,比较准则以及输入与该字段进行比较的实例值。

如果要在"筛选"选项卡中指定一个条件来过滤数据,可以先从"字段名"列表中选定用于选择记录的字段(通用型字段和备注型字段不能用于条件中),然后从"条件"列表中选择比较的类型,再在"实例"文本框中输入比较值。在"实例"文本框中输入值时要注意:

① 仅当字符串与查询的表中字段名相同时,用引号括起字符串。否则,无需用引号将字符串引起来;

② 在搜索字符型数据时,如果想忽略大小写匹配,可选择"大小写"下面的按钮;

③ 若想对逻辑操作符的含义取反,可选择"否"下面的按钮;

④ 可以为查询设置多个筛选条件,选择"逻辑"栏中 AND 或 OR,将设置的多个筛选条件连接起来。

说明:在查看建立的查询的 SQL 时,可以看到 Visual FoxPro 自动为输入的"实例"加上了引号,而且在保存查询后再次打开时,会发现引号也出现在实例栏中了。

（4）"排序依据"选项卡

设置查询输出结果中记录的先后顺序，对应于 SQL 的 ORDER BY 子句，"排序依据"选项卡如图 6-9 所示。

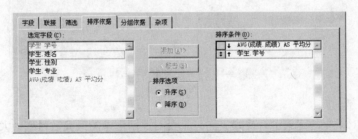

图 6-9 "排序依据"选项卡

如果要在"排序依据"选项卡中指定一个条件来排序数据，首先从"选定字段"列表框中选定要使用的字段，并把它们移至"排序条件"列表框中，然后根据查询结果中所需要的顺序排列这些字段。若要移去排序条件，则先选定一个或多个想要移去的字段，然后单击"移去"按钮。

字段在"排序条件"列表框中的次序决定了查询结果排序时的重要性次序，第一个字段决定了主排序次序。比如，我们决定先按平均分进行排序，平均分相同时再按学号排序，则应将"平均分"字段放在前面。为了调整排序字段的重要性，可以在"排序条件"列表框中，将字段左侧的按钮拖到相应的位置上。

通过设置"排序选项"区域中的按钮，可以确定是按升序还是按降序的次序排列。在"筛选"选项卡的"排序条件"列表框中，每一个排序字段都带有一个上箭头或下箭头，该箭头表示按此字段排序时，是升序还是降序排序。

注意：在 Visual FoxPro 中，若要按某个字段排序，必须将它添加进查询中。

（5）"分组依据"选项卡

用于对查询的结果的行进行分组，对应于 SQL 的 GROUP BY 子句，"分组依据"选项卡如图 6-10 所示。

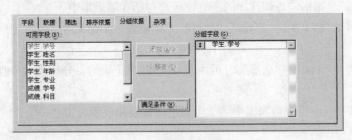

图 6-10 "分组依据"选项卡

所谓分组就是将一组类似的记录压缩成一个结果记录，这样就可以完成基于一组记录的计算。例如，若想得到某一学生的平均分，不用单独查看所有的记录，可以把学号相同的所有记录合成一条记录，并获得该学生的平均分。分组在与某些集函数联合使用时效果最好，诸如 SUM、COUNT、AVG 等。

若要对已进行过分组的记录而不是对单个记录设置满足条件，可在"分组依据"选项卡中单击"满足条件"按钮，在打开的"满足条件"对话框（如图 6-11 所示）中进行具体的设置。

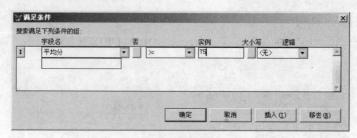

图 6-11 "满足条件"对话框

（6）"杂项"选项卡

指定是否要对重复的记录进行检索，同时是否对返回记录的最大数目或最大百分比做限制，"杂项"选项卡如图 6-12 所示。

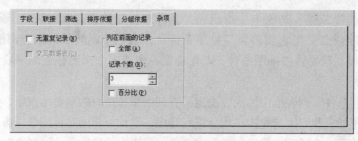

图 6-12 "杂项"选项卡

选择"无重复记录"复选框，将从查询结果中清除重复记录。重复记录是指所有字段值都相等的记录。

选择"交叉数据表"复选框，将查询结果以交叉表格式传送给 Microsoft Graph、报表或者表。只有当"选定字段"刚好为 3 项时，才可使用"交叉数据表"选项。此 3 项代表 X 轴、Y 轴和图形的单元值。

在结果集中，如果不想输出所有满足条件的记录，可以选择记录的数目或者百分比。在指定数目或百分比时，可在"列在前面的记录"区中来选择哪些记录位于结果集的前部。

若选择"全部"，则指定查询选择的所有记录都包括在结果集中。

若选择"记录个数"（未选"全部"时可用），则设置一个记录数，以决定的选中记录将包括在结果集中。

若选择"百分比"（未选"全部"时可用），则按此总记录的百分比显示。改变框中数值时，必须多于 1%。

【例 6-1】 基于教学管理数据库中的学生表、课程表和成绩表建立一个查询 query1。查询结果要求如下：

（1）查询结果只包含临床医学和计算机应用专业学生的学号、姓名、性别、专业和平均分；

（2）查询结果按平均分降序排列，平均分相同再按学号升序排序；

（3）查询结果只包含平均分大于等于 75 分的学生信息；

（4）查询结果只包含平均分最高的 3 个学生的信息。

操作步骤如下。

（1）选择"文件"→"新建"菜单命令，在打开的"新建"对话框中选择"查询"选项，单击"新建文件"图标按钮，在打开的"添加表或视图"对话框中添加"学生"表、"成绩"表和"课程"表。

（2）选择"字段"选项卡，从"可用字段"列表框中依次选中查询所需的字段（学生.学号、学生.姓名、学生.性别和学生.专业）和在"函数和表达式"文本框中输入 AVG（成绩.成绩）AS 平均分，并单击"添加"按钮将它们添加到"选定字段"列表框中。添加字段后如图 6-6 所示。

（3）选择"联接"选项卡，设置表间内部联接条件：学生.学号=成绩.学号，成绩.课程号=课程.课程号。条件设置完毕后如图 6-7 所示。

（4）选择"筛选"选项卡，在"字段名"下拉列表框中选择"学生.专业"，"条件"下拉列表框中选择"="，"实例"文本框中输入"临床医学"，"条件"下拉列表框中选择"OR"。然后使用同样的方法设置第二个筛选条件。条件设置完毕后如图 6-8 所示。

（5）选择"排序依据"选项卡，在"选定字段"列表框中选中"AVG（成绩.成绩）AS 平均分"，单击"添加"按钮将"AVG（成绩.成绩）AS 平均分"添加到"排序条件"列表框中，在"排序选项"选项按钮组中选中 ⊙ 降序(D)。然后使用同样的方法设置第二个排序依据。排序依据设置完毕后如图 6-9 所示。

（6）选择"分组依据"选项卡，在"可用字段"列表框中选中"学生.学号"，单击"添加"按钮将"学生.学号"添加到"分组字段"列表框中。分组字段设置完毕后如图 6-10 所示。

（7）选择"分组依据"选项卡，单击"满足条件"按钮，打开"满足条件"对话框。在"字段名"下拉列表框中选择"平均分"，"条件"下拉列表框中选择">="，"实例"文本框中输入 75。满足条件设置完毕后如图 6-11 所示。

（8）选择"杂项"选项卡，取消"全部"复选框，用"记录个数"微调按钮将个数调为"3"，杂项设置完毕后如图 6-12 所示。

（9）单击常用工具栏上的 🖫 按钮，以 queryone 为文件名保存。

单击常用工具栏上的 ❗ 按钮，运行结果如图 6-13 所示。如果选择"查询"→"查看 SQL"菜单命令，可得到如图 6-14 所示的 SQL 语句。

图 6-13　例 6-1 查询结果

图 6-14　例 6-1 查询的 SQL 语句

6.1.2　查询设计器的局限性

当建立完查询并保存后将产生一个扩展名为.qpr 的文本文件。如果熟悉 SQL SELECT，则可以直接用各种文本编辑器，通过自己写 SQL SELECT 语句来建立查询，最后只要把它保存为扩展名为.qpr 的文件即可。事实上，查询设计器只能建立一些比较规则的查询，而复杂的查询它就无能为力了。

比如在例 5-20 中建立的嵌套查询，具体的 SQL SELECT 语句如下：

```
SELECT 学生.学号,姓名,专业,AVG(成绩) 平均分;
    FROM 学生,成绩 ;
WHERE 学生.学号=成绩.学号 ;
AND 学生.学号 NOT IN ( ;
    SELECT DISTINCT 学号 ;
```

```
    FROM 成绩 ;
     WHERE 成绩<80) ;
  GROUP BY 学生.学号
```

如上所示的查询利用查询设计器是设计不出来的，并且这样的查询也不能利用查询设计器进行修改，只能在编辑器中打开修改。

6.1.3　运行查询

查询建立后，可以选择"查询"→"运行查询"菜单命令来执行查询设计器中刚建立的查询；如果退出了查询设计器，可以以命令方式执行查询。

命令格式：DO <查询文件名>

命令功能：执行指定的查询。

 使用命令方式执行查询时，查询文件名中必须给出扩展名.QPR。

设计查询的目的不只是为了完成一种查询功能，在查询设计器中可以根据需要为查询输出设置查询去向。选择"查询"→"查询去向"菜单命令，或在"查询设计器"工具栏中单击"查询去向"按钮，此时将打开一个"查询去向"对话框，如图 6-15 所示。可以在其中选择将查询结果送往何处。这些查询去向的具体含义如下：

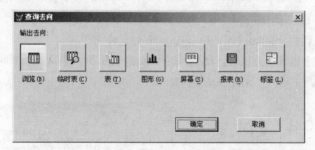

图 6-15　查询去向

（1）浏览：在"浏览"（BROWSE）窗口中显示查询结果（默认的输出去向）。

（2）临时表：将查询结果存储在一个命名的临时表中。

（3）表：将查询结果保存在一个命名的表中。

（4）图形：使查询结果可用于 Microsoft Graph（Graph 是包含在 Visual FoxPro 中的一个独立的应用程序）。

（5）屏幕：在 Visual FoxPro 主窗口或当前活动输出窗口中显示查询结果。

（6）报表：将查询结果输出到一个报表文件（.FRX）。

（7）标签：将查询结果输出到一个标签文件（.LBX）。

根据选择不同的查询去向，生成的查询文件均会有所变化。

6.2　视　　图

视图是从一个或多个数据库表或其他视图导出的虚拟表，兼有"表"和"查询"的特点，与查询相类似的是，视图可以用来从一个或多个相关联的表或视图中提取有用信息；与表相类似的是，视图可以用来更新其中的信息，并将更新结果永久保存起来。

视图是操作表的一种手段，通过视图可以查询表，也可以更新表。视图是根据表定义的，因此视图基于表，而视图可以使应用更灵活，因此它又超越表。视图是数据库的一个特有功能，只有在包含视图的数据库打开时，才能使用视图。

由于数据来源的不同，Visual FoxPro 中的视图分为本地视图和远程视图。使用当前数据库中的表或视图建立的视图称为本地视图，使用当前数据库之外的表或视图建立的视图称为远程视图。本书只介绍本地视图。

6.2.1　创建视图

1. 创建视图

创建视图和创建查询的过程类似，但由于视图是数据库的一个特有功能，因此，在创建视图之前应先打开相应的数据库。

打开视图设计器有以下两种常用方法：

（1）单击"文件"→"新建"菜单命令，在打开的"新建"对话框中选择"视图"选项，然后单击"新建文件"图标按钮；

（2）在命令窗口中执行命令：CREATE VIEW。

2. 视图设计器窗口界面

使用"视图设计器"基本上与使用"查询设计器"一样，但"视图设计器"多了一个"更新条件"选项卡，如图 6-16 所示，它可以控制数据更新。

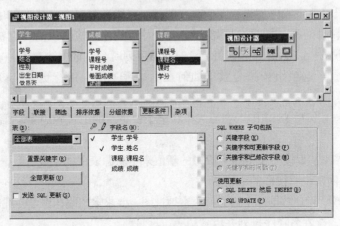

图 6-16　视图设计器

（1）"表"组合框

用于指定视图中哪些表中的字段是可以被更新的，默认可以更新"全部表"的相关字段（即在"字段"选项卡中选择输出的字段）。如果只允许更新某个表的字段，从下拉列表框中选择该表；如果允许更新多个表的字段，从下拉列表框中选择该全部表。

（2）"字段名"列表框

显示可标识为关键字字段和可更新字段的输出字段名。在每个字段名前均保留有钥匙标记和铅笔标记的空位，由用户进行选择设置。其中：

钥匙标记🔑：是由用户指定该字段是否为关键字字段。如果源表中有一个主关键字段，并且已被选为输出字段，则视图设计器将自动使用这个主关键字字段作为视图的关键字段，如果源表中没有设置主关键字字段，单击字段名前的可更新列，可以将该字段设置为主关键字段（同时在 🔑 符号下面显示一个"√"）。单击"重置关键字"按钮，可重新设置关键字。

铅笔标记 ✎：表示该字段是否允许被更新。在铅笔符号下作一个"√"标记表示允许对该字段进行更新。

说明：只有当一个表的主关键字字段被指定，即在钥匙符号下面作一个"√"标记时，该表的各个字段才允许被更新，即只有该表各字段名前的铅笔符号下才能作"√"标记，否则无法单独为这些字段打上允许被更新的标记。

（3）"重置关键字"按钮：清除用户在"字段名"列表框中所作的设置，让用户重新进行设置。

（4）"全部更新"按钮：选择除了关键字字段以外的所有字段来进行更新，并在"字段名"列表框的铅笔符号下打上"√"标记。

（5）"发送 SQL 更新"复选框：指定是否将视图记录中的修改传送给源表。如果要对源表进行数据更新，必须选中"发送 SQL 更新"复选框。

（6）"SQL WHERE 子句包括"栏：它主要用于控制将哪些字段添加到 WHERE 子句中，这样，在将视图修改后传送回源表时，就可以检测服务器上的更新冲突。该栏有以下 4 个选项按钮。

① 关键字段：如果在源表中有一个关键字字段被改变，可设置 WHERE 子句来检测冲突。对于由另一用户对表中原始记录的其他字段所做的修改不进行比较。

② 关键字和可更新字段：如果另一用户修改了任何可更新的字段的标记，设置 WHERE 子句来检测冲突。

③ 关键字和已修改字段：如果视图中改变的任一字段在源表中已被改变时，将使更新失败。

④ 关键字段和时间戳：如果自原始表记录的时间戳首次检索以后，它被修改过，就设置 WHERE 子句来检测冲突。只有当远程表有"时间戳"列时，此选项才有效。

（7）"使用更新"选项组：指定数据如何在后端服务器上进行更新。该栏中有两个选项按钮。

① SQL DELETE 然后 INSERT：在源表中将某个要更新的记录先删除，再添加一条被修改过的记录。

② SQL UPDATE：直接使用视图字段中的新值来更新源表中的字段。

下面以一个实例来说明视图的创建。

【例 6-2】 在教学管理数据库中建立一个本地视图，要求输出临床医学专业的学生的学号、姓名、课程名和成绩，按姓名降序排列并以"Viewone"保存。

操作步骤如下。

（1）在命令窗口中执行命令：OPEN DATABASE 教学管理，打开"教学管理"数据库。

（2）选择"文件"→"新建"菜单命令，在打开的"新建"对话框中选择"视图"选项，单击"新建文件"图标按钮，在打开的"添加表或视图"对话框中添加"学生"表、"成绩"表和"课程"表。

（3）在"字段"选项卡下选择输出字段：成绩.学号、学生.姓名、课程.课程名、成绩.成绩。

（4）在"连接"选项卡下设置内部连接条件：学生.学号=成绩.学号，成绩.课程名=课程.课程名。

（5）在"筛选"选项卡下设置筛选条件：学生.专业="临床医学"。

（6）在"排序依据"选项卡下设置排序条件："学生.姓名"字段为降序。

（7）单击常用工具栏上的■按钮，以"Viewone"命名保存。

单击常用工具栏上的！按钮，运行结果如图 6-17 所示。选择"查询"→"查看 SQL"菜单命令，可得到如图 6-18 所示视图所对应的 SQL 语句。

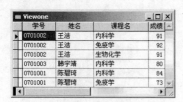 

图 6-17　例 6-2 视图结果　　　　　图 6-18　例 6-2 视图的 SQL 语句

【例 6-3】　将例 6-2 建立的视图中陈碧琦同学的内科学课程成绩改为 85，并将结果返回成绩表。操作步骤如下。

（1）在命令窗口中输入命令：OPEN DATABASE 教学管理，打开教学管理数据库，在"教学管理"数据库设计器窗口中右键单击视图"Viewone"，在弹出的快捷菜单中选择"修改"命令，打开"Viewone"视图设计器。

（2）单击"更新条件"选项卡，在"字段名"列表框中，设置"成绩.学号"为关键字段，"成绩.成绩"为更新字段，并选中"发送 SQL 更新"选项。

（3）单击常用工具栏上的！按钮，运行结果如图 6-19 所示。

（4）在浏览窗口中更改成绩后如图 6-20 所示，最后关闭视图设计器。

图 6-19　浏览"Viewone"视图　　　　图 6-20　更新"Viewone"视图

6.2.2　视图的 SQL 语句

1. 创建视图

命令格式：CREATE VIEW <视图名> AS；

　　　　　<查询语句>

说明：

① 命令执行前应打开创建视图的数据库；

② 查询语句可以是任意的 SELECT 查询语句，它说明和限定了视图中的数据。视图的字段名将与查询语句中指定的字段名或表中的字段名相同。

【例 6-4】　在教学管理数据库中建立名"Viewtwo"的视图，视图包含临床医学专业的学生的学号、姓名、课程名和成绩。

```
OPEN DATABASE 教学管理
CREATE VIEW viewtwo AS ;
```

```
SELECT 学生.学号,姓名,课程名,成绩;
   FROM 学生,课程,成绩;
  WHERE 学生.学号 = 成绩.学号;
    AND 课程.课程名=成绩.课程名;
    AND 学生.专业="临床医学"
```

2. 删除视图

命令格式：DROP VIEW <视图名>

命令功能：删除指定的视图。

说明：删除视图时，包含此视图的数据库必须打开。

【例 6-5】 删除视图 "Viewtwo"。

```
OPEN DATABASE 教学管理
DROP VIEW Viewtwo
```

6.2.3 使用视图

当视图建立后，用户可以像对基本表一样对视图进行查询和更新，由于视图是不实际存储数据的虚拟表，因此，对视图的更新操作最终会转化为对基本表的更新。

【例 6-6】 在视图 Viewone 中查找学号为 0701003 的学生的成绩。

```
SELECT * FROM Viewone WHERE 学号="0701003"
```

习 题 6

一、选择题

1. 查询设计器中，系统默认的查询结果的输出去向是（   ）。

    A. 表   B. 报表   C. 浏览   D. 图形

2. 关于视图和查询，以下叙述正确的是（   ）。

    A. 视图和查询都只能在数据库中建立

    B. 视图和查询都不能在数据库中建立

    C. 视图只能在数据库中建立

    D. 查询只能在数据库中建立

3. 在 Visual FoxPro 中，下面关于查询描述正确的是（   ）。

    A. 可以使用 CREATE VIEW 打开查询设计器

    B. 使用查询设计器可以生成所有的 SQL 查询语句

    C. 使用查询设计器生成的 SQL 语句存盘后将存放在扩展名为 QPR 的文件中

    D. 使用 DO 语句执行查询时，可以不带扩展名

4. 在 Visual FoxPro 中，下面关于视图的正确叙述是（   ）。

    A. 视图与数据库表相同，用来存储数据

    B. 视图不能同数据库表进行联接操作

    C. 在视图上不能进行更新操作

    D. 视图是从一个或多个数据库表导出的虚拟表

5. CREATE VIEW view_stock AS ;

```
SELECT 股票名称 AS 名称,单价 ;
FROM stock
```

执行该语句后产生的视图含有的字段名是（　　　）。

    A. 股票名称、单价   B. 名称、单价

    C. 名称、单价、交易所   D. 股票名称、单价、交易所

二、填空题

1. 查询设计器中，"联接"选项卡对应的 SQL 短语是_____。
2. 通过 Visual FoxPro 的视图，不仅可以查询数据库表，还可以_____数据库表。
3. 根据数据源的不同，视图分为_____和_____。
4. 创建视图时，相应的数据库必须是_____状态。
5. 视图设计器中含有的但查询设计器中却没有的选项卡是_____。

三、简答题

1. 简述查询和视图的异同点。
2. 简述查询设计器和视图设计器的异同点。

第7章
结构化程序设计

Visual FoxPro 允许用户编写程序、并通过执行程序的方式来完成较为复杂的任务。程序方式是一种成批命令协同工作的方式，它是根据解决实际问题的需要，将一系列命令按一定的逻辑结构有机地组织在一起，然后输入到计算机内自动连续执行，从而大大提高工作效率。Visual FoxPro 不仅支持面向过程的程序设计方式，而且支持先进的面向对象的程序设计方式，本章介绍面向过程的结构化程序设计的基本知识。

7.1 Visual FoxPro 程序设计基础

7.1.1 程序设计概述

1. 基本概念

（1）程序

程序是能够完成一定任务的相关命令的集合，通常以文件的形式存放在磁盘等外部存储器上。当运行程序时，系统会按照一定的次序自动执行包含在程序文件中的命令。一个程序应该包括以下两方面的内容。

① 对数据的描述：在程序中要指定数据的类型和数据的组织形式，即数据结构。

② 对操作的描述：即操作步骤，也就是算法。

数据是操作的对象，操作的目的是对数据进行加工，以得到期望的结果。作为程序设计人员，必须认真考虑和设计数据结构和算法。著名计算机科学家沃思（Nikiklaus Wirth）提出如下一个公式：

$$程序=数据结构+算法$$

（2）程序设计

程序设计是指设计、编写、测试及调试程序的过程，它应该包括分析问题、算法设计、编写程序和测试与调试程序等几个基本步骤。

① 分析问题：分析问题是程序设计的基础，按照用户要求进行具体的分析，确定编程的目标。一般来说，使用计算机解决问题时，必须明确哪些是已知数据，哪些是通过处理得到的输出数据，最后确定如何处理。

② 算法设计：算法是对问题求解方法和步骤的精确描述，但这些步骤是经过优化的，这里的优化是指算法要简练，同时解决问题所花费的时间和空间也要尽量少。

③ 编写程序：按选定的计算机语言和确定的算法进行编码。

④ 测试和调试程序：编写出的程序还需进行测试和调试。测试的目的是找出程序已经存在的错误，而调试的目的是定位错误，修改程序以修正错误。调试是测试之后的活动，只有经过调试后的程序才能正式投入运行。

2. 算法的特征与描述方法

（1）算法的特征

① 可行性：一个算法是能够执行的，即算法描述的操作都是可以通过已经实现的基本运算执行有限次来实现的。

② 确定性：算法中的每一个步骤都必须是有明确含义的，即不允许有模棱两可的解释，也不允许有多义性。

③ 有穷性：算法必须能在有限的时间内做完，即算法必须能在执行有限个步骤之后终止。事实上，有穷性是指在合理的范围之内。如果让计算机执行一个历时 100 年才结束的算法，这虽然是有穷的，但超出了合理的限度，所以也不把它视为有效算法。

④ 有零个或多个输入：输入是指计算机从外界获取信息的过程，算法在执行前要获得必要的初始信息，这些信息是由外界输入的。如求 N 的阶乘，当你输入 5 时，就求得 5 的阶乘；当你输入 10 时，就求得 10 的阶乘，这里 5 和 10 是由外界输入的，此时如果不给 N 赋初始值，算法是没有办法求得结果的。

⑤ 有一个或多个输出：算法的目的是为了求解，"解"就是输出。没有输出的算法是没有意义的。

综上所述，所谓算法，是一组严谨地定义运算顺序的规则，并且每一个规则都是有效的、明确的，此顺序将在有限的次数执行后终止。

（2）算法的描述方法

表示一个算法的执行过程有多种方法。常用的有自然语言、传统流程图等。

① 自然语言描述算法。自然语言就是人们日常使用的语言，可以是汉语、英语或其他语言。

【例 7-1】　求 100 以内（包括 100）所有偶数的和，即 $S=2+4+\ldots+100$。

问题分析：可以设两个变量，一个变量（S）代表被加数，一个变量（i）代表加数，不另设变量存放和，而直接将每一步骤求得的和放在被加数变量（S）中。

用自然语言描述算法如下。

S1：使 $S=2$，即表示为 2➡S。

S2：使 $i=4$，即表示为 4➡i。

S3：使 $S+i$，和仍放在变量 S 中，即表示为 $S+i$➡S。

S4：使 i 的值加 2，即表示为 $i+2$➡i。

S5：如果 i 的值不大于 100，返回重新执行步骤 S3～S5；否则，算法结束。最后得到 S 的值就是 100 以内所有偶数的和。

上面的 S1，S2…，Si 代表步骤 1，步骤 2…，步骤 i。S 是 Step（步）的缩写，这是书写算法的习惯用法。

用自然语言表示通俗易懂，但文字冗长，容易出现"歧义性"，需要根据上下文才能判断其正确含义。而且自然语言描述包含分支和循环的算法很不方便。因此，除了很简单的问题外，一般不采用自然语言描述算法。

② 传统流程图描述算法。传统流程图是用一些图框表示各种操作。用图形表示算法直观

形象，易于理解。常用流程图符号如图 7-1 所示。

起止框　　处理框　　判断框　　输入输出框　　连接点　　流程线

图 7-1　常用流程图符号

起止框：表示算法的开始和结束。

处理框：表示计算机执行的一步操作。

判断框：对给定的一个条件进行判断，根据判断结果来决定如何执行其后的操作。

输入输出框：表示向计算机中输入数据和计算机向外输出数据。

连接点：将不同地方的流程线连接起来，形成整体。

流程线：表示程序执行的方向。

【例 7-2】　判断某一年是否是闰年。

问题分析：闰年满足以下两个条件之一。

① 能被 4 整除，但不能被 100 整除；

② 能被 100 整除，又能被 400 整除。

流程图如图 7-2 所示。

【例 7-3】　要求从学生表中输出党员学生的信息。

问题分析：输出党员学生的所有记录，需要遍历学生中所有记录，因此要用到循环结构；同时需要判断每名学生的党员否是否为.T.，因此要用到选择结构。

流程图如图 7-3 所示。

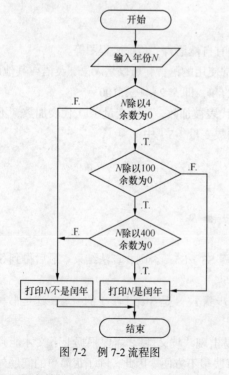

图 7-2　例 7-2 流程图

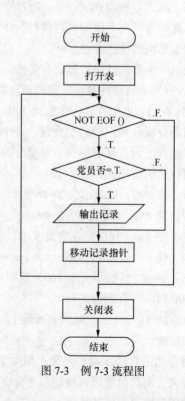

图 7-3　例 7-3 流程图

3. 程序的控制结构

一个算法的功能不仅取决于所选用的操作，而且还与各操作之间的执行顺序有关。算法中各操作之间的执行顺序称为程序的控制结构。程序的控制结构有 3 种：顺序结构、选择结构和循环结构。

（1）顺序结构

如图 7-4（a）所示，虚线框内是一个顺序结构，其中 A 和 B 两个框中的操作是顺序执行的。即在执行完 A 框所指定的操作后，紧接着执行 B 框所指定的操作。顺序结构是最简单的一种基本结构。

（2）选择结构

选择结构也称为分支结构，如图 7-4（b）所示，虚线框内是一个选择结构。此结构中必包含一个判断框，根据给定的条件 P 是否成立来选择执行 A 框或 B 框中的操作。无论 P 条件是否成立，只能执行 A 框或 B 框中的操作之一，不可能既执行 A 框中的操作又执行 B 框中的操作。无论走哪一条路径，在执行完 A 框中的操作或 B 框中的操作之后，都要经过 b 点，然后离开本选择结构。A 框或 B 框中的操作可以有一个是空的，即不执行任何操作，如图 7-4（c）所示。

（3）循环结构

循环结构也称为重复结构，如图 7-4（d）所示，虚线框内是一个循环结构。当给定的 P 条件成立时，执行 A 框中的操作，再判断条件 P 是否成立，如果仍然成立，再执行 A 框中的操作，如此反复执行 A 框中的操作，直到某一次条件 P 不成立为止，此时不再执行 A 框中的操作，而从 b 点退出循环结构。

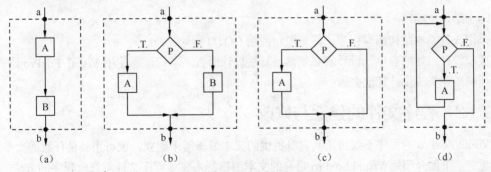

图 7-4　程序设计的 3 种基本结构

选择结构可以派生出另一种基本结构——多分支选择结构，如图 7-5 所示。根据 K 的值（K1，K2，…，Kn）不同而决定执行 A1，A2，…，An 之一。

已经证明，由以上 3 种基本结构组成的程序能够处理任何复杂的问题。图 7-4 和图 7-5 所示方框中的 A、B、A1、A2、…、An 等可以是一个简单的语句，也可以是一个基本结构。例如，图 7-6 所示为是一个顺序结构，它由两个操作顺序组成。虚线框内是一个循环结构，可以用"B"表示，因此，可将图 7-6 理解为图 7-4（a）所示的顺序结构。

4. 结构化程序设计方法

前面介绍了结构化程序设计的算法和 3 种基本结构。一个结构化程序就是用高级语言表示的结构化算法，这种程序便于编写、阅读、修改和维护，而且减少了程序出错的机会，提高了程序的可靠性，保证了程序的质量。

结构化程序设计强调程序设计风格和程序结构的规范化，提倡清晰的结构。结构化程序设计方法的基本思路是，把一个复杂问题的求解过程分阶段进行，每个阶段处理的问题都控制在人们容易理解和处理的范围内。具体说，就是采取自顶向下、逐步求精、模块化和结构化编码的方法。

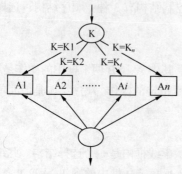

图 7-5 多分支选择结构

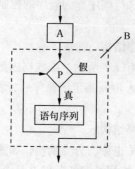

图 7-6 复杂的顺序结构

（1）自顶向下

即先考虑总体，后考虑细节；先考虑全局目标，后考虑局部目标。这种程序结构按功能划分为若干基本模块，这些模块形成一个树状结构。

（2）逐步求精

对复杂问题，应设计些子目标作过渡，逐步细化。

（3）模块化

模块化是把程序要解决的总目标分解为分目标，再进一步分解为具体的小目标，把每个小目标称为一个模块。

（4）结构化编码

采用 3 种基本结构编写程序，尽量限制使用 GOTO 语句。

要想设计出好的程序，设计者必须熟悉算法设计语言（本门课程使用 Visual FoxPro 语言），并且严格按照算法设计规范去做。

7.1.2 程序文件的建立与修改

Visual FoxPro 的程序不仅可用其自身提供的文本编辑器来建立，也可用其他任意的文本编辑器来建立。下面介绍用 Visual FoxPro 自身的文本编辑器来建立程序文件与修改程序的方法。

1. 菜单方式

操作步骤如下。

① 打开文本编辑器窗口。选择"文件"→"新建"菜单命令，然后在打开的"新建"对话框中选择"程序"选项，并单击"新建文件"图标按钮。

② 在文本编辑窗口输入程序内容。程序编辑操作与普通文本文件的编辑操作一样。当然，这里输入的是程序内容，是一条条命令，与在命令窗口中输入命令不同，这里输入的命令是不会马上执行的。

③ 保存程序文件。选择"文件"→"保存"菜单命令或按 Ctrl+W 快捷键，然后在"另存为"对话框中选择程序文件的存放位置和指定文件名，并单击"保存"按钮。程序存盘后默认的程序文件扩展名为.prg。

要打开、修改程序文件，可按下列方法操作。

① 选择"文件"→"打开"菜单命令，在弹出的"打开"对话框的"文件类型"组合框中选择"程序"，在文件列表框中选定要修改的程序文件，单击"确定"按钮。

② 编辑修改后，选择"文件"→"保存"菜单命令或按 Ctrl+W 快捷键保存文件。若要放弃

本次修改，可选择"文件"→"还原"菜单命令或按 Esc 键。

2．命令方式

直接在系统命令窗口中使用创建、编辑命令，以实现程序文件的建立和修改。

命令格式：MODIFY COMMAND <程序文件名>

命令功能：创建或打开一个程序文件。

说明：如果命令中的程序文件名在当前目录下已经存在，系统打开此程序文件，用户可对其重新编辑；否则，系统将打开文本编辑器来创建此程序文件。

编写例 7-3 的程序如图 7-7 所示。

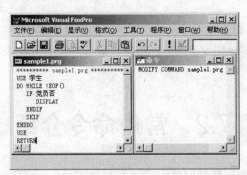

图 7-7　程序编辑窗口

7.1.3　程序的运行

程序文件建立后，就可以采用多种方式、多次执行它。

1．菜单方式

① 如果程序文件已打开，选择"程序"→"执行"菜单命令，或直接单击常用工具栏上 ! 按钮。

② 如果程序文件未打开，选择"程序"→"运行"菜单命令，打开"运行"对话框，从文件列表框中选择要运行的程序文件，并单击"运行"按钮。

2．命令方式

命令格式：DO <文件名>

命令功能：执行指定的程序。

该命令既可以在命令窗口中发出，也可以出现在某个程序中，这样就使得一个程序在执行的过程中还可以调用执行另一个程序。

当程序文件被执行时，文件中包含的命令将被依次执行，直到所有的命令被执行完毕，或者执行到以下命令。

① DO：转去执行另一个程序。

② CANCEL：终止程序运行，清除所有的私有变量，返回命令窗口。

③ RETURN：结束当前程序的执行，返回到调用它的上级程序，若无上级程序则返回到命令窗口。一般在程序或过程的末尾使用 RETURN 命令。如果没有，则系统默认执行一个 RETURN 命令。

④ QUIT：退出 Visual FoxPro 系统，返回到操作系统。

Visual FoxPro 程序文件通过编译、连编，可以产生不同的目标代码文件，这些文件具有不同的扩展名。当用 DO 命令执行程序文件时，如果没有给出扩展名，系统将按下列顺序寻找该程序文件的源代码或某种目标代码文件执行：.exe（可执行文件）→.app（Visual FoxPro 应用程序）→.fxp（已编译的程序）→.prg（源程序文件）。

在程序运行过程中，按 Esc 键系统可以终止当前程序的运行，并显示警告让用户做如下选择。

① 取消（Cancel）：终止程序的运行，这是缺省选择。

② 挂起（Suspend）：暂时终止程序执行，返回命令窗口。当在命令窗口中执行 RESUME 命令，程序将从终止的地方接着执行。

③ 忽略（Ignore）：忽略所按的 Esc 键，继续程序的运行。

在程序调试通过以后，为了避免程序被终止，一般在应用程序的开始加上命令：

SET ESCAPE OFF

执行这个命令后，Esc 键置于关闭状态，用户不能通过按 Esc 键来终止当前正在运行的程序。在调试程序的时候，通常不关闭这个键，让程序在运行过程中，随时可以中断执行，以检查程序中间的运行情况。

7.2　常用命令介绍

结构化程序的语句一般包括赋值语句、输入/输出语句、注释语句、终止语句以及有关系统环境设置语句等。关于赋值语句、输出语句（？）、终止语句及系统环境设置语句在前面已做了介绍，这里不再重复。

7.2.1　数据输入/输出命令

1. 字符型数据输入命令 ACCEPT

命令格式：ACCEPT [<提示信息>] TO <内存变量>

命令功能：暂停程序运行，等待用户从键盘输入字符串，系统将该字符串存入指定的内存变量。

说明：

① 提示信息是可选的，可以是一个字符串或字符型表达式，在命令执行时其值被显示在屏幕上，用以提示用户的输入。

② 输入的数据作为字符型数据处理，不需要定界符括起来。若使用定界符，则定界符作为输入字符的一部分。直接输入回车键则按空串处理。

③ 按 Enter 键结束本命令的输入。

2. 任意类型数据输入命令 INPUT

命令格式：INPUT [<提示信息>] TO <内存变量>

命令功能：暂停程序运行，等待用户从键盘输入数据，该数据可以是任意合法的表达式，系统将表达式的值存入指定的内存变量。

说明：

① 提示信息是可选的，可以是一个字符串或字符型表达式，在命令执行时其值被显示在屏幕上，用以提示用户的输入。

② 输入字符串时必须加定界符，输入逻辑型常量时要用圆点定界符（如.T., .F.），输入日期时间常量型时要用大括号（如{^2012-10-21}）。

③ 按 Enter 键结束本命令的输入，但不能不输入任何内容而直接按 Enter 键。

3. 单字符数据输入命令 WAIT

命令格式：WAIT [<提示信息>] [TO <内存变量>] [WINDOWS]

命令功能：暂停程序运行，若包含[TO <内存变量>]短语时，将用户输入的一个字符赋给指定的内存变量；否则待用户在键盘上按下任意一个键后继续程序的执行。

说明：

① 提示信息是可选的，可以是一个字符串或字符型表达式，在命令执行时其值被显示在屏幕上，如缺省提示信息，系统给出"按任意键继续..."的默认提示信息。

② 若选用了 TO <内存变量>短语，则将输入的一个字符赋给指定的内存变量。本命令只能输入一个字符，因而不需加定界符也不必按 Enter 键来结束输入。若未选用 TO <内存变量>短语，则等待用户按任意键后继续运行。

③ 若选用了 WINDOWS 短语，则将在屏幕上出现一个窗口来显示提示信息。

4. 基本屏幕编辑命令@…SAY…[GET]

（1）格式输入命令

命令格式：@<行,列> SAY [<字符表达式>] GET <变量> [RANGE <数值表达式 1>,<数值表达式 2>] [VALID <逻辑表达式>]

READ

命令功能：首先在指定行、列的位置显示字符表达式的值，紧接着反显 GET 后变量的值。当执行命令 READ 时，子命令 GET 被激活，其变量值处于编辑状态。

说明：

① GET 后的变量如果为内存变量，在命令执行前，必须对其赋初值。一般情况下，数值型变量赋初值 0，字符型变量赋初值为由多个空格组成的字符串；如果为字段变量，必须先将该字段所在的表文件打开，其初值为当前记录该字段的值。

② 一个 READ 命令可激活多个 GET 编辑区，因此，只要 GET 语句是在 READ 语句前排列，当第一个 GET 编辑区变量值被激活后，按 Enter 键光标可自动跳到下一个 GET 编辑区，依次执行。

③ RANGE 中的数值表达式 1 和数值表达式 2，分别表示数据编辑和显示的下限和上限，可以省略数值表达式 1 或数值表达式 2。

④ VALID <逻辑表达式>表示数据编辑和显示的条件范围。

（2）格式输出命令

命令格式：@<行,列> SAY <表达式>

命令功能：在指定行、列的位置显示表达式的值。

说明：该命令一次只能输出一个变量或一个表达式的值，如需同时输出多个变量或表达式的值，就需要使用连接运算符将它们连接成一个表达式。

7.2.2　程序注释命令

为了提高程序的可读性，通常应在程序的适当位置加上一些注释。注释命令是一种非执行命令，即 Visual FoxPro 对此种命令不进行任何操作，所注释的内容只作为程序的注解，而程序本身的运行则不受其影响。Visual FoxPro 中提供行首和行尾两种注释命令。

1. 行首注释命令

如果要在程序中注释行信息，可以使用行首注释命令。

命令格式：*[<注释内容>]

命令功能：为程序添加整行注释文本。

说明：如注释内容过长需要在下一行继续注释，可在本注释行尾加上一个分号(；)，或直接回车再另用一个注释语句。

2. 行尾注释命令

如果要在命令语句的尾部加注释信息，应该使用行尾注释命令。

命令格式：&&[<注释内容>]

命令功能：为程序的一条命令或语句添加注释文本。

7.3 结构化程序设计

顺序结构是程序设计中最基本、最简单的结构。在此种结构的程序中，各语句是严格按排列顺序执行的。

7.3.1 顺序结构

【例 7-4】 根据输入的三角形的 3 个边长，利用公式求三角形面积。

```
CLEAR
INPUT "输入第一边边长：" TO a
INPUT "输入第二边边长：" TO b
INPUT "输入第三边边长：" TO c
s=(a+b+c)/2
area=SQRT(s*(s-a)*(s-b)*(s-c))
?"三角形的面积为："，area
RETURN
```

【例 7-5】 利用键盘输入命令向课程表添加一条记录，并用 "?" 命令输出添加的记录。

```
CLEAR
ACCEPT "请输入课程号：" TO kch
ACCEPT "请输入课程名：" TO kcm
INPUT  "请输入课时:" TO ks
INPUT  "请输入学分：" TO xf
USE 课程
APPEND BLANK
REPLACE 课程号 WITH kch,课程名 WITH kcm,课时 WITH ks,学分 WITH xf
?"新添加的记录为："
?课程号,课程名,课时,学分
USE
RETURN
```

7.3.2 选择结构

选择结构用于描述分支现象，确定程序执行的路径。Visual FoxPro 的选择结构可分为单分支结构、双分支结构以及多分支结构 3 种形式。

1. 单分支结构

语句格式：IF <条件表达式> [THEN]

        [<语句序列>]

        ENDIF

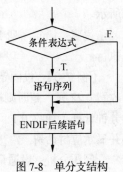

该语句根据条件表达式的值是否为.T.来决定是否执行语句序列，当条件表达式的值为.T.时，先执行语句序列，再去执行 ENDIF 后续语句；否则跳过语句序列，直接执行 ENDIF 后续语句。流程如图 7-8 所示。

说明：

① 条件表达式为关系表达式或逻辑表达式，其值为.T.或.F.。

② IF 和 ENDIF 必须成对出现，IF 是本结构的入口，ENDIF 是本结构的出口。

图 7-8　单分支结构

【例 7-6】 输入 1 个数，求其绝对值并输出。

问题分析：我们把这个数输入到变量 x 中，并假设其绝对值 y 等于它本身，即 $y=x$。若 $x<0$，假设不成立，修改其绝对值 $y=-x$。

程序源代码如下：

```
CLEAR
INPUT "输入要计算绝对值的数: " TO x
y=x
IF x<0
    y=-x
ENDIF
?"所求绝对值为: ",y
RETURN
```

【例 7-7】 从键盘上输入两个数，按由大到小的顺序输出。

问题分析：我们把这两个数分别输入到变量 a 和 b 中，若 $a<b$，两个变量交换值，否则不交换。通过比较后，a、b 就是按值由大到小的顺序排列的。

程序源代码如下：

```
CLEAR
INPUT "输入第一个数: " TO a
INPUT "输入第二个数: " TO b
IF a<b
    t=a
    a=b
    b=t
ENDIF
?a,b
RETURN
```

2. 双分支结构

语句格式：IF <条件表达式> [THEN]

        [<语句序列 1>]

        ELSE

        [<语句序列 2>]

        ENDIF

该语句根据条件表达式的值是否为.T.来决定执行哪个语句序列，当条件表达式的值为.T.时，先执行语句序列 1，再去执行 ENDIF 后续语句；否则先执行语句序列 2，再去执行 ENDIF 后续语句。流程如图 7-9 所示。

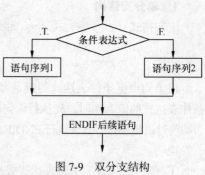

说明：语句序列 1 和语句序列 2 中有且必须有一个被执行。

【例 7-8】 设固定电话市话计费不超过 3 分钟时一律收费 0.22 元，超时则按超过部分每分钟（不足 1 分钟按 1 分钟计算）加收 0.1 元。试编程根据输入的通话时间计算并显示应付话费。

图 7-9　双分支结构

问题分析：设通话时间为 sj，应付话费为 hf，则应付话费计算公式为

$$hf = \begin{cases} 0.22 & (sj \leq 3) \\ 0.22 + (CEILING(sj) - 3) * 0.1 & (sj > 3) \end{cases}$$

程序源代码如下：

```
CLEAR
INPUT "请输入通话时长（分钟）: " TO sj
IF sj<=3
    hf=0.22
ELSE
    hf=0.22+(CEILING(sj)-3)*0.1
ENDIF
?"获应付话费为: "+str(hf,5,2)+"元"
RETURN
```

也可以将上例话费计算公式部分改成 IIF 条件函数的形式，如下：

```
hf=IIF(sj<=3,0.22,0.22+(CEILING(sj)-3)*0.1)
```

使用条件函数既简单，速度又快。

【例 7-9】 编写程序，从键盘输入待查找学生的学号，如果查找成功就显示该学生的基本信息，否则显示"查无此人！"。

问题分析：通过顺序查找时，可根据 EOF()函数的返回值来判断查找是否成功。若!EOF()返回值为真，则查找到此人，否则没有查到此人。

程序源代码如下：

```
CLEAR
CLOSE ALL
USE 学生
ACCEPT "请输入待查学生学号: " TO xh
LOCATE FOR 学号==xh
IF !EOF()
    ?"学号为"+ALLTRIM(xh)+"的学生基本信息如下:"
    ?"姓名: "+姓名
    ?"性别: "+性别
    ?"出生日期: "+DTOC(出生日期)
    ?"党员是否: "+IIF(党员否,"党员","非党员")
    ?"专业: "+专业
ELSE
```

```
    ?"查无此人! "
ENDIF
USE
RETURN
```

3. 多分支结构

双分支结构是二选一，多分支结构是多选一，它可以根据条件表达式的值为.T.从多组语句中选择一组执行。

语句格式：
```
DO CASE
    CASE <条件表达式 1>
        <语句序列 1>
    CASE <条件表达式 2>
        <语句序列 2>
        …
    CASE <条件表达式 n>
        <语句序列 n>
    [OTHERWISE
        <语句序列 n+1>]
ENDCASE
```

依次判断每个 CASE 后面的条件表达式的值是否为.T.，如果某个 CASE 后面的条件表达式的值为.T.，就执行该 CASE 后的语句序列，然后执行 ENDCASE 后续语句；如果所有的条件表达式的值都不为.T.，则执行 OTHERWISE 后的语句序列，然后执行 ENDCASE 后续语句。流程如图 7-10 所示。

说明：

① 不管有几个 CASE 后的条件表达式的值为.T.，只有最先值为.T.的那个 CASE 条件表达式对应的语句序列被执行。如果所有 CASE 条件表达式的值都为.F.，且没有 OTHERWISE 子句，则直接跳出本结构执行 ENDCASE 后续语句。

② DO CASE 与 ENDCASE 必须成对出现，DO CASE 是本结构的入口，ENDCASE 是本结构的出口。

【例 7-10】 编写一程序，根据输入的百分制考试成绩，按要求输出相应成绩等级。90 分（包括 90 分）以上为"优秀"，80～89 为"良好"，60～79 分为"合格"，60 分以下为"不合格"。

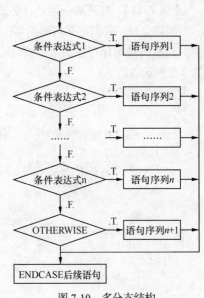

图 7-10　多分支结构

问题分析：可以设两个变量 cj 和 dj，分别代表从键盘输入的百分制成绩和转换后的成绩等级。

程序源代码如下：

```
CLEAR
cj=0.0
@10,10 SAY "请输入百分制成绩:" GET cj RANGE 0,100
READ
DO CASE
```

```
    CASE cj>=90
          dj="优秀"
    CASE cj>=80
          dj="良好"
    CASE cj>=60
          dj="合格"
    OTHERWISE
          dj="不合格"
ENDCASE
@12,10 SAY ALLTRIM(STR(cj,5,1))+"分转换成绩等级为："+dj
RETURN
```

4. 选择结构的嵌套

在以上 3 种分支结构中都允许分支结构的嵌套。分支结构嵌套只能是外层结构包含内层结构，如图 7-11 所示，而不能交叉嵌套，把内层结构看成是外层结构的一个语句序列。分支结构嵌套为用户设计复杂问题的程序提供了解决的手段，但如使用不当，会产生语法错误。为了养成好的程序书写习惯，建议在书写程序时采用缩进的格式，以提高程序的可读性。

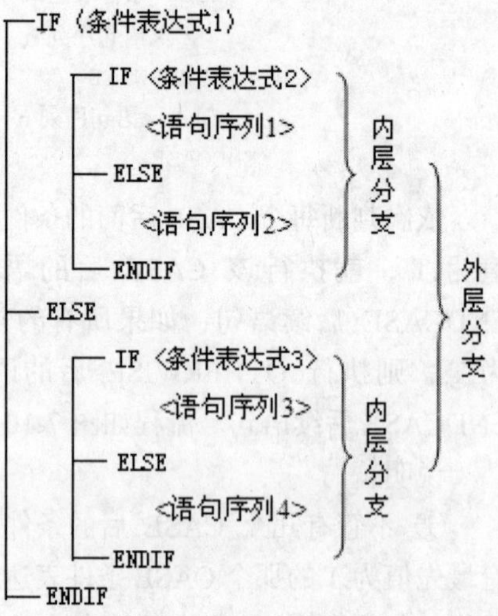

【例 7-11】 判断某一年是否是闰年。

问题分析：我们把要判断的年份输入到简单变量 nf 中，判断的结果保存在简单变量 flag 中。传统流程图如 7-2 所示。

图 7-11 选择结构的嵌套

程序源代码如下：

```
CLEAR
INPUT "输入要判断的年份：" TO nf
IF MOD(nf,4)=0
   IF MOD(nf,100)=0
      IF MOD(nf,400)=0
         flag=.T.
      ELSE
         flag=.F.
      ENDIF
   ELSE
      flag=.T.
   ENDIF
ELSE
   flag=.F.
ENDIF
IF flag
   ?STR(nf)+"年是闰年!"
ELSE
   ?STR(nf)+"年不是闰年!"
ENDIF
RETURN
```

同样也可以将例 7-10 改为如下嵌套结构：

```
CLEAR
cj=0.0
@10,10 SAY "请输入百分制成绩:" GET cj RANGE 0,100
READ
IF cj>=90
    dj="优秀"
ELSE
    IF cj>=80
        dj="良好"
    ELSE
        IF cj>=60
            dj="合格"
        ELSE
            dj="不合格"
        ENDIF
    ENDIF
ENDIF
@12,10 SAY ALLTRIM(STR(cj,5,1))+"分转换成成绩等级为: "+dj
RETURN
```

7.3.3 循环结构

循环结构是指程序在执行过程中，其中的某段代码被重复执行若干次，被重复执行的代码段叫做循环体。Visual FoxPro 提供了 3 种循环程序控制结构：当型循环结构、步长型循环结构和扫描型循环结构。

1. 当型循环结构

语句格式：DO WHILE <条件表达式>
　　　　　　　[<语句序列>]
　　　　　　　[LOOP]
　　　　　　　[EXIT]
　　　　　　ENDDO

在执行该语句时，先判断 DO WHILE 处的条件表达式的值，如果条件表达式的值为.T.，则执行 DO WHILE…ENDDO 之间的语句序列（循环体）。当执行到 ENDDO 时，返回到 DO WHILE，再次判断条件表达式的值是否为.T.，以确定是否再次执行循环体。如果条件表达式的值为.F.，则结束该循环语句，执行 ENDDO 后续语句。流程如图 7-12 所示。

说明：

① 如果第一次判断 DO WHILE 处的条件表达式的值即为.F.，则循环体一次也不执行。

② 如果循环体包含 LOOP 命令，那么当执行到 LOOP 时，就结束循环体的本次执行，不再执行其后面的语句，而是转回 DO WHILE 处重新判断条件表达式的值。

③ 如果循环体包含 EXIT 命令，那么当执行到 EXIT 时，就结束该语句的执行，跳出循环体，转去执行 ENDDO 后续语句。

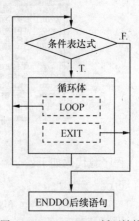

图 7-12　DO WHILE 循环结构

④ 通常 LOOP 或 EXIT 命令出现在循环体内嵌套的选择结构语句中，根据 IF 处条件表达式的值来决定是 LOOP 返回 DO WHILE 处继续执行，还是 EXIT 跳出循环体。

【例 7-12】 $S=1+3+5+\ldots+(n-2)+n$，计算 S 首次达到 100 时，n 的值。

程序源代码如下：

```
CLEAR
STORE 0 TO S,n
DO WHILE .T.
   n=n+1
   IF MOD(n,2)=0
      LOOP
   ELSE
      S=S+n
      IF S>=100
         EXIT
      ENDIF
   ENDIF
ENDDO
?"n=",n
RETURN
```

【例 7-13】 求 t=5！。

程序源代码如下：

```
CLEAR
STORE 1 TO i,t
DO WHILE i<=5
   t=t*i
   i=i+1
ENDDO
?"t=",t
RETURN
```

【例 7-14】 现有 3 个数据表：Goods.dbf、Orderitem.dbf 和 Order.dbf，如图 7-13 所示。用 SQL 语句在 Order 表中添加一个新字段：总金额 $N(7,2)$，根据 Goods 表和 Orderitem 表中的相关数据计算各订单的总金额，并填入 Order 中新添加的总金额字段中。

图 7-13　Goods 表、Orderitem 表和 Order 表

程序源代码如下：

```
CLOSE ALL
ALTER TABLE Order ADD 总金额 N(7,2)
USE Order
DO WHILE !EOF()
   ddh=订单号
```

```
    SELECT SUM(Goods.单价*Orderitem.数量) ;
      FROM Goods,Orderitem ;
    WHERE Goods.商品号=Orderitem.商品号 ;
      AND Orderitem.订单号=ddh ;
      INTO ARRAY s
    REPLACE 总金额 WITH s(1)
    SKIP
ENDDO
BROWSE
```

说明：以上程序中循环结构的条件为!EOF()或.NOT.EOF()，即记录指针不到文件尾时，循环将一直进行下去，执行 SKIP 命令使记录指针下移一条。

2. 步长型循环结构

语句格式：FOR <循环变量>=<初值> TO <终值>［STEP <步长值>］

```
               ［<语句序列>］
               ［LOOP］
               ［EXIT］
          ENDFOR
```

执行该语句时，首先给循环变量赋初值，然后判断循环变量与终值的关系是否成立。若关系成立，则执行循环体，然后循环变量增加一个步长值，并再次判断关系是否成立，以确定是否再次执行循环体。若关系不成立，则结束该循环语句，执行 ENDFOR 后续语句。流程如图 7-14 所示。

说明：

① 步长可以是正值和负值，步长缺省时，系统默认步长为 1。当步长为正值时，判断循环变量是否小于等于终值；当步长为负值时，判断循环变量是否大于等于终值。

② LOOP 和 EXIT 命令同样可以出现在该循环语句的循环体内。当执行到 LOOP 命令时，结束循环体的本次执行，然后循环变量增加一个步长值，并再次判断循环变量和终值的关系是否成立。当执行到 EXIT 命令时，跳出循环结构，执行 ENDFOR 后续语句。

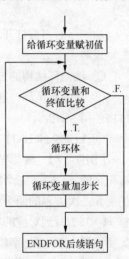

图 7-14　FOR 循环结构

【例 7-15】 求 Fibonacci 数列的前 20 项。Fibonacci 数列第 1 项为 1，第 2 项为 2，从第 3 项开始，每项等于其前两项之和。

程序源代码如下：

```
CLEAR
f1=1
f2=2
?f1
?f2
FOR i=3 TO 20
    f=f1+f2
    ?f
    f1=f2
    f2=f
ENDFOR
RETURN
```

【例 7-16】 求出 100～999 所有的 "水仙花数"，所谓 "水仙花数" 是指一个三位数，其各位数字立方和等于该数本身。（例如：1^3+5^3+3^3=153）

程序源代码如下：

```
CLEAR
FOR i=100 TO 999
    a=INT(i/100)                    &&取三位数 i 的百位数
    b=INT(i/10)%10                  &&取三位数 i 的十位数
    c=i%10                          &&取三位数 i 的个位数
    IF a^3+b^3+c^3=i
        ?I
    ENDIF
ENDFOR
RETURN
```

3. 扫描型循环结构

扫描型循环结构主要用于表中的记录操作，不用于和表中记录操作无关的循环。该结构可指明需处理的记录范围及应满足的条件。

语句格式：SCAN [<范围>][FOR <条件表达式 1>|WHILE <条件表达式 2>]

                 <循环体>

           ENDSCAN

功能：对当前打开的数据表中指定范围内满足条件的记录依次按循环体内的命令操作。

说明：

① 该循环结构的扫描缺省范围为 ALL。

② 程序每循环一遍，就自动将当前数据表的记录指针向下移动一条记录，因而不需要在循环体中使用 SKIP 语句。

③ LOOP 和 EXIT 命令同样可以出现在该结构的循环体中。

【例 7-17】 编写程序，根据表 Taba 中所有记录的 *a*、*b*、*c* 三个字段的值，计算各记录的一元二次方程的两个根 *x1* 和 *x2*，并将两个根 *x1* 和 *x2* 写到对应的字段 *x1* 和 *x2* 中，如果无实数解，在 Note 字段中写入 "无实数解"。表 Taba 如图 7-15 所示。

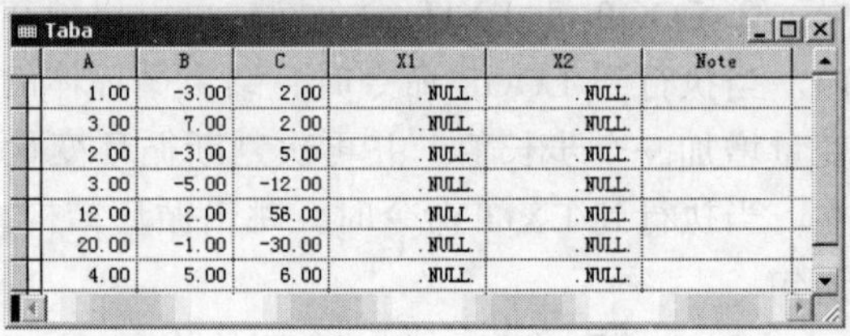

Taba					
A	B	C	X1	X2	Note
1.00	-3.00	2.00	.NULL.	.NULL.	
3.00	7.00	3.00	.NULL.	.NULL.	
2.00	-3.00	5.00	.NULL.	.NULL.	
3.00	-5.00	-12.00	.NULL.	.NULL.	
12.00	2.00	56.00	.NULL.	.NULL.	
20.00	-1.00	-30.00	.NULL.	.NULL.	
4.00	5.00	6.00	.NULL.	.NULL.	

图 7-15 Taba 表

程序源代码如下：

```
CLOS ALL
USE Taba
SCAN FOR a<>0
    deta=b^2-4*a*c
    IF deta>=0
        m=(-b+SQRT(deta))/(2*a)
        n=(-b-SQRT(deta))/(2*a)
        REPLACE x1 WITH m,x2 WITH n
    ELSE
        REPLACE Note WITH "无实数解"
    ENDIF
ENDSCAN
RETURN
```

如果用 DO WIHLE...ENDDO 命令，程序源代码如下：

```
CLOS ALL
USE Taba
DO WHILE .NOT.EOF()
   IF a<>0
      deta=b^2-4*a*c
      IF deta>=0
         m=(-b+SQRT(deta))/(2*a)
         n=(-b-SQRT(deta))/(2*a)
         REPLACE x1 WITH m,x2 WITH n
      ELSE
         REPLACE Note WITH "无实数解"
      ENDIF
   ENDIF
   SKIP
ENDDO
RETURN
```

通过对比，可以看到利用 SCAN...ENDSCAN 循环结构遍历数据表记录编程更加简洁，速度会更快。

4. 循环结构的嵌套

前面介绍的是单层循环，其特点是循环体中不含循环语句。在实际问题中常常会遇到多重循环，即循环体内又包含循环语句，形成循环套循环，这叫循环的嵌套。在多重循环中，外层的循环相对于被套于它里面的循环叫外循环，里层的循环叫内循环。使用多重循环时要求每层循环 DO WHILE—ENDDO 必须成对出现，不能交叉，如图 7-16 所示。

【例 7-18】 打印九九乘法表。

问题分析：九九乘法表有九行，每行又有九列。此时可以用双重循环来控制，外循环用来控制其行数，内循环来控制其列数。设 a 为被乘数，b 为乘数，c 为乘积。

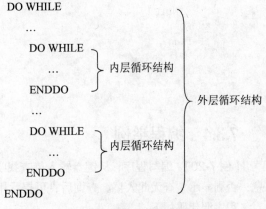

图 7-16　循环结构嵌套格式

程序源代码如下：

```
CLEAR
a=1
DO WHILE a<=9
   b=1
   DO WHILE b<=9
      c=a*b
      ??STR(a,4)+"*"+STR(b,1)+"="+STR(c,2)
      b=b+1
   ENDDO
   a=a+1
   ?
ENDDO
RETURN
```

程序执行结果如图 7-17 所示。

```
1 * 1 = 1   1 * 2 = 2   1 * 3 = 3   1 * 4 = 4   1 * 5 = 5   1 * 6 = 6   1 * 7 = 7   1 * 8 = 8   1 * 9 = 9
2 * 1 = 2   2 * 2 = 4   2 * 3 = 6   2 * 4 = 8   2 * 5 = 10  2 * 6 = 12  2 * 7 = 14  2 * 8 = 16  2 * 9 = 18
3 * 1 = 3   3 * 2 = 6   3 * 3 = 9   3 * 4 = 12  3 * 5 = 15  3 * 6 = 18  3 * 7 = 21  3 * 8 = 24  3 * 9 = 27
4 * 1 = 4   4 * 2 = 8   4 * 3 = 12  4 * 4 = 16  4 * 5 = 20  4 * 6 = 24  4 * 7 = 28  4 * 8 = 32  4 * 9 = 36
5 * 1 = 5   5 * 2 = 10  5 * 3 = 15  5 * 4 = 20  5 * 5 = 25  5 * 6 = 30  5 * 7 = 35  5 * 8 = 40  5 * 9 = 45
6 * 1 = 6   6 * 2 = 12  6 * 3 = 18  6 * 4 = 24  6 * 5 = 30  6 * 6 = 36  6 * 7 = 42  6 * 8 = 48  6 * 9 = 54
7 * 1 = 7   7 * 2 = 14  7 * 3 = 21  7 * 4 = 28  7 * 5 = 35  7 * 6 = 42  7 * 7 = 49  7 * 8 = 56  7 * 9 = 63
8 * 1 = 8   8 * 2 = 16  8 * 3 = 24  8 * 4 = 32  8 * 5 = 40  8 * 6 = 48  8 * 7 = 56  8 * 8 = 64  8 * 9 = 72
9 * 1 = 9   9 * 2 = 18  9 * 3 = 27  9 * 4 = 36  9 * 5 = 45  9 * 6 = 54  9 * 7 = 63  9 * 8 = 72  9 * 9 = 81
```

图 7-17 输出的九九乘法表

说明：若要显示半角九九乘法表，应将内循环条件"DO WHILE b<=9"改为"DO WHILE b<=a"。

【例 7-19】 输出 3～100 的所有素数。

问题分析：除 1 和它本身之外不能被任意一个整数所整除的自然数叫质数，也称素数。要判断一个数 i 是否为素数，最简单的方法就是用 2 到（i-1）的各个整数分别去除 i，如果都除不尽，i 就是素数。只要有一个能被整除，i 就不是素数。

程序源代码如下：

```
CLEAR
FOR i=3 TO 100
    flag=.T.                    &&flag 的值为.T.表示 i 是素数，为.F.表示不是素数
    FOR j=2 TO i-1
        IF MOD(i,j)=0
            flag=.F.
            EXIT
        ENDIF
    ENDFOR
    IF flag
        ??i
    ENDIF
ENDFOR
RETURN
```

7.3.4　编程举例

【例 7-20】 编写程序，从键盘输入待查找学生的学号，如果查找成功就显示该学生的基本信息，否则显示"查无此人！"。查询后，可提示用户是否继续查询。

程序源代码如下：

```
CLEAR
CLOSE ALL
USE 学生
flag=.T.
DO WHILE flag
    ACCEPT "请输入待查学生学号: " TO xh
    LOCATE FOR 学号==xh
    IF !EOF()
        ?"学号为"+ALLTRIM(xh)+"的学生基本信息如下:"
        ?"姓名: "+姓名
        ?"性别: "+性别
        ?"出生日期: "+DTOC(出生日期)
        ?"党员是否: "+IIF(党员否,"党员","非党员")
        ?"专业: "+专业
```

```
        ELSE
            ?"查无此人！"
        ENDIF
        DO WHILE .T.
            WAIT "是否继续查找（Y/N）: " TO k
            DO CASE
                CASE UPPER(k)="Y"
                        flag=.T.
                CASE UPPER(k)="N"
                        flag=.F.
                OTHERWISE
                        LOOP
            ENDCASE
            EXIT
        ENDDO
    ENDDO
USE
RETURN
```

【例 7-21】 编写程序，用 SQL 语句建立表 Table1（学号 C(7)，姓名 C(8)，课程名 C(12)，分数 N(5,1)），根据学生表、课程表和成绩表中的数据，将成绩表中成绩大于等于 85 的学生的学号、姓名及相应的课程名和成绩插入到 Table1 表中。

程序源代码如下：

```
CLOSE ALL
CREATE TABLE Table1 (学号 C(7),姓名 C(8),课程名 C(12),分数 N(5,1))
USE 成绩
DO WHILE !EOF()
    xh=学号
    kch=课程号
    cj=成绩
    IF cj>=85
        SELECT 学生.学号,姓名,课程名,成绩 ;
          FROM 学生,成绩,课程 ;
         WHERE 学生.学号=成绩.学号 ;
            AND 成绩.课程号=课程.课程号 ;
            AND 成绩.学号=xh ;
            AND 成绩.课程号=kch ;
          INTO ARRAY s
        INSERT INTO Table1 VALUES(s(1),s(2),s(3),s(4))
    ENDIF
    SKIP
ENDDO
RETURN
```

7.4　数组及其应用

数组是按一定顺序排列的一组内存变量。数组中的各个变量称为数组元素，数组元素用数组名及该元素在数组中位置的下标来表示，如 a(3)，S(3,4)等。数组元素中下标的个数称为数组的维数。如 a(3)为一维数组，S(3,4)为二维数组。

7.4.1 数组的创建

与内存变量不同，数组变量必须先创建再使用，创建数组的命令有：DIMENSION、DECLARE、PUBLIC 和 LOCAL。其中，使用 DIMENSION、DECLARE 命令创建的数组属于"私有数组"，使用 PUBLIC 命令创建的数组属于"全局数组"，使用 LOCAL 命令声明的数组属于"局部数组"。变量的作用域将在下节中介绍，本节中我们仅介绍使用 DIMENSION、DECLARE 命令创建的数组。

命令格式：DIMENSION|DECLARE <数组名 1>(<下标 1>[,<下标 2>])[,...]

命令功能：建立一个或多个数组。

说明：

① Visual FoxPro 只支持一维数组和二维数组，下标的下界为 1。

② 一维数组的元素个数为下标的值，二维数组的元素个数为两个下标的乘积。

在 Visual FoxPro 中，二维数组中元素排列的顺序是按行存放，即在内存中先顺序存放第一行的元素，再存放第二行的元素……二维数组 S(3,4)存放的顺序如图 7-18 所示。

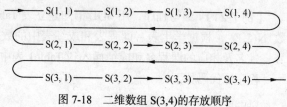

图 7-18　二维数组 S(3,4)的存放顺序

可以把二维数组 S 看作一维数组，如 S(3,4)有 12 个元素：S(1)，S(2)，…，S(12)。因此，二维数组可以当一维数组进行存取。

7.4.2 数组变量的赋值

用命令定义数组后，数组元素的值都为.F.，只有通过赋值命令对其赋值后才能确定其数据类型和值，因此同一数组中各元素可以赋不同数据类型的值。

【例 7-22】 对数组某个元素赋值示例。

```
DIMENSION S(2,2)
STORE "Goodbye" TO S(1)
STORE {^2012-04-15} TO S(2)
S(3) = 45+SQRT(81)
DISPLAY MEMORY LIKE S
```

```
显示： S       PUB    A
      (1,1)    C      "Goodbye"
      (1,2)    D      04/15/12
      (2,1)    N      54.00        (    54.00000000)
      (2,2)    L      .F.
```

【例 7-23】 从键盘输入的 10 个数中找出其中的最大数和最小数，并将它们输出。

程序源代码如下：

```
CLEAR
DIME N(10)
***** 输入数据 *****
FOR I=1 TO 10
    INPUT "输入第"+STR(I,2)+"个数:" TO N(I)
```

```
ENDFOR
STORE N(1) TO MA,MI            &&假设第 1 个数据既是最大数也是最小数
***** 求最大数和最小数 *****
FOR I=2 TO 10
    IF N(I)>MA
        MA=N(I)
    ELSE
        IF N(I)<MI
            MI=N(I)
        ENDIF
    ENDIF
ENDFOR
?"最大数:",MA
?"最小数:",MI
RETURN
```

7.4.3　数组与数据表间的数据传递

这里讨论的数据传递是指：

$$当前记录\ \underset{\text{GATHER FROM}}{\overset{\text{SCATTER}}{\rightleftarrows}}\ 数组$$

数据表的当前记录与数组间传递数据后，记录指针的位置不变。

1. 数据表的记录数据传送到数组

命令格式：SCATTER [FIELDS <字段名表>] [MEMO] TO <数组名>

命令功能：将数据表的当前记录从指定字段表中的第一个字段内容开始，依次复制到数组名中的从第一个数组元素开始的数组变量中。

说明：

① 若不选用 FIELDS 短语指定字段，则复制除备注型 M 和通用型 G 之外的全部字段；若选用 MEMO 短语，则同时复制备注型字段。

② 若记录指针指向 BOF 时，数组元素值为表中第一条记录的内容；若记录指针指向 EOF 时，数组元素值与对应字段的数据类型有关，字符型为多个空格组成的字符串，数值型为 0 等。

③ 若数组元素比字段个数多，多余元素仍保留传递前的值和数据类型；若数组元素比字段个数少或数组未创建，系统自动建立数组以容纳所有字段。

【例 7-24】　将学生表的第一条记录复制到数组 XS 中。

```
USE 学生
SCATTER TO XS
?XS(1),XS(2),XS(3),XS(4),XS(5),XS(6)
```

结果：0701001　陈碧琦　女　10/27/88　.T.　临床医学

2. 将数组的内容传送到数据表记录

命令格式：GATHER FROM <数组名> [FIELDS <字段名表>][MEMO]

命令功能：将数组中的数据作为一条记录复制到数据表的当前记录中。从第一个元素开始，依次向字段名表指定的字段填写数据。

说明：

① 若不选用 FIELDS 短语指定字段，则依次向数据表当前记录的各个字段复制；若选用 MEMO 短语，则在复制时包括备注字段，否则备注字段不予考虑。

② 数组元素与相应字段的类型必须一致。若记录指针指向 BOF 时，数组元素将传递给第一条记录；若记录指针指向 EOF 时，数组的元素内容不能传递并给出错误信息。

③ 若数组元素比字段个数多，多出的数组元素不传递数据；若数组元素比字段个数少，多出的字段值不变。

【例 7-25】 在学生表末尾插入一条新记录。

```
DIME S(6)
S(1)="0703004"
S(2)="苏蒙"
S(3)="女"
S(4)={^1988-10-21}
S(5)=.T.
S(6)="工商管理"
USE 学生
APPEND BLANK
GATHER FROM S FIELDS 学号,姓名,性别,出生日期,党员否,专业
DISPLAY
```

在主窗口显示的结果如下：

记录号	学号	姓名	性别	出生日期	党员否	专业	个人简历	照片
11	0703004	苏蒙	女	10/21/88	.T.	工商管理	memo	gen

7.4.4 数组的应用举例

【例 7-26】 将从键盘随意输入的 10 个数从小到大依次排列后输出。

程序源代码如下：

```
CLEAR
DIMENSION S(10)
***** 输入数据 ****
FOR i=1 TO 10
    INPUT "请输入第"+STR(i,2)+ "个数: " TO S(I)
ENDFOR
**** 实现排序 *****
FOR i=1 TO 9
    FOR j=1 TO 10-i
        IF S(j)>S(j+1)
            t=S(j)
            S(j)=S(j+1)
            S(j+1)=t
        ENDIF
    ENDFOR
ENDFOR
?"这"+STR(10,2)+"个数排序的结果为: "
***** 输出排序结果 ****
FOR i=1 TO 10
    ??S(i)
ENDFOR
RETURN
```

上例是一个典型的排序程序，用其中的双重循环实现排序。双重循环中的内层循环用以实现

两个数的大小比较及在必要时交换其位置，外层循环则用来控制需要处理的遍数。对于 10 个数从小到大排列而言，外层循环的第 1 遍从第 1 个数开始，分别与其后面的数两两进行比较，若大于后面的数则交换它们的位置，否则其位置不变。外层循环的第 2 遍对前 9 个数还是从第 1 个数开始，然后分别与其后面的数两两进行比较，若大于后面的数则交换它们的位置，否则其位置不变。如此经过 9 遍处理之后，10 个数即可按要求排序完毕。

【例 7-27】　用编程方法实现：将学生成绩表 7-1 中每个学生的姓名及其各科成绩输入计算机，并在计算完成每个学生的总分后再将此表输出。

表 7-1　　　　　　　　　　　　　　学生成绩表

姓名	语文	数学	英语	理科综合	总分
张三	118	127	125	230	
李四	108	139	116	259	
王五	120	114	108	212	
赵六	98	120	131	196	

程序源代码如下：

```
CLEAR
DIMENSION S(4,6)
****用双层循环将表格数据输入二维数组的对应元素并计算总分****
FOR i=1 TO 4
    ACCEPT "输入第"+STR(i,1)+"学生的姓名: " TO S(i,1)
    S(i,6)=0
    FOR j=1 TO 4
        INPUT "输入"+S(i,1)+"的第"+STR(j,1)+"门课的成绩: " TO S(i,j+1)
        S(i,6)=S(i,6)+S(i,j+1)
    ENDFOR
ENDFOR
****以下先输出表格标题，然后用双层循环输出每个学生的成绩数据****
?"姓名      语文     数学     英语    理科综合    总分"
FOR i=1 TO 4
    ?S(i,1)                      &&输出学生姓名
    FOR j=2 TO 6
        ??STR(S(i,j),10)         &&保持一定距离输出各科成绩与总分
    ENDFOR
ENDFOR
RETURN
```

7.5　程序的模块化

模块化程序是指把一个大程序按人们能理解的大小规模进行分解，由于经过分解后的各模块比较小，因此容易实现，也容易调试。程序的模块化使得程序易于阅读，易于修改。

模块是一个相对独立的程序段，它可以被其他模块所调用，也可以去调用其他的模块。通常，把被其他模块调用的模块称为子程序，把调用其他模块而没有被其他模块调用的模块称为主程序。模块的调用如图 7-19 所示。

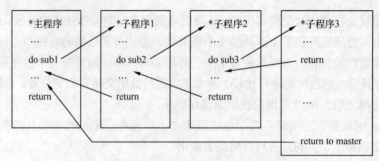

图 7-19　主程序与子程序的调用关系

在 Visual FoxPro 中，模块可以是过程，也可以是自定义函数。

7.5.1　过程及过程调用

1.　过程的结构

```
PROCEDURE <过程名>
    [PARAMETER <变量列表>]
    <命令序列>
ENDPROC
```

2.　过程结构说明

① PROCEDURE 指明过程的开始，并命名过程名，ENDPROC 表示一个过程的结束。

② PARAMETER 指明过程所需的参数，这里的参数是形式参数（形参）变量，其作用域仅限于本过程及被调用过程（由它调用的其他过程）。若本过程中不使用参数变量，则 PARAMETER 命令就不能在本过程中出现；若过程有参数变量，则 PARAMETER 命令必须紧位于 PROCEDURE 命令之后的第一行，Visual FoxPro 中 PARAMETER 命令后的参数最多可达 27 个。

③ 过程命令序列的最后一般使用 RETURN 命令，它用来结束过程，并将控制权交还给调用程序。也可以不使用 RETURN 命令，但过程执行时，还是要执行一条隐含的 RETURN 命令，它返回逻辑值.T.。

④ 可以将过程保存在单独的文件中，也可放在程序的结尾。

3.　过程的调用

命令格式：DO <过程名>[WITH <参数列表>]][IN <过程文件名>]

命令功能：调用指定的过程。

说明：

① 这里的参数是调用此过程时所需要传递的实际参数（实参）变量，它可以是常量、变量或表达式。

② IN <过程文件名>指明过程所在的文件。

4.　过程调用时参数传递

过程可以接收调用程序传递过来的参数，根据接收到的参数控制程序流程或对接收到的参数进行处理，从而大大提高过程功能设计的灵活性。参数传递必须遵循以下规则。

① 过程中具有 PARAMETER 命令的过程称为有参过程，调用有参过程中的实参与过程中的形参从左到右依次开始一一传递。实参数目不能超过形参数目，否则将产生错误，但允许形参数目超过实参数目，多余形参的值为逻辑值.F.。

② 调用有参过程时，参数传递常用两种方式：按值传递和按地址传递。按值传递是将实参的值传递给形参，调用返回时，形参值的改变不影响实参值的改变。按地址传递是将实参的地址传递给形参，使形参和实参共用一个地址单元实现数据的传递，调用返回时，形参值的改变将同时引起实参值的改变。

③ 未指出有参过程调用参数按何种方式传递时，系统默认按地址方式传递。如果参数用括号"()"括住，此时是强制参数按值的方式传递。在设计程序调用时，也可先使用 SET UDFPARMS 命令设定参数传递方式。

命令格式：SET UDFPARMS TO VALUE|REFERENCE

命令功能：指定参数的传递方式。

说明：REFERENCE 指定参数按地址方式传递，VALUE 指定参数按值方式传递。

【例 7-28】 下面程序说明了过程的用法及参数是如何传递的。

程序源代码如下：

```
****** This is a main program ******
CLEAR
PRIVATE A,B              && A,B 为私有变量
A=50
B=100
DO PROC1 WITH (A),B      && 调用过程 PROC1,(A)为值传递，B 为地址传递
?A,B
RETURN
****** This is a procedure ******
PROCEDURE PROC1
    PARAMETERS X,Y
    ?X,Y
    X=X+10
    Y=Y+10
    RETURN
ENDPROC
```

运行结果为：

```
50    100
50    110
```

7.5.2   自定义函数

Visual FoxPro 本身向用户提供了 400 多个标准的库函数，大大提高了用户的管理、维护和开发等方面的效率。但有时为达到特定的目的还需用户自己编写函数，Visual FoxPro 允许用户自行定义函数来扩充系统函数库，提高工作效率。

1. 自定义函数结构

```
FUNCTION <函数名>
    [PARAMETER <参数列表>]
    <命令序列>
    RETURN <返回值>
ENDFUNC
```

2. 自定义函数说明

① FUNCTION 指明自定义函数的开始，函数名命名规则、函数名的长度与过程一样，

ENDFUNC 指明自定义函数的结束。

② RETURN 命令用于返回函数的值，返回值可以是常量、变量或表达式。

3. 自定义函数的调用

自定义函数的调用有过程调用方式和系统函数调用方式两种方式。

① 过程调用方式：此种调用方式中，自定义函数等同于过程。

命令格式：DO <函数名> [WITH <参数列表>][IN <过程文件名>]

命令功能：调用指定的函数。

说明：实参和形参的定义、传递的规则与过程一样，并且自定义函数中 RETURN 的返回值无效。

② 系统函数调用方式：此时自定义函数与系统函数的地位一样，参数传递使用值传递，且强调返回值，返回值可以是常量、变量和表达式运算后的值。

【例 7-29】 下面的程序说明了自定义函数的用法及参数如何传递。

程序源代码如下：

```
****** This is a program ******
CLEAR
q1=1
q2=2
?"Step1: q1=",q1,"q2=",q2
Do func1 WITH (Q1),Q2
?"Step2: q1=",q1,"q2=",q2
q=func1(q1,q2)
?"Step5: q1=",q1,"q2=",q2
?"q=",q
RETURN
****** This is a function ******
FUNCTION func1
    PARAMETER p1,p2
    ?"Step3: p1=",p1,"p2=",p2
    p1=p1+10
    p2=p2+10
    ?"Step4: p1=",p1,"p2=",p2
    RETURN p1+p2
ENDFUNC
```

运行结果：

```
Step1: q1=        1   q2=         2
Step3: p1=        1   p2=         2
Step4: p1=       11   p2=        12
Step2: q1=        1   q2=        12
Step3: p1=        1   p2=        12
Step4: p1=       11   p2=        22
Step5: q1=        1   q2=        12
q=        33
```

7.5.3 变量的使用范围

程序设计离不开变量。一个变量除了类型和值外，还有一个重要的属性，就是它的作用域。

变量的作用域指的是变量在什么范围内是有效或能够被访问的。在 Visual FoxPro 中，若以变量的作用域来分，内存变量可以分为 3 类：公共变量、私有变量和局部变量。

1. 公共变量

在任何模块中都可使用的变量称为公共变量。公共变量要先建立后使用，公共变量可用 PUBLIC 命令建立。

命令格式：PUBLIC <内存变量表>

命令功能：建立公共内存变量，并为它们赋初值逻辑假.F.。

例如，命令 PUBLIC X,S(10)建立了两个公共内存变量：简单变量 X 和含 10 个元素的数组 S，它们的初值都是.F.。

公共变量一旦建立就一直有效，即使程序运行结束返回到命令窗口也不会消失。只有当执行 CLEAR MEMORY、RELEASE、QUIT 等命令后，公共变量才被释放。

在命令窗口中直接使用而由系统自动隐含建立的变量都是公共变量。

2. 私有变量

在程序中直接使用（没有使用 PUBLIC 和 LOCAL 命令事先建立）而由系统自动隐含建立的变量都是私有变量。私有变量的作用域是建立它的模块及其下属的各层模块；在上层模块中是不可以被使用的。一旦建立它的模块程序运行结束，这些私有变量将自动释放。

3. 局部变量

局部变量只能在建立它的模块中使用，不能在上层或下层模块中使用。局部变量要先建立后使用，当建立它的模块程序运行结束时，局部变量自动释放。局部变量用 LOCAL 命令建立。

命令格式：LOCAL <内存变量表>

命令功能：建立局部内存变量，并为它们赋初值逻辑假.F.。

注意：LOCAL 和 LOCATE 前 4 个字母相同，所以这条命令动词不能缩写。

4. 隐藏上层模块中的变量

开发应用程序时，主程序与子程序不一定是由同一个人来设计的，编写子程序的人不可能对主程序中用到的变量了解得非常清楚。这样就可能出现以下情形：子程序中用到的变量，实际上在主程序中已经建立，子程序的运行会无意间改变了主程序中变量的值。为了解决这个问题，可以在子程序中使用 PRIVATE 命令，隐藏主程序中可能存在的变量，使得这些变量在子程序中暂时无效。

命令格式：PRIVATE <内存变量表>

命令功能：隐藏在上层模块中可能已经存在的内存变量，使得这些变量在当前模块程序中暂时无效。

该命令并不建立内存变量，只是隐藏在上层模块中可能已经存在的内存变量，使得这些变量在当前模块程序中暂时无效。这样，这些变量名就可以用来命名在当前模块或其下层模块中需要的私有变量或局部变量，并且不会改变上层模块中同名变量的值。一旦当前模块程序运行结束返回到上层模块时，那些被隐藏的内存变量就自动恢复有效性，并保持原来的值。

【例 7-30】仔细分析本程序，理解公共变量、私有变量、局部变量的作用域。

程序源代码如下：

```
****** main program *****
CLEAR
PUBLIC N
```

```
LOCAL M
M=1
DO PROC1
?"M="+STR(M,2)                && 由于 M 为 LOCAL 类型，它只能在本程序中有
                              && 效，它与过程 PROC1 中的 M 不是同一个变量

N=1
K=1
DO PROC2
?"N="+STR(N,2)                && 过程 PROC2 中的 N 为 PRIVATE 类型，与主程序
                              && 中的 N 不是同一个变量
?"K="+STR(K,2)                && 由于 K 在主程序和过程没有说明类型，所以 K
                              && 为私有变量，且都为同一个变量
RETURN
****** Procedure1 ******
PROCEDURE PROC1
   M=4
   M=2*M+1
ENDPROC
****** Procedure2 ******
PROCEDURE PROC2
   PRIVATE N                  && 隐藏在上层模块中已经存在的内存变量 N
   M=1
   N=2*M+1
   K=2*K+1
ENDPROC
```

运行结果：

```
M=1
N=1
K=3
```

7.5.4　过程文件

在程序设计时，可以把那些简单的过程和自定义函数与调用它的主程序放在一起作为一个程序文件，也可以把每个过程和函数作为一个单独的程序文件存放。但对于一个复杂的程序，往往需要许多过程或自定义函数，若把它们与调用它的主程序放在一起作为一个程序文件，或每个过程和自定义函数单独作为一个文件则存在许多不利因素。Visual FoxPro 允许将多个过程和自定义函数放在一起作为一个过程文件。过程文件的扩展名也为.prg，其建立和编辑方法与程序文件相同。

1. 过程文件的格式

```
PROCEDURE <过程名 1>
    <命令序列>
ENDPROC
…
FUNCTION <函数名 1>
    <命令序列>
ENDFUNC
…
```

2. 过程文件的使用

使用过程文件中的过程或自定义函数，必须先将过程文件打开，使用完后要关闭过程文件。

（1）打开过程文件

命令格式：SET PROCEDURE TO <过程文件名>

命令功能：打开指定的过程文件。

（2）关闭过程文件

命令格式 1：SET PROCEDURE TO

命令格式 2：CLOSE PROCEDURE

命令功能：关闭所有打开的过程文件。

前面我们提到可以把每个过程和函数作为一个单独的程序文件存放。通过下面的实例，大家可以学习到它的用法。

【例 7-31】 过程文件应用举例。

程序源代码如下：

```
****** main.prg ******
SET PROCEDURE TO pfile
CLEAR
STORE 0 TO r,h
DO INP_RH
s=FUNC_JS(r,h)
?"圆柱体的表面积为：",s
SET PROCEDURE TO
RETURN
****** pfile.prg ******
PROCEDURE INP_RH
    INPUT "请输入圆柱体的半径： " TO r
    INPUT "请输入圆柱体的高： " TO h
ENDPRO
FUNCTION FUNC_JS
    PARAMETERS r,h
    s=2*PI()*R^2+2*PI()*R*H
    RETURN s
ENDFUNC
```

习 题 7

一、选择题

1. 在 Visual FoxPro 中，建立或修改一个程序文件的命令是（　　）。

    A. MODIFY COMMAND <程序文件名>　　　B. DO MODIFY <程序文件名>

    C. EDIT <程序文件名>　　　　　　　　D. CREATE <程序文件名>

2. 假设新建了一个程序文件 myProc.prg（不存在同名的.exe,.app 和.fxp 文件），然后在命令窗口输入命令 DO myProc，执行该程序并获得正常的结果。现在用命令 ERASE myProc.prg 删除该程序文件，然后再次执行命令 DO myProc，产生的结果是（　　）。

    A. 出错（找不到文件）　　　　　　　B. 与第一次执行的结果相同

    C. 系统打开"运行"对话框，要求指定文件　D. 以上都不对

3. 下列关于数据的输入命令叙述中，正确的是（ ）。

    A. INPUT 命令只能接收字符串，而且必须以回车键表示输入结束

    B. ACCEPT 命令只能接收字符串，而且必须以回车键表示输入结束

    C. ACCEPT 命令可以接收任意类型的表达式，而且必须以回车键表示输入结束

    D. WAIT 命令只能接收一个字符，而且必须以回车键表示输入结束

4. 在循环结构中，LOOP 命令的作用是（ ）。

    A. 退出过程，返回程序开始处

    B. 转移到 DO WHILE 语句处，开始下一个判断和循环

    C. 终止循环，将转移到本循环结构 ENDDO 后续语句执行

    D. 终止程序执行

5. 下面关于过程调用的叙述中，正确的是（ ）。

    A. 实参与形参的数量必须相等

    B. 当实参的数量多于形参的数量时，多余的实参被忽略

    C. 当形参的数量多于实参的数量时，多余的形参取逻辑假

    D. 上面 A 和 B 都正确

6. 如果一个过程不包含 RETURN 语句，或者 RETURN 语句中没有指定表达式，那么该过程（ ）。

    A. 没有返回值   B. 返回 0   C. 返回.T.   D. 返回.F.

7. 有 Visual FoxPro 程序如下：

```
STORE 2 TO S,K
DO WHILE S<14
    S=S+K
    K=K+2
ENDDO
?S,K
```

此程序运行后的输出结果是（ ）。

    A. 10 8   B. 22 8   C. 14 8   D. 14 10

8. 下列程序执行后，在屏幕上显示的结果是（ ）。

```
x=20
y=30
SET UDFPARMS TO VALUE
DO test WITH x,(y)
?x,y
RETURN
PROCEDURE test
  PARAMETERS a,b
  a=a+20
  b=b+20
ENDPRO
```

    A. 20 30   B. 40 30   C. 20 50   D. 40 50

二、填空题

1. 结构化程序设计的 3 种基本结构是顺序结构、选择结构和_____。

2. 在循环结构中，_____命令表示执行该命令后从 DO WHILE…ENDDO 循环中跳出，而

去执行 ENDDO 后续语句。

3. 下列程序段执行后，内存变量 S 的值是_____。

```
ACCETP TO A
IF A=[123]
    S=0
ENDIF
S=1
RETURN
```

4. 下列程序执行后，内存变量 B 的值是_____。

```
A=2200
DO CASE
    CASE A<1000
        B=5/100
    CASE A>1000
        B=10/100
    CASE A>2000
        B=15/100
    CASE A>3000
        B=20/100
ENDCASE
RETURN
```

5. 下列程序执行后，内存变量 y 的值是_____。

```
x=76543
y=0
DO WHILE x>0
    y=x%10+y*10
    x=int(x/10)
ENDDO
RETURN
```

6. 有 Visual FoxPro 程序如下：

```
USE Cj
M->ZF=0
DO WHILE .NOT.EOF()
    M->ZF=M->ZF+ZF
    SKIP
ENDDO
?M->ZF
RETURN
```

其中表文件 Cj.dbf 中有 2 条记录，内容如下：

	XM	ZF
1	李四	550.00
2	王五	600.00

该程序的运行结果是_____。

7. 将学生表中的记录按从首记录到末记录的顺序逐条显示。

```
CLEAR
USE 学生
DO WHILE _____
```

```
    DISPLAY
    _____
  ENDDO
  USE
  RETURN
```

8. 在 Visual FoxPro 中，如果要在某模块中创建一个只在本模块中使用的变量 XL（不影响上级或下级模块），应该使用_____命令建立变量。不管哪种内存变量建立后，它们都被赋初值_____。

9. 在 Visual FoxPro 中，有如下程序：

```
**程序名: test.prg              **子程序: sub1
SET TALK OFF                    PROCEDURE sub1
PRIVATE X,Y                       LOCAL X
X="数据库"                        X="应用"
Y="管理系统"                      Y="系统"
DO sub1                          X=X+Y
?X+Y                            ENDPROC
RETURN
```

执行命令 DO test 后，屏幕上显示的结果是_____。

三、编程题

1. 从键盘上输入 3 个数，按由大到小的顺序输出。

2. 现有两个数据表：xuesheng.dbf 和 chengji.dbf，如下图所示。编写程序 prog2.prg，根据 SQL 建立表 tableone，表结构如下：

```
学号    字符型(10)
姓名    字符型(6)
课程名  字符型(8)
分数    数值型(5,1)
```

在 xuesheng 表和 chengji 表中查询所有所有成绩不及格（分数小于 60）的学生信息（学号、姓名、课程和分数），并把这些数据保存到表 tableone 中（若一个学生有多门课程不及格，表 tableone 中就会有多条记录）。要求查询结果按分数升序排列，分数相同则按学号降序排列。

要求在程序中用 SET RELATION 命令建立 Chengji 表和 Xuesheng 表之间的关联（同时用 INDEX 命令建立相关的索引），并通过 DO WHILE 循环语句实现规定的功能。

Xuesheng 表

Chengji 表

四、简答题

1. 程序有哪几种基本控制结构？它们各有何特点？

2. 参数传递有哪两种方式，它们有何区别？

第8章
面向对象程序设计基础

面向对象程序设计是 20 世纪 80 年代初提出来的，这种方法引入了全新的概念和思维方式。为了使软件容易在程序设计中能模仿建立真实世界模型的方法，对系统的复杂性进行概括、抽象和分类，使软件的设计与实现形成一个由抽象到具体、由简单到复杂这样一个循序渐进的过程，从而解决大型软件开发中存在的效率低、质量难以保证、调试复杂、维护困难等一系列问题，面向对象程序设计方法应运而生并被各种主流程序设计软件采用，如 Visual C++、Visual Basic、Visual FoxPro 等。

8.1　面向对象的基本概念

8.1.1　对象

1. 对象（Object）

在面向对象的程序设计中，对象是应用程序的基本元素。现实生活中的任何事物都可抽象为对象，如一个人是一个对象，一本书是一个对象。在 Visual FoxPro 中的大部分事物，如表单、表单上的命令按钮等都是对象。

2. 对象的特征

Visual FoxPro 的对象具有自己的属性、方法和事件，可以把属性看作一个对象的性质，把方法看作对象的动作，把事件看作对象的响应，它们构成了对象的三要素。

（1）属性（Property）

属性是针对对象的一种描述，用来描述对象的不同的特征。不同的对象有不同的属性，而每个对象又可以由若干属性来描述。例如，一个人（对象）有男女（性别属性）之分，还有高矮（身高属性）和胖瘦（体重属性）之分。在 Visual FoxPro 中，常见的属性有标题（Caption）、名称（Name）、背景色（BackColor）、字体大小（FontSize）、是否可见（Visible）等。通过设置或修改某些属性便能有效地控制对象的外观和操作。

（2）方法（Method）

方法是被"封装"在对象中的子过程，用于完成某种特定的功能。方法子过程紧密地和对象联系在一起，不同的对象具有不同的内部方法。在可视化编程中，常见的方法有显示（Show）方法、隐藏（Hide）方法、刷新（Refresh）方法、释放表单（Release）方法等。

（3）事件（Event）

事件是一种由系统预先定义而由用户或系统发出的动作。事件作用于对象，对象识别事件并做出相应反应。事件可以由系统引发，如生成对象时，系统就引发一个 Init 事件，对象识别该事件，并执行相应的 Init 事件代码；事件也可以由用户引发，如用户用鼠标单击窗口上的一个命令按钮就引发其 Click 事件，命令按钮识别该事件并执行相应的 Click 事件代码。

表单对象的属性和方法则可根据编程的需要无限扩展，而每个对象所具有的事件是由系统预先定义好的、固定的，用户不能定义新的事件。

8.1.2 类

1．类（Class）

类是对象的集合，而对象是类的实例。一个类包含了一组对象，这些对象具有相同的性质：相同种类的属性、事件和方法。类好比是对象的模板，有了类定义后，基于类就可以生成这个类中的任何一个对象。例如，在表单中创建两个命令按钮（对象）Command1 和 Command2。这两个按钮虽然完成不同的功能，但它们具有相似的属性（标题、名称等)、事件、方法。因此，它们是同一类对象，可用 Command 类来定义。

2．类的特征

类具有继承性、封装性和多态性等特征。这些特征对提高代码的可重用性和易维护性很有用处。

（1）继承性

在面向对象的方法里，继承是指在基于父类（现有的类）创建子类（新类）时，子类继承了父类里的方法和属性。另外，可以为子类添加新的方法和属性，使子类不但具有父类的全部属性和方法，而且还允许对已有的属性和方法进行修改，或添加新的属性和方法，如图 8-1 所示。

从图中可见，一个子类的成员一般包括：

① 从其父类继承的成员，包括属性、方法。

② 由子类自己定义的成员，包括属性、方法。

继承性使在一个父类所做的改动自动反映到它的所有子类上，这种自动更新节省了用户的时间和精力。

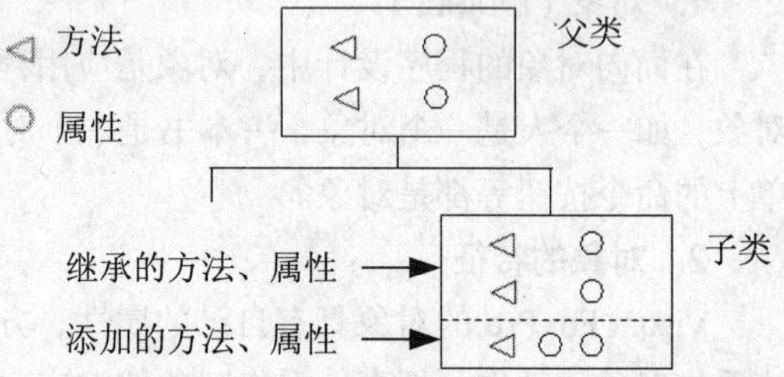

图 8-1　类的继承性

（2）封装性

封装就是指包含、隐藏对象信息的能力，即将对象的方法程序和属性代码包装起来，把操作对象的复杂性和应用程序的其他部分隔离开来。当应用程序由类创建一个对象时，用户只要使用对象的属性和方法进行操作，而不必关心其内部是如何实现的。封装对代码安全带来很大的好处。

（3）多态性

不同的类对象收到同一个消息时可以产生完全不同的响应效果，这种现象叫做多态，具体有两层含义：

① 多态性是指在创建的子类中，如果使用与父类相同的属性或方法名，那么子类的属性或方法将屏蔽子类继承父类的同名的属性或方法；

② 多态性是指某个对象具有相同的方法名，对象调用方法时会采取正确的动作，同一个消息可能会导致调用不同的方法。

8.1.3　Visual FoxPro 的基类

Visual FoxPro 提供了一系列的基本对象类，简称基类(Base Class)。用户不仅可以在基类的基础上创建各相关对象，还可以在其基础上创建用户自定义的新类，从而简化对象和类的创建过程，进而达到简化应用程序设计的目的。当在某个基类的基础上创建用户自定义的新类时，该基类是父类，自定义类是子类。用户也可以把从基类派生出的类作为父类，并由其派生出新的子类。

Visual FoxPro 的每个基类都有自己的一套属性、方法和事件。自定义类继承了该基类的所有属性、方法和事件。Visual FoxPro 的各种基类可分为控件类与容器类两大类。

1. 控件类

控件（Control）通常是指容器类对象内的一个图形化的并能与用户进行交互的对象。窗口或对话框中常见的标签、复选框、文本框、列表框和命令按钮等就是典型的控件对象。控件类对象不能容纳其他对象。表 8-1 列出了 Visual FoxPro 中常用控件类对象的名称及其中文名称。

表 8-1　　　　　　　　　　　　　　　常用控件类对象

类　名	含　义	类　名	含　义
Checkbox	复选框	OleBoundControl	OLE 绑定控件
ComboBox	组合框	OleContainerControl	OLE 容器控件
CommandButton	命令按钮	OptionButton	选项按钮
EditBox	编辑框	Shape	形状
Image	图像	Spinner	微调控件
Label	标签	TextBox	文本框
Line	线条	Timer	定时器
ListBox	列表框		

2. 容器类

容器（Container）类对象能够包含其他对象，用户可以单独地访问和处理容器类对象中所包含的任何一个对象。表单是容器类对象的一个典型例子，用户可以向表单中添加标签、文本框、列表框和各种按钮等。在一个容器类对象中有时还可以包含另一些容器对象，例如，在一个表单集中可包含多个表单，在一个表单中可以包含一个或多个页框等。表 8-2 列出了 Visual FoxPro 中常用容器类对象的名称及其可包含的对象。

从表 8-2 可以看出，不同的容器所能包含的对象类型是不同的，例如，表格容器中不能包含页面对象，而面框容器中只能包含页面对象等。此外，一个容器中的对象其本身也可以是一个容器。例如，表单作为一个容器对象，其本身也可以作为某个表单集容器中的对象；面框对象可以包含页面对象，而页面对象又可以包含其他对象等，这样就形成了对象的层次嵌套关系。需注意的是：对象的层次概念与类的层次概念是完全不同的两个概念，对象的层次概念是指包含与被包含的关系，而类的层次概念是指继承与被继承的关系。

表 8-2　　　　　　　　　　　　　　　常用容器类对象

类　名	含　义	可以包含的对象
Container	容器	任何控件
FormSet	表单集	表单、工具栏

续表

类　名	含　义	可以包含的对象
Form	表单	任何控件
Grid	表格	表格列
Column	（表格）列	列表头等
PageFrame	面框	页面
Page	页面	任何控件
CommandButton	命令按钮	命令按钮
OptionGroup	选项按钮组	选项按钮
ToolBar	工具栏	任何控件、页框和容器

8.1.4　对象的属性、方法和事件

在 Visual FoxPro 中，表单、表单集以及所有控件都可以看成是应用程序中的对象，可以对它们设置属性、方法和事件。

1. 对象的属性

Visual FoxPro 中的每个对象也都有各自不同的属性，并且允许设置或修改其属性值。表 8-3 给出了所有 Visual FoxPro 基类共有的最小属性集。

表 8-3　　　　　　　　　　　　　　　基类属性的最小集合

属　性	说　明
Class	该类属于何种类型
BaseClass	该类由何种基类派生而来，如 Form、CommandButton 或 Custom 等
ClassLibrary	该类从属于哪种类库
ParentClass	对象所基于的类。若该类直接由 Visual FoxPro 基类派生而来，则 ParentClass 属性值与 BaseClass 属性值相同

一个对象在创建之后，它的各个属性就具有了默认值。在面向对象程序设计中，可以通过多种方法对某个对象的属性进行重新设置或赋值，并通过控制某个对象的属性值来操纵这个对象。除了可以通过打开对象的"属性"窗口为该对象设置属性值外，还可以用命令方式为对象设置属性值。为对象设置属性的命令格式为：

<对象引用>.<属性>=<属性值>

2. 对象的方法

与一般的 Visual FoxPro 过程不同，方法程序是与对象相关联的过程，它是对象能够执行并完成相应任务的操作命令代码的集合。Visual FoxPro 中常用方法如表 8-4 所示。

表 8-4　　　　　　　　　　　　　　Visual FoxPro 中常用方法及功能

方　法　程　序	功　能
AddItem	给一个组合框控件和列表框控件增加一个新项
Box	在表单对象上画一个矩形
Circle	在表单对象上画一个圆或椭圆
Clear	清除一个组合框控件和列表框控件中的内容

续表

方法程序	功　　能
Cls	从表单上清除文本或图形
Hide	通过设置 Visual 属性为假，来隐藏表单或表单集
Line	在表单对象上绘制一条线
Move	用于移动一个对象
Print	在表单对象上打印一个字符串
Quit	结束一个 Visual FoxPro 事件
Refresh	重新绘制一个表单并刷新它的所有值
Release	从内存释放表单或表单集
SetFocus	为控件指定一个焦点

如果一个对象已经建立，就可以在应用程序的任意位置调用该对象所具有的方法，即执行该方法对应的一个过程。调用方法的命令格式与引用对象属性的命令格式相类似，其格式为：

<对象引用>.<方法>

3．对象的事件

在 Windows 的操作中，用户通常用单击鼠标、双击鼠标、拖动鼠标等动作来运行应用程序，每个对象的动作都可以对一个事件的动作进行识别和响应。表 8-5 列出了 Visual FoxPro 基类事件的最小集合。这些事件中，有些适合于专门的控件，有些适合于多种控件。表 8-6 列出了 Visual FoxPro 常用的几个事件。

表 8-5　　　　　　　　　　　Visual FoxPro 基类事件的最小集合

事　　件	说　　明
Init	当对象创建时激活
Destory	当对象从内存中释放时激活
Error	当类中的事件或方法过程中发生错误时激活

表 8-6　　　　　　　　　　Visual FoxPro 的常见事件及其触发时机

事　　件	触发时机	事　　件	触发时机
Load	创建对象之前	MouseUp	释放鼠标
Init	创建对象时（对象显示之前）	RightClick	单击鼠标右键
Activate	对象激活时	Unload	释放对象
GotFocus	获得焦点时	Destory	从内存中释放对象
Click	单击鼠标左键	Valid	失去焦点前
DbClick	双击鼠标左键	LostFocus	失去焦点时
KeyPress	按下并释放键盘	Error	方法或事件代码出错
MouseDown	按下鼠标		

对象在被某个事件触发后，大多会发生一定的行为，即会对应于发生的事件而执行一些特定的操作。在 Visual FoxPro 中，用户可以为所需的对象编写一段程序代码来响应某个特定的事件，从而利用特定事件的触发与响应机制来实现与对象的交互以完成应用程序所需的功能。为对象能

够响应的某个事件编写相应的程序代码与通常编写一个程序的代码有所不同，因为事件代码总是和某个对象封装在一起，所以编程时要将事件代码写入该对象所包含的事件过程中。

和对象在执行方过程序时一样，对象在执行用户编写的事件过程时，同样将产生对应的动作和行为。所不同的是，方法程序可以直接被对象所调用执行，而事件过程只有在相应的事件被引发时才会被执行。

8.2　类和类库的创建

在需要赋予应用程序统一界面和风格的情况下，即需要为应用程序创建具有独特外观和风格的表单类或控件类时，可考虑创建用户自定义类。例如，将特殊的背景色、图案和标记等加入到一个自定义的表单类中，然后在其基础上来创建应用程序的所有表单界面对象，以达到界面风格统一的目的。

此外，在需要封装具有通用功能的控件类时，也可以考虑创建用户自定义类。例如，在数据表查询或维护界面中经常需要上、下移动记录指针的命令按钮组，以及用于关闭表单的"退出"按钮等，都可以按照自己的风格设计并将其保存为自定义类，随后即可将它们添加到需要这些特定控件功能的表单中。

在 Visual FoxPro 中，可以利用"类设计器"可视化地创建用户自定义类，也可以在程序文件中以编程的方式创建自定义类。

8.2.1　类设计器创建类

利用 Visual FoxPro 提供的"类设计器"定义新类，可在命令窗口中执行 CREATE CLASS 命令来调用"类设计器"，也可以用菜单方式调用"类设计器"。以下举例说明用"类设计器"创建类的步骤。

【例 8-1】 利用"类设计器"在 Form 类的基础上创建一个名为 Newfom 的新类，并设定有关的属性和方法程序。

操作步骤如下。

（1）选择"文件"→"新建"菜单命令，然后在打开的"新建"对话框中选择"类"选项，并单击"新建文件"图标按钮，打开"新建类"对话框。

（2）在其中的"类名"文本框中输入新类的名称"Newform"。单击"派生于"下拉列表框右侧的箭头，在 Visual FoxPro 提供的基类列表中选择"Form"作为自定义类的基类（也可以单击"派生于"下拉列表框右侧的生成器按钮，在弹出的"打开"对话框中选择某个自定义的类库及其中的某个类名，作为自定义类的基类）。在"存储于"文本框中输入新类要存入的类库名称，如

输入"newlib"，即可将新类保存到当前目录中的类库文件 newlib.vcx 中。输入完毕后的"新建类"对话框如图 8-2 所示。

（3）单击"新建类"对话框中的"确定"按钮，弹出如图 8-3 所示的"类设计器"窗口，同时在主窗口的菜单栏中将自动增加一个"类"菜单。

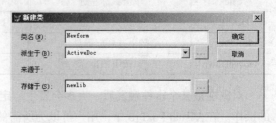

图 8-2　"新建类"对话框

（4）右击"类设计器"窗口中的表单窗口，在弹出的快捷菜单中选择"属性"，打开"属性"窗口。选定"属性"窗口列表框中的 Caption 属性，将其改为"数据浏览"并单击其前的"√"按钮加以确定；然后选定"属性"窗口列表框中的 BackColor 属性，将其改为 100,255,255。

（5）利用"表单控件"工具栏中的"标签"工具按钮在"类设计器"中的表单中添加一个标签 Label1。然后利用"属性"窗口将标签的 Caption 属性设置为"临床医学专业学生成绩一览表"、将标签的 FontSize 属性设置为 18、将其 AutoSize 属性设置为.T.，再将其 BackStyle 属性设置为 0-透明。

（6）利用"表单控件"工具栏中的"命令按钮"工具在"类设计器"中的表单中添加一个命令按钮 Command1，将其 Caption 属性设置为"退出"。然后双击该按钮，在弹出的代码窗口中为其 Click 事件输入如下代码：

ThisForm.Release

（7）关闭代码窗口后，在"类设计器"中定义完成的 Newform 类如图 8-4 所示。最后单击"常用工具栏"中的"保存"按钮将所定义的新类信息保存，并关闭"类设计器"窗口，完成自定义类的创建。

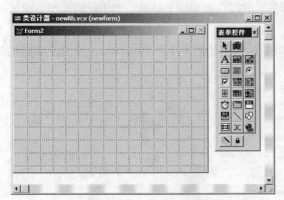

图 8-3 "类设计器"窗口

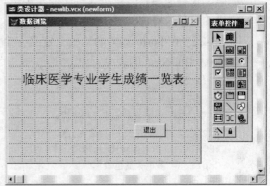

图 8-4 设计完成的 Newform

8.2.2 程序方式创建类

用程序方式创建自定义类是编写存放在程序文件中的一组命令，这组命令定义了该类对象的属性、事件和方法，相当于创建一个程序过程。在执行程序文件时，定义类的这一组命令是不执行的，通常应放在程序文件的尾部。

在程序中定义类的命令为 DEFINE CLASS。

命令格式：DEFINE CLASS <类名 1> AS <父类名>

        [[PROTECTED|HIDDEN <属性名 1>,<属性名 2>…]

            <属性名 1>=<表达式 1>

            <属性名 2>=<表达式 2>

            …]

        [ADD OBJECT [PROTECTED] <对象名> AS <类名 2> ;

        WITH <属性表>

        …]

        [[PROTECTED|HIDDEN]PROCEDURE|FUNCTION <事件名称>

<命令序列>

ENDPROCEDURE|ENDFUNCTION

…]

ENDDEFINE

说明:

① "类名 1"是被定义的类的名称;"父类名"是被定义类的父类的名称,可以是 Visual FoxPro 提供的某个基类,也可以是用户已经定义的某个自定义类。

② PROTECTED|HIDDEN 短语用于保护或隐藏指定的属性或方法程序。

③ ADD OBJECT 短语用于直接从"类名 2"指定的类生成对象,加入名为"类名 1"为新定义类中。

④ PROCEDURE|FUNCTION 短语用来为定义的类创建事件和方法。在这里,每个事件或方法都是程序中的一个函数或过程。

⑤ 整个类定义语句由 DEFINE CLASS 开始到 END DEFINE 为止,应放在应用程序可执行语句的后面,在程序运行时该定义程序段是不执行的,它仅仅表明应怎样做,而实际的操作是由该类所创建的对象来完成的。

【例 8-2】 在 Form 基类的基础上定义一个背景为天蓝色的表单类 Blueform,并用该类创建一个名为 MyBlueform 的表单对象。

```
MyBlueform=CreateObject("BlueForm")
MyBlueform.Show(1)
****以下是 Blueform 类的定义程序段****
DEFINE CLASS Blueform AS Form
   PROTECTED AutoCenter,Movable
   Caption="我的天蓝色表单"
   Height=200
   Width=300
   AutoCenter=.T.
   Movable=.F.
   BackColor=RGB(128,128,255)
   ADD OBJECT CmdOK AS CommandButton WITH ;
      Caption="确定",;
      Visible=.T.,;
      Left=100,;
      Top=50,;
      Width=100,;
      Height=35
   ADD OBJECT CmdQuit AS CommandButton WITH ;
      Caption="退出",;
      Visible=.T.,;
      Left=100,;
      Top=100,;
      Width=100,;
      Height=35
   PROCEDURE CmdQuit.Click
      ThisForm.Release
   ENDPROC
ENDDEFINE
```

上面的程序中,用 DEFINE CLASS 命令定义了一个高为 200、宽为 300、背景为天蓝色的表单类 Blueform，并在类中添加了两个命令按钮类对象 CmdOK 和 CmdQuit，且为各命令按钮类对象设置了有关属性和为命令按钮类对象 CmdQuit 设置了 Click 事件代码。

为了看到由 Blueform 类创建的对象的运行效果，使用 CreateObject 函数创建了一个名为 MyBlueform 的表单。图 8-5 所示是该程序运行后显示的表单。程序中用到的创建对象的 CreateObject 函数和添加对象的 ADD Object 命令，将在 8.3.1 节具体介绍。

图 8-5　用程序方式创建的类

8.2.3　类的复制与删除

1．复制类

把类库添入项目后，可以很容易地将类从一个类库复制到另一个类库。

操作步骤如下。

（1）确保两个类库都在项目中(不一定是同一个项目)。

（2）在"项目管理器"中选择"类"选项卡。

（3）单击包含该类的类库左边的加号。

（4）将类从源类库拖到目标类库中。

2．删除类

当一个类不再需要时，可以将它从类库中删除。删除类有以下两种方法。

（1）在项目管理器中找到并打开该类所在的项目，并找到欲修改的类库文件，再双击所要修改文件，即可看到该类库文件中的类。选定要删除的类，然后再单击"移去"按钮，单击"确认"按钮关闭对话框。

（2）使用 REMOVE CLASS 命令从.VCX 可视类库中删除一个类定义。

命令格式：REMOVE CLASS AS <类名> OF <类库名>

说明：删除类定义时应特别小心，因为删除的类定义可能是用已派生出其他类的父类。

8.3　对象的操作

对象是在类的基础上派生出来的，只有具体的对象才能实现类的事件和方法。

8.3.1　对象的创建与释放

1．由类创建对象

创建对象，就是在内存中建立一个内存变量，对象只有创建后才能使用。使用 CreatObject() 函数由类创建对象。

命令格式：CreatObject(<类名>)[,<参数表达式 1>[,<参数表达式>…]]

命令功能：从定义类或 OLE 对象中创建一个对象，并返回对象的引用。

说明：类名可以由系统提供，也可以由用户自定义。通常，将该函数返回的对象引用赋给某个对象变量，然后再通过这个对象变量来标识对象、访问对象属性、调用对象方法。

使用 CreatObject()函数创建的对象在默认情况下是不可见的，使用语句对象.Show 或.Visual=.T.

可显示。

【例 8-3】 建立一个名为 cmdOK 的命令按钮对象。

cmdOK=CreateObject("CommandButton")   &&cmdOK 为一个对象变量

2. 在容器对象中添加对象

使用 AddObject 方法可以将一个对象添加到某个容器对象中。

命令格式：<容器对象>.AddObject(<控件对象>,<类名>[<参数 1>,<参数 2>…])

命令功能：向容器对象添加控件对象。

说明：

① 添加对象只能使用在一般程序或类的方法中，不能使用在类的定义中。

② 添加的控件对象的 Visible 属性默认值为.F.，即对象不可见，如果需要对象可见，应使其值为.T.。

③ 函数中的参数可以传递给对象的 INIT 方法并触发 INIT 方法。

【例 8-4】 在表单对象 MyForm1 中添加一个命令按钮 cmdOK。

```
MyForm1=CreateObject("Form")
MyForm1.AddObject("cmdOK","CommandButton")
MyForm1.cmdOK.Visible=.T.              && 显示命令按钮
MyForm1.Show(1)                        && 显示并激活表单
```

3. 释放对象

对象变量和一般类型变量有同样的作用域。通常用 LOCAL 说明本地对象变量，PUBLIC 说明全局对象变量，不说明表示私有对象变量。本地对象变量和私有对象变量在程序执行完毕后自动释放；全局对象变量不会自动释放，需要使用 Release 命令释放。

命令格式：Release <对象变量名>

命令功能：释放指定的对象变量。

8.3.2　对象的引用

容器类对象中可以包含其他对象，因此构成了对象之间包含的层次关系，对象之间包含的层次关系可以通过在属性窗口中单击对象框查看。在 Visual FoxPro 中，对象是通过容器的层次关系来引用的。对象的引用有绝对引用和相对引用两种方式。

1. 绝对引用

通过提供对象的完整容器层次来引用对象称为绝对引用。换句话说，绝对引用是从最顶层对象开始，逐层引用，直到所指定的对象的方式。

【例 8-5】 为了操作表单集 FormSet1 中表单 Form1 的页框 PageFrame1 的第一个页面中的命令按钮 Command1，使其不可用，则可使用如下属性设置命令：

```
FormSet1.Form1.PageFrame1.Page1.Command1.Enabled=.T.
&& 表单集.表单.页框.页.命令按钮.Enabled=.T.
```

以上即是绝对引用某个指定对象的例子。绝对引用一个对象时与当前所处的对象位置无关，换句话说，无论当前处于哪个对象层次之中，此种引用的效果都是相同的。

2. 相对引用

在对象的某个容器层次中引用某个对象时，还可以使用参照关键字快速指明所要处理的对象。如果对一个对象的引用是从参照关键字开始再至该对象的，被称为对象的相对引用。这些参照关键字如表 8-7 表所示。

表 8-7　　　　　　　　　　　　相对引用的参照关键字

参照关键字	说　　明	参照关键字	说　　明
Parent	本对象的父对象	ThisForm	包含本对象的表单
This	本对象	ThisFormSet	包含本对象的表单集

只能在方法程序或事件过程中使用上述参照关键字。

【例 8-6】　对象的相对引用示例。

```
This.Value                    &&本对象的 Value 属性
This.Parent.Text1.Value       &&本对象的父对象中的 Text1 文本框的值
ThisForm.Text1.Click          &&本表单 Text1 文本框的值
ThisFormSet.Form1.Refresh     &&本表单集的 Form1 表单予以刷新
```

8.3.3　设置对象的属性

对象的属性可以在设计阶段的属性窗口中进行可视化设置，也可以在程序代码中设置。在程序中进行设置的格式如下：

格式 1：<对象名>.<属性名>=<属性值>

格式 2：WITH <对象名>

　　　　　<.属性名>=<属性值>

　　　　　…

　　　　　<.属性名 n>=<属性值 n>

　　　ENDWITH

说明：如果一次设置多个属性时，可以采用格式 2。

例 8-6　一次设置多个对象属性。

```
WITH Form1.text1
    .Value="中华人民共和国"
    .ForeColor=RGB(255,0,0)
    .FontSize=18
    .FontName="隶书"
    .FontBold=.T.
ENDWITH
```

8.3.4　调用对象的方法程序

若对象已经创建，可以在应用程序的任何地方调用该对象的方法程序。

命令格式：<对象名>.<方法>[(参数表)]

【例 8-7】　调用对象的方法程序段应用。

```
ThisForm.Box(100,150)         &&调用 Box 方法在表单中画一个矩形
ThisForm.Refresh              &&调用 Refresh 方法刷新表单
ThisForm.Show(1)              &&调用显示一个表单对象的方法
```

【**例 8-8**】 实现图 8-6 所示的功能：单击"更改"按钮，蓝色的"好好学习！"即变成红色的"天天向上！"；再单击"更改"按钮，红色的"天天向上！"又变成蓝色的"好好学习！"，如此周而复始。单击"关闭"按钮即可关闭此表单。

 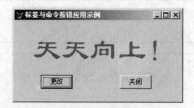

（a）蓝色的"好好学习！"　　　　　　　（b）红色的"天天向上！"

图 8-6　标签与命令按钮应用示例

```
***** 程序源代码如下：
***** 由自定义的表单类 Clab_com 创建表单
CLEAR
PUBLIC lab_com
lab_com=CreateObject("Clab_com")              &&创建 Clab_com 类对象
lab_com.Show()                                &&显示对象
READ EVENT                                    &&启动事件循环
***** 根据基类 Form 定义表单子类 Clab_com
DEFINE CLASS Clab_com AS Form
   Height=146
   Width=315
   AutoCenter=.T.
   Caption="标签与命令按钮应用示例"
   ***** 在子类 Clab_com 中添加标签对象 Label1，并设置其属性
   ADD OBJECT Label1 AS Label WITH ;
      AutoSize=.T.,;
      FontNAME="隶书",;
      FontSize=40,;
      ForeColor=RGB(0,0,255),;
      BackStyle=1,;
      Caption="好好学习！",;
      Left=35,;
      Top=25
   ***** 在子类 Clab_com 中添加命令按钮对象 Command1，并设置其属性
   ADD OBJECT Command1 AS CommandButton WITH ;
      Top=98,;
      Left=35,;
      Height=25,;
      Width=60,;
      Caption="更改"
   ***** 在子类 Clab_com 中添加命令按钮对象 Command2，并设置其属性
   ADD OBJECT Command2 AS CommandButton WITH ;
      Top=98,;
      Left=194,;
      Height=25,;
      Width=60,;
```

```
              Caption="关闭"
***** "更改" 按钮的 Click 事件代码:
PROCEDURE Command1.Click
    IF ThisForm.Label1.Caption="好好学习！"
        ThisForm.Label1.Caption="天天向上！"
        ThisForm.Label1.Forecolor=RGB(255,0,255)
    ELSE
        ThisForm.Label1.Caption="好好学习！"
        ThisForm.Label1.Forecolor=RGB(0,0,255)
    ENDIF
    ThisForm.Refresh                        &&刷新表单
ENDPROC
***** "关闭" 按钮的 Click 事件代码:
PROCEDURE Command2.Click
    CLEAR EVENTS                            &&挂起事件处理过程
    ThisForm.Release                        &&退出表单
    ENDPROC
ENDDEFINE
```

习　题　8

一、选择题

1. 每个对象都可以对一个被称为事件的动作进行识别和响应。下面对于事件的描述中，（　　）是错误的。

  A. 事件是一种预先定义好的特定的动作，由用户或系统激活

  B. Visual FoxPro 基类的事件集合是由系统预先定义好的，是唯一的

  C. Visual FoxPro 基类的事件也可以由用户创建

  D. 可以激活事件的用户动作有按键、单击鼠标、移动鼠标等

2. 子类或对象具有延用父类的属性、事件和方法的能力，称为类的（　　）。

  A. 继承性　　　　　　B. 抽象性　　　　　C. 封装性　　　　D. 多态性

3. Visual FoxPro 中的基类主要有两类，它们是（　　）。

  A. 容器类和控件类　　B. 控件和表单　　C. 容器和控件　　D. 控件类和表单集

4. 执行命令 MyForm=CreateObject("Form")可以建立一个表单，为了让该表单在屏幕上显示，应执行的命令是（　　）。

  A. MyForm.List　　　　　　　　　B. MyForm.Display

  C. MyForm.Show　　　　　　　　　D. MyForm.ShowForm

5. 用 DEFINE CLASS 命令定义一个 Myform 类时，若要为该类添加一个按钮对象，应当使用命令（　　）。

  A. AddObject("Command1","CommandButton")

  B. AddObject Myform.Command1 AS CommandButton

  C. AddObject Command1 AS CommandButton

  D. Myform.AddObject("Command1","CommandButton")

二、填空题

1. Visual FoxPro 提供了一系列基类来支持用户派生出新类，Visual FoxPro 的基类有两种，即：_____与_____。

2. 在表单设计中，关键字_____表示当前对象所在的表单。

3. 在 Visual FoxPro 中，可以有两种不同的方式来引用一个对象，以下第一个命令引用对象的方式称为_____；第二个命令的引用方式称为_____。

```
Formset1.Form1.Command1.Caption="确定"
This.Caption="确定"
```

4. 用面向对象方式设计应用程序时，可以使用_____命令建立事件循环，使用命令_____结束事件循环。

三、简答题

1. 名词解释：对象、属性、事件、方法、类、子类、基类。

2. 容器类和控件类有哪些区别？

第9章
表单设计

表单是 Visual FoxPro 中最能体现面向对象编程的一部分，表单是一个容器类对象，它有自己的属性、事件和方法。因此，通过设置表单的属性、响应表单的事件、执行表单的方法代码，就可以完成较强功能的应用程序设计。

9.1　创建与运行表单

9.1.1　创建表单

创建表单一般有两种途径：一是使用表单向导创建表单；二是使用表单设计器创建新的表单或修改已有的表单。

1. 使用表单向导创建表单

Visual FoxPro 提供了两种表单向导创建表单："表单向导"适合于创建基于一个表或视图的简单表单；"一对多表单向导"适合于创建基于两个有一对多关系的表的复杂表单。

启动表单向导有以下 3 种常用方法。

（1）选择"文件"→"新建"菜单命令，在打开的"新建"对话框中选择"表单"选项，然后单击"向导"按钮。

（2）单击"常用"工具栏中的"表单"按钮 。

（3）选择"工具"→"向导"→"表单"菜单命令。

表单向导启动时，首先打开"向导选取"对话框，如图 9-1 所示。在"向导选取"对话框中选择要使用的向导，然后单击"确定"按钮。

不管使用哪种表单向导，系统都会打开相应的对话框，一步一步地向用户询问一些简单的问题，并根据用户的回答自动创建表单。创建的表单包含一些控件用以显示表中记录和字段中的数据，表单还会包含一组按钮。用户通过这组按钮，可以实现对表中数据的浏览、查找、添加、编辑、删除以及打印等操作。

2. 使用表单设计器创建表单

表单设计器提供了进行表单设计的最强方式，可以设计个性化的表单，为用户的应用程序添加光彩。

图 9-1　"向导选取"对话框

打开表单设计器有以下两种常用方法。

（1）选择"文件"→"新建"菜单命令，在"新建"对话框中选择"表单"选项，然后单击"新建文件"图标按钮。

（2）在命令窗口中执行命令：CREATE FORM <表单名>。

不管采用上面哪种方法，系统都将打开"表单设计器"窗口，如图 9-2 所示。在表单设计器环境下，用户可以交互式、可视化地设计表单。有关如何在表单设计器中设计表单，将在后面几节陆续介绍。

在表单设计器环境下，也可以调用表单生成器方便、快速地产生表单。调用表单生成器有以下 3 种常用方法。

（1）选择"表单"→"快速表单"菜单命令。

（2）单击"表单设计器"工具栏中的"表单生成器"按钮。

（3）右键单击表单窗口，在弹出的快捷菜单中选择"生成器"命令。

采用上面任何一种方法后，系统都会打开"表单生成器"对话框，如图 9-3 所示。在对话框中，用户可以从某个表或视图中选择若干字段，这些字段将以控件形式被添加到表单上。要打开某个表或数据库，可以单击"数据库和表"组合框右侧的 按钮，调出"打开"对话框，然后从中选择需要的文件。在"样式"选项卡中可以为添加的字段控件选择它们在表单上的显示样式。

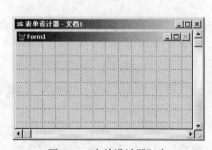

图 9-2 "表单设计器"窗口

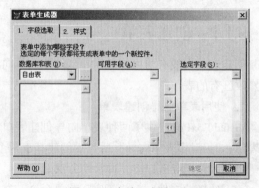

图 9-3 "表单生成器"窗口

利用表单生成器产生的表单一般不能满足特定应用的需要，还需在表单设计器中做进一步的调整和修改。

要保存设计好的表单，可以在表单设计器环境下，选择"文件"→"保存"菜单命令，然后在"另存为"对话框中指定表单的保存位置和文件名。设计的表单将被保存在一个表单文件（扩展名是.SCX）和一个表单备注文件（扩展名是.SCT）里。

3. 修改表单

一个表单无论是通过何种途径创建的，都可以使用表单设计器进行编辑修改。要修改表单，可以采用如下方法打开表单文件并进入表单设计器环境。

（1）选择"文件"→"打开"菜单命令，然后在"打开"对话框中选择需要修改的表单文件，单击"确定"按钮。

（2）在命令窗口中执行命令：MODIFY FORM <表单文件名>。

在用命令打开表单时，如果命令中指定的表单文件不存在，系统将启动表单设计器创建一个新表单。

9.1.2 运行表单

运行表单就是根据表单文件及表单备注文件的内容产生表单对象。运行表单可以采用如下方法。

（1）在表单设计器环境下，选择"表单"→"执行表单"菜单命令，或单击工具栏上的！按钮。

（2）在命令窗口中执行命令：DO FORM <表单文件名> [WITH <参数 1>[,<参数 2>,...]]

说明：如果包含 WITH 子句，在表单运行引发 Init 事件时，系统会将各实参的值传递给事件代码 PARAMETERS 或 LPARAMETERS 子句中的各形参。

表单运行后，可以单击常用工具栏上的 按钮切换到表单设计器环境。

9.2 表单及控件的属性、方法和事件

9.2.1 表单的常用属性

表单属性大约有 100 个，但绝大多数很少用到。表 9-1 列出了表单的一些常用属性，这些属性规定了表单的外观和行为。

表 9-1 常用表单属性

属　　性	描　　述	默认值
AlwaysOnTop	指定表单是否总是位于其他打开窗口之上	.F.
AutoCenter	指定表单初始化时是否自动在系统主窗口内居中显示	.F.
BackColor	指明表单窗口的颜色	255,255,255
BorderStyle	指定表单边框的风格。取默认值(3)时，采用系统边框，用户可以改变表单大小	3
Caption	指定显示于表单标题栏上的文本	Form1
Closable	指定是否可以通过单击关闭按钮或双击控制菜单来关闭表单	.T.
Height	指定表单的高度	
Left	指定表单的左边框与其容器对象左边界的距离	
MaxButton	确定表单是否有最大化按钮	.T.
MinButton	确定表单是否有最小化按钮	.T.
Movable	确定表单是否能够移动	.T.
Scrollbars	指定表单的滚动条类型。可取值为：0（无）、1（水平）、2（垂直）、3（既水平又垂直）	0
Top	指定表单的上边框与其容器对象上边界的距离	
Width	指定表单的宽度	
WindowState	指明表单的状态：0（正常）、1（最小化）、2（最大化）	0
WindowType	指定表单是模式表单（设置值为 1）还是非模式表单（设置值为 0）	0

9.2.2 表单及控件的常用事件

1. 运行时的事件

（1）Load：在表单对象建立之前引发，即运行表单时，先引发表单的 Load 事件，再引发表

单的 Init 事件。

（2）Init：在对象建立时引发。在表单对象的 Init 事件引发之前，将先引发它所包含的控件对象的 Init 事件，所以在表单对象的 Init 事件代码中能够访问它所包含的所有控件对象。

2. 关闭时的事件

（1）Destroy：在对象释放时引发。表单对象的 Destory 事件在它所包含的控件对象的 Destory 事件引发之前引发，所以在表单对象的 Destory 事件代码中能够访问它所包含的所有控件对象。

（2）Unload：在表单释放时引发，是表单对象释放时最后一个要引发的事件。比如在关闭包含一个命令按钮的表单时，先引发表单的 Destory 事件，然后引发命令按钮的 Destory 事件，最后引发表单的 Unload 事件。

3. 交互时的事件

（1）GotFocus：当对象获得焦点时引发。对象可能会由于用户的动作（如鼠标单击）或代码中调用 SetFocus 方法而获得焦点。

（2）Click：用鼠标单击对象时引发。引发该事件的常见情况有以下几种。

① 鼠标单击命令按钮、选项按钮组、复选框、列表框和组合框。

② 当命令按钮、选项按钮组或复选框获得焦点时，按空格键。

③ 当表单中包含一个默认按钮（Default 属性值为.T.）时，按 Enter 键，引发默认按钮的 Click 事件。

④ 按控件的访问键。

⑤ 单击表单的空白处，引发表单的 Click 事件。但单击表单的标题栏或窗口边界不会引发 Click 事件。

（3）DblClick：用鼠标双击对象时引发。

（4）RightClick：用鼠标右键单击对象时引发。

（5）InteractiveChange：当通过鼠标或键盘交互式改变一个控件的值时引发。

4. 错误时事件

Error：当对象方法或事件代码在运行过程中产生错误时引发。当事件引发时，系统会把发生的错误类型和错误发生的位置等参数传递给事件代码，事件代码可以据此对错误进行相应的处理。

事件代码既能在事件引发时执行，也可以像方法一样被显示调用。比如，在产生一个表单对象 MyForm 时，系统会自动执行 Init 事件代码，但用户也可以在随后用下面命令显示调用该表单对象的 Init 事件代码：

```
MyForm.Init
```

在容器对象的嵌套层次中，事件的处理遵循独立性原则，即每个对象识别并处理属于自己的事件。例如，当用户单击表单中的一个命令按钮时，将引发命令按钮的 Click 事件，而不会引发表单的 Click 事件。如果没有指定命令按钮的 Click 事件代码，那么该事件将不会有任何反应。

但这个原则有一个例外，它不适用于命令按钮组和选项按钮组。在命令按钮组或选项按钮组中，如果为按钮组编写了某个事件代码，而组中的某个按钮没有与该事件相关联的代码，那么当这个按钮的事件引发时，将执行按钮组事件代码。例如，一个选项按钮组包含两个选项按钮 Option1 和 Option2。其中按钮组和按钮 Option1 都有 Click 事件代码，而按钮 Option2 没有指定 Click 事件代码。那么当用户单击按钮 Option1 时，将引发按钮 Option1 的 Click 事件，执行相应的事件代码。此时不会引发按钮组的 Click 事件。但如果单击按钮 Option2，则会引发按钮组的

Click 事件，执行按钮组中的相应事件代码。

【例 9-1】　建立的一个文件名为 Myform1 的表单，表单中包含一个命令按钮，然后按表 9-2 为表单和命令按钮设置相应的事件代码，最后运行表单并观察结果。

表 9-2　　　　　　　　　　　　　　　　要求设置的事件代码

对　　象	事　　件	代　　　　码
表单	Load	WAIT "引发表单 Load 事件！" WINDOW
	Init	WAIT "引发表单 Init 事件！" WINDOW
	Destory	WAIT "引发表单 Destory 事件！" WINDOW
	Unload	WAIT "引发表单 Unload 事件！" WINDOW
命令按钮	Init	WAIT "引发命令按钮 Init 事件！" WINDOW
	Destory	WAIT "引发命令按钮 Destory 事件！" WINDOW

操作步骤如下。

（1）在命令窗口中执行命令：CREATE FORM Myform1，建立表单。

（2）然后通过"表单控件"工具栏向表单添加一个命令按钮。

（3）选择"显示"→"代码"菜单命令，打开代码编辑窗口。

（4）从"对象"框中选择 Form1，从"过程"框中选择 Load，然后在编辑区输入相应的代码内容。类似地设置表单的其他 3 个事件代码。

（5）从"对象"框中选择 Command1（命令按钮），从"过程"框中选择 Init，然后在编辑区输入相应的代码内容。类似地设置命令按钮的 Destory 事件代码，并关闭代码编辑窗口。

（6）选择"文件"→"保存"菜单命令，保存表单文件。然后单击"关闭"按钮，关闭表单设计窗口。

（7）在命令窗口执行命令 DO FORM Myform1。

命令发出后，首先显示提示信息"引发表单 Load 事件！"。然后依次按任意键，分别显示提示信息"引发命令按钮 Init 事件！"与"引发表单 Init 事件！"。再次按任意键后，Visual FoxPro 主窗口上显示表单。

之后，当单击"关闭"按钮释放表单时，首先显示提示信息"引发表单 Destory 事件！"。然后依次按任意键，分别显示提示信息"引发命令按钮 Destory 事件！"与"引发表单 Unload 事件！"。再次按任意键后，返回命令窗口。

9.2.3　表单及控件的常用方法

1. 表单的显示、隐藏与关闭方法

（1）Show：显示表单。该方法将表单的 Visible 属性设置为.T.，并使表单成为活动对象。

（2）Hide：隐藏表单。该方法将表单的 Visible 属性设置为.F.。

（3）Release：将表单从内存中释放（清除）。

2. 表单或控件的刷新方法

Refresh：重新绘制表单或控件，并刷新它的所有值。当表单被刷新时，表单上的所有控件也都被刷新。当页框被刷新时，只有活动页被刷新。

3. 控件的焦点设置方法

SetFocus：使控件获得焦点，成为活动对象。如果一个控件的 Enabled 属性值或 Visible 属性

值为.F.，将不能获得焦点。

在以上介绍的事件和方法中，有些（如 Load、Unload、Release、Show、Hide）是表单对象特有的，有些（如 InteractiveChange、SetFocus）只是某些控件才具有。其他的事件和方法适用于表单和大多数控件。

9.2.4　新建属性和方法

可以根据需要在表单中新建属性和方法，并像引用表单的其他属性和方法一样引用它们。

1．创建新属性

在表单新建属性的步骤如下。

（1）选择"表单"→"新建属性"菜单命令，打开"新建属性"对话框，如图 9-4 所示。

（2）在"名称"框中输入属性名。

（3）有选择地在"说明"框中输入新建属性的说明信息。这些信息将显示在"属性"窗口的底部。

新建的属性同样会在"属性"窗口的列表框中显示出来，其默认值为.F.。

2．创建新方法

向表单添加新方法的步骤如下。

（1）选择"表单"→"新建方法程序"菜单命令，打开"新建方法程序"对话框，如图 9-5 所示。

图 9-4　"新建属性"对话框

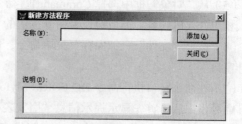

图 9-5　"新建方法程序"对话框

（2）在"名称"框中输入方法名。

（3）有选择地在"说明"框中输入新建方法的说明信息。

新建的方法同样会在"属性"窗口的列表框中显示出来，可以双击它，打开代码编辑窗口，然后输入或修改方法的代码。

要删去用户添加的属性或方法，可以选择"表单"→"编辑属性/方法程序"菜单命令，打开"编辑属性/方法程序"对话框，然后在列表框中选择不需要的属性或方法，单击"移去"按钮。

3．编辑方法或事件代码

在表单设计器环境下，要编辑方法或事件的代码，可以按下列步骤进行。

（1）选择"显示"→"代码"菜单命令，打开代码编辑窗口，如图 9-6 所示。

（2）从"对象"框中选择方法或事件所属的对象（表单或表单中的控件）。

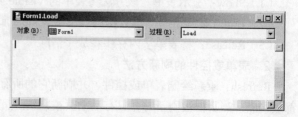

图 9-6　代码编辑窗口

（3）从"过程"框中指定需要编辑的方法或事件。

（4）在编辑区输入或修改方法或事件的代码。

打开代码编辑窗口的方法还有很多。例如，可以双击表单或表单中的某个控件打开编辑窗口，这时"对象"框自动选中被双击的对象名；还可以在属性窗口的列表框中双击某个方法或事件项打开代码编辑窗口，这时"对象"框自动选中当前被选中的对象，"过程"框自动选中被双击的方法或事件。

要想将已经编辑过的方法或事件重新设置为默认值，可以在"属性"窗口的列表框中用右键单击方法或事件项，然后在弹出的快捷菜单中选择"重置为默认值"命令。

9.3　表单设计器

9.1 节仅局限于介绍表单本身的创建与管理，这一节将较为详细地介绍表单设计器的环境，以及在该环境下如何添加表单控件、管理表单控件和设置表单数据环境。

9.3.1　表单设计环境

表单设计器打开后，Visual FoxPro 主窗口上将显示"表单设计器"窗口、"属性"窗口、"表单控件"工具栏、"表单设计器"工具栏以及"表单"菜单。

1."表单设计器"窗口

"表单设计器"窗口中含有正在设计的表单窗口，用户可以在表单窗口上可视化地添加和修改控件。表单窗口只能在"表单设计器"窗口内移动。

2."属性"窗口

"属性"窗口如图 9-7 所示，包括对象框、属性设置框、属性、方法、事件列表框和属性说明信息。

"对象框"中显示当前被选定对象的名称。单击对象组合框右侧的下拉箭头 ▼，将列出当前表单及表单中所有对象的名称，用户可以直接从中选择一个需要编辑的表单或对象。

"属性设置框"用来设置选定属性的值。输入的属性值可以是常量或表达式。如输入表达式，应先输入等号，再输入表达式；或者单击设置框左侧的函数按钮

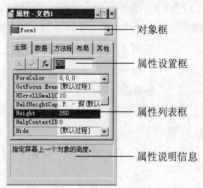

图 9-7　"属性"窗口

，在打开的表达式生成器中指定一个表达式。有些属性的设置需要选择系统提供的一组属性值中的一个，这时设置框右侧会出现下拉箭头 ▼，单击它可以打开列表框，从中选择属性值；有些属性需要指定文件名或颜色，这时设置框右侧会出现按钮 ，单击它可以打开相应的对话框并进行设置。

"属性列表框"中有两列，左边一列显示当前被选中对象的所有属性、方法和事件，右边一列显示属性的当前值。当用户选择某个属性时，窗口中将出现属性设置框。

属性窗口可以通过单击"表单设计器"工具栏中的"属性窗口"按钮，或选择"显示"→"属性"菜单命令打开。

在"属性"对话框中，如果某项属性值显示为粗体字，表明该属性值是修改设置过的，而不是原来的默认值。如果想恢复某项属性的默认值，可右键单击属性列表框中的这个属性项，在弹出的快捷菜单中选择"重置为默认值"命令即可。

3. "表单控件"工具栏

"表单控件"工具栏如图 9-8 所示，它提供了多个控件按钮。用鼠标单击"表单控件"工具栏中的某个控件按钮，鼠标光标将变成"+"号，在表单窗口中拖曳鼠标或单击鼠标就可以向表单中添加相应的控件。

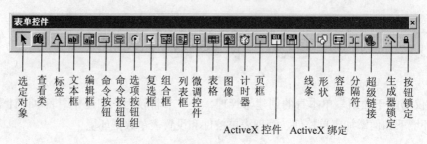

图 9-8 "表单控件"工具栏

控件按钮的功能及使用方法将在 9.4 节中详细介绍。除了控件按钮，"表单控件"工具栏还包含 4 个辅助按钮。

（1）"选定对象"按钮：当该按钮处于按下状态时，表示可以选择一个或多个对象。

（2）"按钮锁定"按钮：当按钮处于按下状态时，单击一次"表单控件"工具栏中的某个控件按钮，可以在表单窗口中连续添加多个该类型的控件。

（3）"生成器锁定"按钮：当该按钮处于按下状态时，每当向表单中添加控件，会自动打开相应的生成器对话框，让用户可以直接设置该控件的常用属性。

（4）"查看类"按钮：单击该按钮，在弹出的菜单中选择"添加"命令，可以添加用户自定义的类。

4. "表单设计器"工具栏

图 9-9 表单设计器工具栏

"表单设计器"工具栏如图 9-9 所示，此工具栏上各图标按钮（从左至右）的功能如下。

（1）"设置 Tab 键次序"按钮：进入或退出控件 Tab 键次序设置。

（2）"数据环境"按钮：显示或关闭表单"数据环境设计器"窗口。

（3）"属性窗口"按钮：显示或关闭"属性"窗口。

（4）"代码窗口"按钮：打开"代码设计"窗口。

（5）"表单控件工具栏"按钮：显示或关闭"表单控件"工具栏。

（6）"调色板工具栏"按钮：显示或关闭"调色板"工具栏。

（7）"布局工具栏"按钮：显示或关闭"布局控件"工具栏。

（8）"表单生成器"按钮：打开"表单生成器"对话框。

（9）"自动格式"按钮：打开"自动格式生成器"对话框。

在设计表单时，利用"表单设计器"工具栏中的按钮可以方便地进行操作。

5. "表单"菜单

"表单"菜单中的菜单项主要用于创建、编辑表单或表单集，例如，为表单增加新的属性或方法。

9.3.2 控件的操作与布局

1. 控件的基本操作

在表单设计中，经常需要对表单上的控件进行移动、改变大小、复制、删除等操作。

（1）选定控件

用鼠标单击控件可以选定控件，被选定的控件四周出现 8 个控点。也可以同时选定多个控件，如果选定相邻的多个控件，拖动鼠标使出现的框围住要选的控件即可；如果选定不相邻的多个控件，可以在按住 Shift 键的同时，依次单击各控件。

选择容器内的控件稍微麻烦一些，比如，当单击表单中的命令按钮组时，选取的对象总是命令按钮组本身，无法进入命令按钮组中的命令按钮。此时，可从属性窗口中直接选取命令按钮对象，或右键单击命令按钮组，从弹出的快捷菜单中选择"编辑"命令，这样，命令按钮组就进入了编辑状态，用户可以通过鼠标单击来选择某个具体的命令按钮。

（2）移动控件

先选定控件，然后用鼠标将控件拖动到需要的位置上。如果在拖动鼠标时按住 Ctrl 键，可以使鼠标的移动步长减小。使用方向键也可以移动控件。

（3）改变控件大小

选定控件，然后拖动控件四周的某个控点可以改变控件的宽度和高度，或在属性窗口中设置控件的 Width 属性和 Height 属性。

（4）复制控件

先选定控件，接着选择"编辑"→"复制"菜单命令，然后选择"编辑"→"粘贴"菜单命令，最后将复制产生的新控件拖动到需要的位置。

（5）删除控件

选定不需要的控件，然后按 Delete 键或选择"编辑"→"剪切"菜单命令。

2. 控件的布局

利用"布局"工具栏中的按钮，可以方便地调整表单窗口中被选控件的相对大小和位置。"布局"工具栏可以通过单击表单设计器工具栏上的"布局工具栏"按钮或选择"显示"→"布局工具栏"菜单命令打开或关闭。"布局"工具栏如图 9-10 所示。

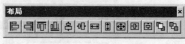

图 9-10 "布局"工具栏

"布局"工具栏上各按钮（从左至右）的功能如表 9-3 所示。

表 9-3 "布局"工具栏各按钮功能

按　　钮	功　　能
左边对齐	让选定的所有控件沿其中最左边那个控件的左侧对齐
右边对齐	让选定的所有控件沿其中最右边那个控件的右侧对齐
顶边对齐	让选定的所有控件沿其中最顶端那个控件的顶边对齐
底边对齐	让选定的所有控件沿其中最底端那个控件的底边对齐
垂直居中对齐	使所有被选控件的中心处在一条垂直轴上
水平居中对齐	使所有被选控件的中心处在一条水平轴上
相同宽度	调整所有被选控件的宽度，使其与其中最宽控件的宽度相同
相同高度	调整所有被选控件的高度，使其与其中最高控件的高度相同

续表

按 钮	功 能
相同大小	使所有被选控件具有相同的大小
水平居中	使被选控件在表单内水平居中
垂直居中	使被选控件在表单内垂直居中
置前	将被选控件移至最前面，可能会把其他控件覆盖住
置后	将被选控件移至最后面，可能会被其他控件覆盖住

3. 设置 Tab 键次序

当表单运行时，用户可以按 Tab 键选择表单中的控件，使焦点在控件间移动。控件的 Tab 键次序决定了选择控件的顺序。表单控件的默认 Tab 键次序是控件添加到表单时的次序。Visual FoxPro 提供了两种方式来设置 Tab 键次序：交互方式设置和列表方式设置。

若要选择设置 Tab 键次序的方法，可以选择"工具"→"选项"菜单命令，在打开的"选项"对话框中选择"表单"选项卡，在"Tab 键次序"下拉列表框中按需要选择"交互"或"按列表"。

在交互方式下，设置 Tab 键次序的步骤如下。

（1）选择"显示"→"Tab 键次序"菜单命令或单击"表单设计器"工具栏上的"设置 Tab 键次序"按钮，进入 Tab 键次序设置状态。此时，控件左上方出现深色小方块，称为 Tab 键次序盒，里面显示该控件的 Tab 键次序号码，如图 9-11 所示。

（2）双击某个控件的 Tab 键次序盒，该控件将成为 Tab 键次序中的第一个控件。

（3）按希望的顺序依次单击其他控件的 Tab 键次序盒。

（4）单击表单空白处，确认设置并退出设置状态；按 Esc 键，放弃设置并退出设置状态。

在列表方式下，设置 Tab 键次序的步骤如下。

（1）选择"显示"→"Tab 键次序"菜单命令或单击"表单设计器"工具栏上的"设置 Tab 键次序"按钮，打开"Tab 键次序"对话框，如图 9-12 所示。列表框中按 Tab 键次序从上至下依次显示各控件。

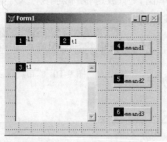

图 9-11　交互方式设置 Tab 键次序

图 9-12　列表式设置 Tab 键次序

（2）通过拖动控件左侧的移动按钮移动控件，改变控件的 Tab 键次序。

（3）单击"按行"按钮，将按各控件在表单上的位置从上到下、从左到右自动设置各控件的 Tab 键次序；单击"按列"按钮，将按各控件在表单上的位置从左到右、从上到下自动设置各控件的 Tab 键次序。

9.3.3　数据环境

当在"表单设计器"中启动一个表单时，在其背后关联着一个被称为数据环境的对象。它包含与表单相关联的表或视图，以及表间的关系。

1. 数据环境的常用属性

数据环境是一个对象，有自己的属性、方法和事件。常用的两个数据环境属性及它们的设置情况如表 9-4 所示。

表 9-4　　　　　　　　　　　　常用数据环境属性

属 性 名	含 义	默 认 值
AutoOpenTables	当运行或打开表单时，是否打开数据环境中的表或视图	.T.
AutoCloseTables	当释放或关闭表单时，是否关闭数据环境中的表或视图	.T.

2. 打开数据环境设计器

在表单设计器环境下，选择"显示"→"数据环境"菜单命令，或单击"表单设计器"工具栏上的"数据环境"按钮，即可打开"数据环境设计器"窗口，如图 9-13 所示。此时，系统菜单上将出现"数据环境"菜单。

3. 向数据环境添加表或视图

在数据环境设计器环境下，向数据环境中添加表或视图具体操作步骤如下。

（1）选择"数据环境"→"添加"菜单命令，或右键单击"数据环境设计器"窗口，在弹出的快捷菜单中选择"添加"命令，打开"添加表或视图"对话框，如图 9-14 所示。如果数据环境原来是空，那么在打开数据环境设计器时，该对话框会自动出现。

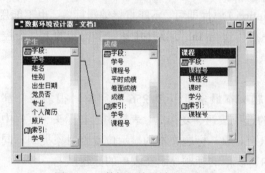

图 9-13　"数据环境设计器"窗口　　　　图 9-14　"添加表或视图"对话框

（2）选择要添加的表或视图并单击"添加"按钮。如果当前没有打开的数据库，可以单击"其他"按钮，将弹出"打开"对话框，用户从中选择需要的表。

4. 从数据环境移去表或视图

若要将表或视图从数据环境设计器中移去，首先在"数据环境设计器"中选定将要移去的表或视图，然后选择"数据环境"→"移去"菜单命令即可。当表或视图从数据环境中移去时，与这个表或视图有关的所有关系也将随之消失。

5. 在数据环境设计器中设置关系

如果添加到数据环境设计器的表之间具有在数据库中设置的永久关系，这些关系也会自动添加到数据环境中。如果表之间没有永久关系，可以在数据环境设计器中设置这些关系。设置关系的方法很简单，只需将主表的某个字段（作为关联表达式）拖动到子表的相匹配的索引标识上即可。如果子表上没有与主表字段相匹配的索引，也可以将主表字段拖动到子表的某个字段上，这时应根据系统提示确认创建索引。

要解除表之间的关系，可以先单击选定表示关系的连线，然后按 Del 键。

6. 向表单添加字段

前面提到，利用"表单控件"工具栏可以很方便地将一个控件放置到表单上。但在很多情况下，我们是要通过控件来显示和修改数据的，比如，用一个文本框来显示或编辑一个字段数据，这时就需要为该文本框设置 ControlSource 属性。

Visual FoxPro 允许用户从"数据环境设计器"窗口中直接将字段、表或视图拖入表单，系统将产生相应的控件并与字段关联起来。默认情况下，如果拖动的是字符型字段、数值型字段或日期型字段，将产生文本框控件；如果拖动的是逻辑型字段，将产生复选框；如果拖动的是备注型字段，将产生编辑框控件；如果拖动的是表或视图，将产生表格控件。这些控件的 ControlSource 属性被自动设置为对应的字段、表或视图。

9.4 常用表单控件

表单设计离不开控件，而要很好地使用和设计控件，则需要了解控件的属性、方法和事件。本节以各种常用表单控件的主要属性为线索，分别介绍它们的使用方法。

9.4.1 标签（Label）控件

标签是一种能在表单上显示文本的控件，常用来显示提示信息或说明文字。标签没有数据源，只要把显示的字符串赋给标签的标题（Caption）属性即可。不能直接编辑标签，也不能用 Tab 键选择它，因为标签不能获得焦点，而是把焦点传递给 Tab 键次序中紧跟着标签的下一个控件。标签的常用属性如下。

1. Caption 属性

此属性指定标签的标题文本，标签的标题文本最多可包含 256 个字符。很多控件都具有 Caption 属性，如表单、命令按钮、选项组中的选项按钮、复选框、表格中的列标头、页框中的页面等。标题文本显示在屏幕上以帮助使用者识别对象，标题文本的显示位置因对象类型不同而不同，比如，标签的标题文本显示在标签区域内，表单的标题显示在表单的标题栏上。

该属性在设计和运行时均可用，且适用于大多数控件。

注意

在设计代码时，应该使用 Name 属性值（对象名称）而不能使用 Caption 属性值来引用对象。在同一作用域内，两个对象可以有相同的 Caption 属性值，但不能有相同的 Name 属性值。

2. Alignment 属性

此属性指定标题文本在标签中显示的对齐方式。对不同的控件，该属性的设置情况有所不同。对于标签，该属性的设置值如表 9-5 所示。

表 9-5　　　　　　　　　　　　　　Alignment 属性的设置值

设　置　值	说　　　明
0	（默认值）左对齐，文本显示在区域的左边
1	右对齐，文本显示在区域的右边
2	中央对齐，将文本居中排放，使左右两边的空白相等

该属性在设计和运行时均可用，除了标签，还适用于文本框、复选框、选项按钮等控件。

3. AutoSize 属性

此属性指定是否根据标题文本的高度和宽度调整标签的大小。当属性值为.F.（默认值）时，不调整大小；当属性值为.T.时，根据标题文本的高度和宽度自动调整标签的大小。

4. BackColor 属性

此属性指定标签的背景色。在"属性"窗口中单击属性设置框后面的选择按钮█，在打开的"颜色"窗口中单击想要设定的颜色块，单击"确定"按钮返回。如果用户选择的是红色，这时 BackColor 项显示为：255,0,0。这是 Windows 的红绿蓝（RGB）配色方案，每一个红绿蓝的颜色值可设为 0～255 的一个整数。

5. ForeColor 属性

此属性指定标签内文本的颜色。设定方法同 BackColor 属性。

6. FontName 属性

此属性指定标签内文本的字体。该属性默认值为宋体。

7. FontSize 属性

此属性指定标签内文本的字号。该属性默认值为 9。

8. FontBold 属性

此属性指定标签内文本是否为粗体。该属性默认值为.F.。

9. FontItalic 属性

此属性指定标签内文本是否为斜体。该属性默认值为.F.。

【例 9-2】建立一个表单，表单文件名为 Myform2，表单中包括 3 个标签（Label1、Label2、Label3），表单设计界面如图 9-15 所示。表单在运行时要求如下：

当用户单击任何一个标签时，都使其他两个标签的标题文本互换。

操作步骤如下。

（1）在命令窗口中执行命令：CREATE FORM Myform2，建立表单。

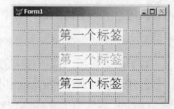

图 9-15　表单 Myform2 的设计界面

（2）在表单中添加 3 个标签，修改各标签控件的属性，如表 9-6 所示，并进行适当的大小调整和布局。

表 9-6　　　　　　　　　　　表单 Myform2 中各控件的属性设置

控件	Label1				
属性	Caption	AutoSize	FontSize	ForeColor	BackColor
值	第一个标签	.T.	18	255,0,0	255,255,255
控件	Label2				
属性	Caption	AutoSize	FontSize	ForeColor	BackColor
值	第二个标签	.T.	18	0,255,0	255,255,255
控件	Label3				
属性	Caption	AutoSize	FontSize	ForeColor	BackColor
值	第三个标签	.T.	18	0,0,255	255,255,255

（3）分别为 3 个标签控件编写 Click 事件代码。

```
**********标签 Lable1 的 Click 事件代码**********
t=ThisForm.Label2.Caption
ThisForm.Label2.Caption=Thisform.Label3.Caption
ThisForm.Label3.Caption=t
**********标签 Lable2 的 Click 事件代码**********
t=ThisForm.Label1.Caption
ThisForm.Label1.Caption=Thisform.Label3.Caption
ThisForm.Label3.Caption=t
**********标签 Lable3 的 Click 事件代码**********
t=ThisForm.Label1.Caption
ThisForm.Label1.Caption=Thisform.Label2.Caption
ThisForm.Label2.Caption=t
```

（4）保存并运行表单。

9.4.2 命令按钮（Command）控件

命令按钮用来启动某个事件代码、完成特定功能，如移动记录指针、打印报表、关闭表单等。一般要为命令按钮编写 Click 事件的方法程序。

命令按钮的常用属性有如下。

1. Caption 属性

此属性指定命令按钮的标题，用于提示命令按钮的功能。

用户在为命令按钮设置 Caption 属性时，可以将其中的某个字符作为访问键，方法是在该字符前插入这样的两个符号（\<）。比如，下面的代码在为命令按钮 Command1 设置 Caption 属性的同时，指定了一个访问键"E"：

```
ThisForm.Command1.Caption="退出(\E)"
```

对于命令按钮，按下相应的访问键，将激活该控件。

2. Default 属性和 Cancel 属性

Default 属性值为.T.的命令按钮称为"确认"按钮，命令按钮的 Default 属性默认值为.F.。一个表单内只能有一个"确认"按钮，当用户将某个命令按钮设置为"确认"按钮时，先前设置的"确认"按钮自动变为非"确认"按钮。

在"确认"按钮所在的表单激活的情况下，如果焦点不在该命令按钮上时，那么按 Enter 键，就可以选择"确认"按钮，执行该按钮的 Click 事件代码。

Cancel 属性值为.T.的命令按钮称为"取消"按钮,命令按钮的 Cancel 属性默认值为.F.。在"取消"按钮所在的表单激活的情况下，按 Esc 键可以激活选择"取消"按钮，执行该按钮的 Click 事件代码。

这两个属性在设计和运行时均可用，仅适用于命令按钮。

3. Enabled 属性

设置命令按钮是否响应用户引发的事件。命令按钮的 Enabled 默认值为.T.，表示该命令按钮是有效的，能被选择，能响应用户引发的事件。当 Enabled 属性设置为.F.时，该命令按钮将变灰色，表示是无效的，运行时用鼠标单击它不能引发事件。

该属性在设计和运行时均可用，适用于绝大多数控件。

4. Visible 属性

指定对象是可见还是隐藏。在表单设计器环境下创建的对象，该属性的默认值为.T.，即对象是可见的；以编程方式创建的对象，该属性的默认值为.F.，即对象是隐藏的。

一个对象即使是隐藏的，在代码中仍可以访问它。所以，一个应用程序在运行时，可将一个对象由隐藏改变为可见，或者由可见改变为隐藏。

该属性在设计和运行时均可用，适用于绝大多数控件。

9.4.3 命令按钮组（CommandGroup）控件

命令按钮组是包含一组命令按钮的容器控件，用户可以单个或作为一组来操作其中的按钮。

命令按钮组的常用属性如下。

1. ButtonCount 属性

指定命令按钮组中命令按钮的数目。在表单中创建一个命令按钮组时，ButtonCount 属性的默认值是 2，即包含两个命令按钮。可以通过改变 ButtonCount 属性的值来重新设置命令按钮组中包含的命令按钮数目。

该属性在设计和运行时均可用，除了命令按钮组，还适用于选项按钮组。

2. Buttons 属性

用于存取命令按钮组中各按钮的数组。该属性数组在创建命令按钮组时建立，用户可以利用该数组为命令按钮组中的命令按钮设置属性或调用其方法。例如，将命令按钮组 CommandGroup1 中的第 2 个按钮设置成隐藏的，在程序代码中的表示为：

```
ThisForm.CommandGroup1.Buttons(2).Visible=.F.
```

属性数组下标的取值范围应该在 1 至 ButtonCount 属性值之间。

该属性在设计时不可用，除了命令按钮组，还适用于选项按钮组。

3. Value 属性

指定命令按钮组当前的状态。该属性的类型可以是数值型的（这是默认的情况），也可以是字符型的。若为数值型值 N，则表示命令按钮组中第 N 个命令按钮被选中；若为字符型值 C，则表示命令按钮组中 Caption 属性值为 C 的命令按钮被选中。

9.4.4 文本框（TextBox）控件

文本框是一个常用控件，供用户输入或编辑数据，也可通过对其 Value 属性的设置来改变其内显示的内容。文本框一般包含一行数据。

文本框的常用属性有如下。

1. Value 属性

Value 属性值是文本框的当前值，该属性的默认值是空串。当表单运行时，可以直接在文本框中输入数据，输入的数据保存在 Value 属性中。另外，如果设置了文本框的 Value 属性，则文本框中将显示 Value 属性值。

文本框的 Value 属性值的类型可以是字符型、数值型、日期型等。

注意

如未对文本框的 Value 属性设置初始值，则取出的 Value 属性值为字符型；如设置了 Value 属性初始值，则取出的 Value 属性值的数据类型与设置的初始值的数据类型一致。

2. ControlSource 属性

一般情况下，可以利用该属性为文本框指定一个字段（除备注型字段）或内存变量。运行时，文本框首先显示该变量的值。而用户对文本框的编辑结果，也会最终保存到该变量中。

该属性在设计和运行时均可用。除了文本框，还适用于编辑框、命令按钮组、选项按钮组、复选框、微调控件、列表框、组合框等控件。

3. ReadOnly 属性

指定用户能否编辑文本框中的内容。如果属性值为.T.，不能编辑文本框中的内容；如果属性值为.F.(默认值)，能够编辑文本框中的内容。

该属性在设计时可用，在运行时可读写。除了文本框，还适用于编辑框、表格等控件。

4. PasswordChar 属性

指定文本框中用作占位符的字符。该属性的默认值是空串，此时没有占位符，文本框内显示用户输入的内容。当为该属性指定一个字符（即占位符，通常为＊）后，文本框内将只显示占位符，而不会显示用户输入的实际内容。这在设计登录口令框时会经常遇到。此属性设置不会影响 Value 属性，Value 属性总是包含用户输入的实际内容。

该属性在设计和运行时均可用，仅适用于文本框。

5. InputMask 属性

指定在一个文本框中如何输入和显示数据。该属性值通常为由模式符组成的一个字符串。模式符规定了数据的输入格式，限制了输入数据的范围，以控制输入的正确性。各种模式符的功能如表 9-7 所示。

表 9-7 模式符及其功能

模 式 符	功 能
X	允许输入任何字符
9	允许输入数字和正负号
#	允许输入数字、空格和正负号
$	在固定位置上显示当前货币符号（由 SET CURRENCY 命令指定）
$$	在数字前面相邻的位置上显示当前货币符号（浮动货币符）
*	在数值左边显示星号*
.	指定小数点的位置
,	分隔小数点左边的数字串

该属性在设计和运行时可用。除了文本框，还适用于组合框、列等控件。

【例 9-3】 建立一个表单，表单文件名和表单名均为 Myform3，表单中包括两个标签（Label1、Label2）、两个文本框（Text1、Text2）和一个命令按钮 Command1，其设计界面如图 9-16 所示。表单在运行时要求如下：

单击"确认"按钮时，检验用户在文本框中输入的用户名和口令是否正确，若正确（假定用户名为 admin，口令为 123456），就显示"欢迎使用…"字样并关闭表单；若不正确，则显示"用户名或口令不对，请重新输入…"字样；如果 3 次输入都不正确，就显示"用户名或口令不对，登录失败!"字样并关闭表单。

操作步骤如下。

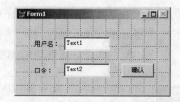

图 9-16 表单 Myform3 的设计界面

（1）在命令窗口中执行命令：CREATE FORM Myform3，建立表单。

（2）在表单中添加两个标签、两个文本框和一个命令按钮，修改各控件的属性，如表 9-8 所示，并进行适当的大小调整和布局。

表 9-8　　　　　　　　　　　　　表单 Myform3 中各控件的属性设置

控件	表单	Label1	Label2	Text2		Command1	
属性	Name	Caption	Caption	InputMask	PasswordChar	Caption	Default
值	Myform3	用户名：	口令：	999999	*	确认	.T.

（3）选择“表单”→“新建属性”菜单命令，打开“新建属性”对话框，为表单添加新属性 num（用以保存登录时输入用户名和密码的次数），然后在“属性”窗口中将其默认值设置为 0。

（4）为“确认”按钮编写 Click 事件代码。

```
IF ThisForm.Text1.Value="admin" AND ThisForm.Text2.Value="123456"
    WAIT "欢迎使用..." WINDOW
    ThisForm.Release
ELSE
    ThisForm.num=ThisForm.num+1
    IF ThisForm.num=3
        WAIT "用户名或口令不对，登陆失败！" WINDOW
        ThisForm.Release
    ELSE
        WAIT "用户名或口令不对，请重输..." WINDOW
    ENDIF
ENDIF
```

（5）保存并运行表单。

9.4.5　编辑框（EditBox）控件

与文本框一样，编辑框也用来输入、编辑数据，但它可以有垂直滚动条。编辑框只能输入、编辑字符型数据，包括字符型内存变量、字符型字段以及备注型字段里的内容。

前面介绍的有关文本框的属性（不包括 PasswordChar、InputMask 属性）对编辑框同样适用。除此之外，编辑框还有如下几种常用属性。

1. ScrollBars 属性

指定编辑框是否具有滚动条。当属性值为 2（默认值）时，编辑框包含垂直滚动条；当属性值为 0 时，编辑框没有滚动条。

该属性在设计时可用，在运行时可读写。除了编辑框，还适用于表单、表格等控件。

2. HideSelection 属性

指定编辑框失去焦点时，编辑框中选定的文本是否仍显示为选定状态。其属性值的设置情况如表 9-9 所示。

表 9-9　　　　　　　　　　　　　HideSelection 属性的设置值

设 置 值	说　　　　明
.T.	（默认值）失去焦点时，编辑框中选定的文本不显示为选定状态。当编辑框再次获得焦点时，选定文本重新显示为选定状态
.F.	失去焦点时，编辑框中选定的文本仍显示为选定状态

该属性在设计时和运行时均可用。除了编辑框，还适用于文本框和组合框等控件。

3. SelStart 属性

返回用户在编辑框中所选文本的起始点位置或插入点位置（没有文本选定时），也可用于指定要选文本的起始位置或插入点位置。属性值的有效范围在 0 与编辑框中的字符总数之间。如果 SelStar 属性的设置值大于编辑框中的字符总数，系统自动将其调整为字符总数，即插入点位于文本末尾。

该属性在设计时不可用，在运行时可读写。除了编辑框，还适用于文本框、组合框等控件。

4. SelLength 属性

返回用户在编辑框中所选文本的字符数。如没有文本被选定，则返回 0。也可以通过设置该属性，自动选定指定长度的文本。属性值的有效范围在 0 与编辑区中的字符总数之间，若小于 0，将产生一个错误。如果改变了 SelStart 属性的值，系统将自动把 SelLength 属性值设置为 0。

该属性在设计时不可用，在运行时可读写。除了编辑框，还适用于文本框、组合框等控件。

5. SelText 属性

返回用户在编辑框内选定的文本，如果没有选定任何文本，则返回空串。如果将 SelText 属性设置成一个新值，那么这个新值就会替换编辑框中所选文本并将 SelLength 属性设置为 0。如果 SelLength 属性值本来就是 0，那么新值就会插入到插入点处。

该属性在设计时不可用，在运行时可读写。除了编辑框，还适用于文本框、组合框等控件。

SelStar、SelLength 和 SelText 属性配合使用，可以完成诸如设置插入点位置、控制插入点的移动范围、选择字串、清除文本等一些任务。

【例 9-4】 建立一个表单，表单文件名和表单名均为 Myform4，表单中包括一个编辑框 Edit1 和两个命令按钮（Command1、Command2），表单运行界面如图 9-17 所示。表单在运行时要求如下：

（1）单击"查找"按钮时，选择编辑框中的单词 book；

（2）单击"替换"按钮时，将编辑框中选择的单词替换成相应的大写。

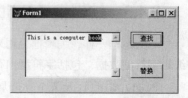

操作步骤如下。

（1）在命令窗口中执行命令：CREATE FORM Myform4，建立表单。

图 9-17   表单 Myform4 的运行界面

（2）在表单中添加一个编辑框和两个命令按钮，修改各控件的属性，如表 9-10 所示，并进行适当的大小调整和布局。

表 9-10   表单 **Myform4** 中各控件的属性设置

控件	表单	Edit1	Command1	Command2
属性	Name	HideSelection	Caption	Caption
值	Myform4	.F.	查找	替换

（3）分别为"查找"按钮和"替换"按钮编写 Click 事件代码。

```
********** "查找"按钮的 Click 事件代码**********
N=AT("book",ThisForm.Edit1.Value)
IF n<>0
    ThisForm.Edit1.SelStart=n-1
    ThisForm.Edit1.SelLength=LEN("book")
ELSE
```

```
      MessageBox("没有相匹配的字符串！")
ENDIF
********** "替换"按钮的 Click 事件代码**********
IF ThisForm.Edit1.SelText="book"
      ThisForm.Edit1.SelText=UPPER("book")
ELSE
      MessageBox("没有选择需要置换的单词！")
ENDIF
```

（4）保存并运行表单。

9.4.6　选项按钮组（OptionGroup）控件

选项按钮组按钮是包含选项按钮的一种容器控件。一个选项按钮组中往往包含若干个选项按钮，但用户只能从中选择一个按钮。当用户选择某个选项按钮时，该按钮即成为被选中状态，而选项按钮组中的其他选项按钮，不管原来是什么状态，被变为未选中状态。被选中的选项按钮中会显示一个圆点。

选项按钮组的常用属性如下。

1. ButtonCount 属性

指定选项按钮组中选项按钮的数目。在表单中创建一个选项按钮组时，ButtonCount 属性的默认值是 2，即包含两个选项按钮。可以通过改变 ButtonCount 属性的值来重新设置选项按钮组中包含的选项按钮数目。

2. Value 属性

用于指定选项按钮组中哪个选项按钮被选中。该属性值的类型可以是数值型的，也可以是字符型的。若为数值型值 N，则表示选项按钮组中第 N 个选项按钮被选中；若为字符型值 C，则表示选项按钮组中 Caption 属性值为 C 的选项按钮被选中。

3. ControlSource 属性

指定与选项按钮组建立关联的数据源。作为选项按钮组数据源的字段变量或内存变量，其类型可以是数值型或字符型。比如，变量值为数值型 N，则选项按钮组中第 N 个按钮被选中；若变量值为字符型"Option3"，则 Caption 属性值为"Option3"的按钮被选中。用户对选项按钮组的操作结果会自动存储到数据源变量以及 Value 属性中。

4. Buttons 属性

用于存取选项按钮组中每个按钮的数组。用户可以利用该属性为选项按钮组中的按钮设置属性或调用其方法。例如，将选项按钮组 OptionGroup1 中的第 2 个按钮的 Caption 属性设置成"升序"，在程序代码中表示为：

图 9-18　"选项组生成器"对话框

```
ThisForm.OptionGroup1.Buttons(2).Caption="升序"
```

另外，还可以使用选项组生成器来设置选项按钮组的属性。在表单中右键单击选项按钮组，从弹出的快捷菜单中选择"生成器"命令，打开"选项组生成器"对话框，如图 9-18 所示，各个选项卡中的属性设置开始生效。

"选项组生成器"对话框包括 3 个选项卡，其作用大致如下。

按钮选项卡：指定按钮的数目，确定各选项的标题和图形。

布局选项卡：指定选项按钮的布局（横排、竖排）、间距和边框样式。

值选项卡：指定用来存储选项按钮组的值的表或视图的字段。

9.4.7 复选框（CheckBox）控件

复选框用于标记一个两值状态，如真（.T.）或假（.F.）。当处于"真"状态时，复选框内显示一个对勾（√）；否则，复选框内为空白。

复选框的常用属性如下。

1. Caption 属性

用来指定显示在复选框旁边的文字。

2. Value 属性

用来指明复选框的当前状态。该属性的取值为 0 或.F.（默认值），1 或.T.，2 或（.null.），分别表示复选框未被选中、被选中和不确定。

复选框的不确定状态不能在代码中设置。

3. ControlSource 属性

指明与复选框建立关联的数据源。作为数据源的字段变量或内存变量，其类型可以是逻辑型或数值型。对于逻辑型变量，值.F.、.T.和null.分别对应复选框未被选中、被选中和不确定；对于数值型变量，值 0、1 和 2（或.null.）分别对应复选框未被选中、被选中和不确定。用户对复选框操作会自动存储到数据源变量以及 Value 属性中。

不确定状态只表明复选框的当前状态值不属于两个正常状态值中的一个，但用户仍能对其进行选择操作，并使其变为确定状态。在屏幕上，不确定状态复选框以灰色显示，标题文字正常显示。

【例 9-5】 建立一个表单，表单文件名和表单名均为 Myform5，表单标题为"查询统计"，表单中包括两个复选框（Check1、Check2）、一个选项按钮组 OptionGroup1 和两个命令按钮（Command1、Command2），表单设计界面如图 9-19 所示。

表单在运行时要求如下。

（1）单击"生成表"按钮时，根据表单运行时复选框指定的字段和选项按钮组指定的排序方式生成新表。如果两个复选框都被选中，生成的表命名为 two.dbf，two.dbf 的字段包括学号、姓名、专业和平均分；如果只有姓名复选框被选

图 9-19　表单 Myform5 的设计界面

中，生成的表命名为 one_x.dbf，one_x.dbf 的字段包括学号、姓名和平均分；如果只有专业复选框被选中，生成的表命名为one_y.dbf，one_y 的字段包括学号、专业和平均分。

（2）单击"退出"按钮时，关闭表单。

操作步骤如下。

（1）在命令窗口中执行命令：CREATE FORM Myform5，建立表单。

（2）在表单空白处单击鼠标右键，在弹出的快捷菜单中单击"数据环境"命令，添加学生.dbf 和成绩.dbf 到表单的数据环境中。

（3）在表单中添加两个复选框、一个选项按钮组和两个命令按钮，修改各控件的属性，如表 9-11 所示，并进行适当的大小调整和布局。

表 9-11　　　　　　　　　　　　　　　表单 My form5 中各控件的属性设置

控件	表单		Check1	Check2	OptionGroup1	
					Option1	Option2
属性	Name	Caption	Caption	Caption	Caption	Caption
值	Myform5	查询统计	姓名	专业	按平均分升序	按平均分降序

控件	Command1	Command2
属性	Caption	Caption
值	生成表	退出

（4）分别为"生成表"按钮和"退出"按钮编写 Click 事件代码。

********** "生成表"按钮的 Click 事件代码**********

```
a=ThisForm.Check1.Value
b=ThisForm.Check2.Value
c=ThisForm.OptionGroup1.Value
DO CASE
    CASE a=1 AND b=1
        IF c=1
            SELECT 学生.学号,姓名,专业,AVG(成绩) AS 平均分 ;
                FROM 学生,成绩 ;
                WHERE 学生.学号=成绩.学号 ;
                GROUP BY 学生.学号 ;
                ORDER BY 4 ;
                INTO TABLE two
        ELSE
            SELECT 学生.学号,姓名,专业,AVG(成绩) AS 平均分 ;
                FROM 学生,成绩 ;
                WHERE 学生.学号=成绩.学号 ;
                GROUP BY 学生.学号 ;
                ORDER BY 4 DESC ;
                INTO TABLE two
        ENDIF
    CASE a=1 AND b=0
        IF c=1
            SELECT 学生.学号,姓名,AVG(成绩) AS 平均分 ;
                FROM 学生,成绩 ;
                WHERE 学生.学号=成绩.学号 ;
                GROUP BY 学生.学号 ;
                ORDER BY 3 ;
                INTO TABLE one_x
        ELSE
            SELECT 学生.学号,姓名,AVG(成绩) AS 平均分 ;
                FROM 学生,成绩 ;
                WHERE 学生.学号=成绩.学号 ;
                GROUP BY 学生.学号 ;
                ORDER BY 3 desc ;
                INTO TABLE one_x
        ENDIF
    CASE a=0 AND b=1
        IF c=1
            SELECT 学生.学号,专业,avg(成绩) AS 平均分 ;
                FROM 学生,成绩 ;
```

```
            WHERE 学生.学号=成绩.学号 ;
            GROUP BY 学生.学号 ;
            ORDER BY 3 ;
              INTO TABLE one_y
        ELSE
            SELECT 学生.学号,专业,AVG(成绩) AS 平均分 ;
              FROM 学生,成绩 ;
            WHERE 学生.学号=成绩.学号 ;
            GROUP BY 学生.学号 ;
            ORDER BY 3 desc ;
              INTO TABLE one_y
        ENDIF
    ENDCASE
    ********** "退出" 按钮的 Click 事件代码**********
    ThisForm.Release
```

（5）保存并运行表单。

9.4.8　微调器（Spinner）控件

微调器用于接收给定范围内的数值输入。可以通过微调器右边的向上箭头或向下箭头按钮来增减其当前值，也可以在微调器内直接输入一个值。

微调器的常用属性如下。

（1）Value 属性

指定或返回微调器的当前值。

（2）KeyBoardHighValue 和 KeyBoardLowValue 属性

指定在文本框中可以输入的最高值和最低值。

（3）SpinnerHighValue 和 SpinnerLowValue 属性

指定单击箭头按钮时微调器能显示的最高值和最低值。

（4）Increment 属性

指定单击一次箭头按钮的增减值，默认值为 1.00。

微调器的常用事件如下。

（1）InteractiveChange 事件

在使用键盘或鼠标更改微调器的值时发生。

（2）DownClick 事件

当按下微调器的向下箭头时发生。

（3）UpClick 事件

当按下微调器的向上箭头时发生。

【例 9-6】　建立一个表单，表单文件名和表单名均为 Myform6，表单中包括两个标签（Label1、Label2）和一个微调器 Spinner1，表单运行界面如图 9-20 所示。表单在运行时要求如下。

图 9-20　表单 Myform6 的运行界面

（1）系统将标签中文本的字号显示在微调器中。

（2）单击微调器中的向上向下按钮，根据微调器中的值调整标签中文本的字号。

操作步骤如下。

（1）在命令窗口中执行命令：CREATE FORM Myform6，建立表单。

（2）在表单中添加两个标签和一个微调器控件，修改各控件的属性，如表 9-12 所示，并进行适当的大小调整和布局。

表 9-12　　　　　　　　　　　　表单 Myform6 中各控件的属性设置

控件	表单	Label1			Label2	
属性	Name	Caption	AutoSize	Fonsize	Caption	AutoSize
值	Form2	欢迎来我们学校参观！	.T.	18	字体大小：	.T.
控件	Spinner1					
属性	KeyBoardHighValue	KeyBoardLowValue		SpinnerHighValue		SpinnerLowValue
值	36	8		36		8

（3）分别为表单编写 Init 事件代码和微调器编写 DownClick、UpClick 事件代码。

```
**********表单的 Init 事件代码**********
ThisForm.Spinner1.Value=ThisForm.Label1.FontSize
**********微调器的 DownClick 事件代码**********
ThisForm.Label1.FontSize=This.value
**********微调器的 UpClick 事件代码**********
ThisForm.Label1.FontSize=This.value
```

（4）保存并运行表单。

9.4.9　列表框（List）控件

列表框用于显示一系列条目（数据项），用户可以从中选择一项或多项，但不能直接编辑列表框中的数据。当列表框不能同时显示所有项目时，它将自动添加滚动条。

列表框的常用属性如下。

1. RowSourceType 属性与 RowSource 属性

RowSourceType 属性指定列表框中条目数据源的类型，RowSource 属性指定列表框中显示的条目的来源，这两个属性应该配套使用。表 9-13 列出了 RowSourceType 属性的取值及其含义。

表 9-13　　　　　　　　　　　　RowSourceType 属性的设置值

属 性 值	说　明
0	无（默认值）。在程序运行时，通过 AddItem 方法添加列表框条目，通过 RemoveItem 方法移去列表框条目
1	值。通过 RowSource 属性指定由逗号分隔的若干个值作为列表框条目，如 RowSource="临床医学,计算机应用,工商管理"
2	别名。将表中的字段值作为列表框的条目。ColumnCount 属性指定要取的字段数目，也就是列表框的列数。指定的字段总是表中最前面的若干字段。比如 ColumnCount 属性值为 0 或 1，则列表将显示表中第一个字段的值
3	SQL 语句。将 SQL SELECT 语句的执行结果作为列表框条目的数据源，如： RowSource="SELECT 专业 FROM 学生 INTO CURSOR tmp"
4	查询（.qpr）。将.qpr 文件执行产生的结果作为列表框条目的数据源，如： RowSource="MyQuery.qpr"
5	数组。将数组中的内容作为列表框条目的来源
6	字段。将表中的一个或几个字段作为列表框条目的数据源

属 性 值	说 明
7	文件。将某个驱动器和目录下的文件名作为列表框的条目
8	结构。将表中的字段名作为列表框的条目，由 RowSource 属性指定表。若 RowSource 属性值为空，则列表框显示当前表中的字段名清单
9	弹出式菜单。将弹出式菜单作为列表框条目的数据源

这两个属性在设计和运行时可用。除了列表框，还适用于组合框。

2. List 属性

用以存取列表框中数据条目的字符串数组。如读取列表框中第 3 个条目第 2 列上的数据项，在程序代码中表示为：

```
Var=ThisForm.myList.List(3,2)
```

该属性在设计时不可用，在运行时可读写。除了列表框，还适用于组合框。

3. ListCount 属性

指明列表框中数据条目的数目。

该属性在设计时不可用，在运行时只读。除了列表框，还适用于组合框。

4. ColumnCount 属性

指定列表框的列数。

该属性在设计和运行时可用。除了列表框，还适用于组合框和表格。

5. Value 属性

返回列表框中被选中的条目。该属性可以是数值型，也可以是字符型。若为数值型，返回被选条目在列表框中的次序号；若为字符型，返回被选条目的本身内容，如果列表框不止一列，则返回有 BoundColumn 属性指明的列上的数据项。

对于列表框和组合框，该属性只读，该属性的取值及类型总是与 ControlSource 属性所指定的字段或内存变量的取值及类型保持一致。

6. ControlSource 属性

该属性在列表框中的用法与在其他控件中的用法有所不同。在这里，用户可以通过该属性指定一个字段或变量用以保存用户从列表框中选择的结果。

7. Selected 属性

指定列表框内的某个条目是否处于选定状态。例如，将列表框中第 2 个条目选中，在程序代码中表示为：

```
ThisForm.List1.Selected(2)=.T.
```

可用此属性在多选列表框中方便地找出所有被选的条目。

该属性在设计时不可用，在运行时可读写。除了列表框，还是适用于组合框。

8. MultiSelect 属性

指定用户能否在列表框中进行多重选定。该属性的设置情况如表 9-14 所示。

表 9-14　　　　　　　　　　　　　　MultiSelect 属性的设置值

属 性 值	说 明
0 或.F.	默认值，不允许多重选择
1 或.T.	允许多重选择。为选择多个条目，按住 Ctrl 或 Shift 键并用鼠标单击条目

该属性在设计时可用，在运行时可读写，仅适用于列表框。

列表框的常用方法如下。

1. AddItem 方法

给 RowSourceType 属性为 0 的列表框添加一个新条目。

格式：AddItem(cItem[,nIndex][,nColumn])

说明：cItem 是添加的新条目的字符型表达式。nIndex 用来指定新条目的行号，若省略该参数，当 Sorted 属性为.T.时，新条目将按字母顺序插入列表，否则添加到列表末尾。nColumn 用来指定放置新条目的列，缺省值为 1。

2. RmoveItem 方法

从 RowSourceType 属性为 0 的列表框删除一个条目。

格式：RmoveItem(nIndex)

说明：nIndex 指定一个整数，它对应于被移去的条目在列表中的显示顺序。对于列表框或组成框中的第一项，则 nIndex=1。

【例 9-7】 建立一个表单，表单文件名和表单名均为 Myform7，表单的标题为"列表框练习"，表单中包括 1 个标签 Label1、两个列表框（List1、List2）和 3 个命令按钮（Command1、Command2、Command3），表单运行界面如图 9-21 所示。表单在运行时要求如下。

（1）左边列表框中显示课程.dbf 中的所有课程名。

（2）单击"添加>"时，将左边列表框中被选中的条目添加到右边的列表框中。

（3）单击"<移去"时，将右边列表框中被选中的条目移去（删除）。

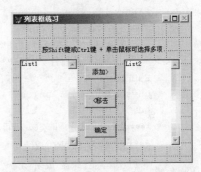

图 9-21　表单 Myform7 的运行界面

（4）单击"确定"时，查询右边列表框所列课程的的相关信息（依次包括：姓名、课程名和成绩 3 个字段），并先按课程名升序排列，课程名相同再按成绩降序排列，最后将查询结果存储到表 zonghe.dbf 中。

操作步骤如下。

（1）在命令窗口执行命令：CREATE FORM Myform7，建立表单。

（2）在表单空白处单击鼠标右键，在弹出的快捷菜单中单击"数据环境"命令，添加学生.dbf、课程.dbf 和成绩.dbf 到表单的数据环境设计器中。

（3）在表单上添加 1 个标签、两个列表框和 3 个命令按钮，修改各控件的属性，如表 9-15 所示，并进行适当的大小调整和布局。

表 9-15　　　　　　　　　　　　表单 Myform7 中各控件的属性设置

控件	Label1			Command1	Command2	Command3
属性	Caption			Caption	Caption	Caption
值	按 Shift 键或 Ctrl 键+单击鼠标左键可选择多项			添加>	<移去	确定
控件	List1				List2	
属性	RowSourceType	RowSource		Multiselect	Multiselect	
值	6-字段	课程.课程名		.T.	.T.	

（4）分别为"添加"按钮、"移去"按钮和"确定"按钮编写 Click 事件代码。

```
********** "添加" 按钮的 Click 事件代码**********
i=1
DO WHILE i<=ThisForm.List1.ListCount
   IF ThisForm.List1.Selected(i)
      ThisForm.List2.AddItem(ThisForm.List1.List(i))
   ENDIF
   i=i+1
ENDDO
********** "移去" 按钮的 Click 事件代码**********
i=1
DO WHILE i<=ThisForm.List2.ListCount
   IF ThisForm.List2.Selected(i)
      ThisForm.List2.RemoveItem(i)
   ELSE
      i=i+1
   ENDIF
ENDDO
********** "确定" 按钮的 Click 事件代码**********
**********得到右边列表框中列表项的数目**********
cc=ThisForm.list2.ListCount
**********构建有关课程名称的条件**********
cn=""
FOR i=1 TO cc
    x=allt(ThisForm.list2.list(i))
    cn=cn+"课程名='"+x+"'"+" or "
ENDFOR
cn=substr(cn,1,len(cn)-4)
cn="("+cn+") "
****以下是完成查询的 SQL 语句, SQL 中用到以上条件时, 可使用宏替换函数 &。
SELECT 姓名,课程名,成绩 ;
   FROM 学生,课程,成绩 ;
  WHERE 学生.学号=成绩.学号 ;
    AND 课程.课程号=成绩.课程号 ;
    AND &cn ;
  ORDER BY 课程名,成绩 desc ;
   INTO TABLE zonghe.dbf
```

（5）保存并运行表单。

9.4.10 组合框（ComboBox）控件

组合框与列表框类似，也用于提供一组条目供用户从中选择。上面介绍的有关列表框的属性（除 MultiSelect 外）对组合框同样适用，并且具有相似的含义和用法。组合框和列表框的主要区别在于以下几点。

（1）组合框通常只有一个条目是可见的。用户可以单击组合框右端的下拉箭头按钮打开条目列表，以便从中选择。所以相比列表框，组合框能够节省表单里的显示空间。

（2）组合框不提供多重选择的功能，没有 MultiSelect 属性。

（3）组合框有两种形式：下拉组合框和下拉列表框。通过设置 Style 属性可选择需要的形式，如表 9-16 所示。

表 9-16	Style 属性的设置值与组合框的类型说明
属 性 值	说　　明
0	下拉组合框。用户既可以从列表中选择，也可以在编辑区中输入
2	下拉列表框。用户只能从列表中选择

【例 9-8】 建立一个表单，表单文件名均为 Myform8，表单中包括两个标签（Label1、Label2）、一个组合框 Combo1 和一个文本框 Text1，表单设计界面如图 9-22 所示。表单在设计和运行时要求如下。

（1）将学生.dbf 和成绩.dbf 依次添加到表单的数据环境中。

（2）将组合框设置成"下拉列表框"，将学生表中的"姓名"字段作为下拉列表框条目的数据源。其中，组合框的 RowSourceType 属性值应设置为"6-字段"。

（3）将文本框设置为只读文本框。

（4）当用户从组合框选择一个学生姓名时，能够将该学生所考试课程的平均分自动显示在文本框中。（编写组合框的 InteractiveChange 事件代码。）

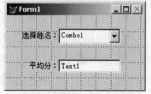

图 9-22　表单 Myform8 的设计界面

操作步骤如下。

（1）在命令窗口执行命令：CREATE FORM Myform8，建立表单。

（2）在表单空白处单击鼠标右键，在弹出的快捷菜单中单击"数据环境"命令，添加学生.dbf 和成绩.dbf 到表单的数据环境设计器中。

（3）在表单上添加两个标签、一个组合框和一个文本框，修改各控件的属性，如表 9-17 所示，并进行适当的大小调整和布局。

表 9-17		表单 Myform8 中各控件的属性设置			
控件	Label1	Label2	Combo1			Text1
属性	Caption	Caption	Style	RowSourceType	RowSource	ReadOnly
值	选择姓名：	平均分：	2	6-字段	学生.姓名	.T.

（4）为组合框控件编写 InteractiveChange 事件代码。

```
**********组合框控件的 InteractiveChange 事件代码**********
x=ALLTRIM(ThisForm.Combo1.Value)
SELECT AVG(成绩) ;
  FROM 学生,成绩 ;
 WHERE 学生.学号=成绩.学号 ;
   AND 学生.姓名=x ;
  INTO ARRAY s
ThisForm.Text1.Value=s
```

（5）保存并运行表单。

9.4.11　表格（Grid）控件

表格是按行和列显示数据的容器对象，其外观与浏览窗口相似。一个表格对象由若干列对象（Column）组成，每个列对象包含一个标头对象（Header）和若干控件。表格、列、标头和控件都有自己的属性、事件和方法，这使得用户对表格的控制变得更加灵活。

1. 表格设计基本操作

如果表格的 ColumnCount 属性（表格的列数）值为-1（默认值），用户无法对其中的列、标头等进行设置，表格自动创建足够多的列来显示数据源中的所有字段。

一旦为表格的 ColumnCount 属性指定了一个正值，就有两种方法来调整表格的行高和列宽。一是通过设置表格的 HeaderHeight 和 RowHeight 属性调整行高，通过设置列对象的 Width 属性调整列宽；二是在表格处于编辑状态下时，通过拖动鼠标调整表格的行高和列宽。

在表格的编辑状态下，调整列宽的方法：将鼠标指针置于两表格列的标头之间，拖动鼠标，调整列至所需要的宽度。调整行高的方法：将鼠标指针置于表格左侧的第 1 个按钮和第 2 个按钮之间，拖动鼠标，调整行至所需要的高度。

表格设计也可以调用表格生成器来进行。通过表格生成器能够交互式地快速设置表格的有关属性，创建所需要的表格。使用表格生成器生成表格的步骤：先通过"表单控件"工具栏在表单上放置一个表格，接着用鼠标右键单击表格并在弹出的快捷菜单中选择"生成器"命令，打开"表格生成器"对话框，如图 9-23 所示，然后在对话框内设置有关选项参数。当设置完后按"确定"按钮关闭对话框返回时，系统就会根据指定的选项参数设置表格的属性。

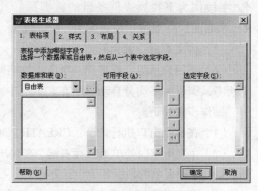

图 9-23 "表格生成器"对话框

"表格生成器"对话框包括 4 个选项卡，其作用大致如下。

表格项选项卡：指定要在表格内显示的字段。

样式选项卡：指定表格的样式，如标准型、专业型、账务型等。

布局选项卡：指定各列的标题和控件类型、调整各列列宽。

关系选项卡：设置一个一对多关系，指明父表中的关键字段与子表中的相关索引。

除了表单、表格之外，其他控件也大多有自己的生成器。利用这些生成器，可以方便地设置控件的一些主要属性。对需要设置较多属性的控件，如列表框、表格等，使用生成器的优势就会比较明显。

由于各种控件需要设置的属性不尽相同，所以打开的生成器对话框中的内容是有差异的，但它们的操作过程大致是相同的。

2. 常用的表格属性

① RecordSourceType 属性与 RecordSource 属性

RecordSourceType 属性指明表格数据源的类型，RecordSource 属性指明表格数据源。RecordSourceType 属性的取值范围及含义如表 9-18 所示。

表 9-18　　　　　　　　　　　　　RecordSourceType 属性的设置值

属 性 值	说　　明
0	表。数据来源于由 RecordSource 属性指定的表，该表能自动打开
1	（默认值）别名。数据来源于已打开的表，由 ReocordSource 属性指定该表的别名
2	提示。运行时，由用户根据提示选择表格数据源
3	查询（.qpr）。数据来源于查询，由 RecordSource 属性指定一个查询文件文件
4	SQL 语句。数据来源于 SQL 语句，由 RecordSource 属性指定一条 SQL 语句

设置了表格的 RecordSource 属性后，可以通过 ControlSource 属性为表格中的一列指定它所要显示的内容，如果不指定，该列将显示表格数据源中下一个还没有显示的字段。

这两个属性在设计时可用，在运行时可读写，都仅适用于表格。

② ColumnCount 属性

指定表格的列数，即一个表格对象所包含的列对象的数目。该属性的默认值为-1，此时表格将创建足够多的列来显示数据源中的所有字段。

对表格来说，该属性在设计时可用，在运行时可读写。

③ LinkMaster 属性

用于指定表格中所显示的子表的父表名称。使用该属性在父表和表格中显示的子表（由RecordSource 属性指定）之间建立一对多的关联关系。要在两个表之间建立这种一对多关系，除了要设置该属性，还要用到 ChildOrder 和 RelationalExpr 两个属性。

该属性在设计时可用，在运行时可读写，仅适用于表格。

④ ChildOrder 属性

用于指定为建立一对多的关联关系，子表所要用到的索引。

ChildOrder 属性类似于 SET ORDER 命令。

该属性在设计时可用，在运行时只读。

⑤ RelationalExpr 属性

确定基于主表（由 LinkMaster 属性指定）字段的关联表达式。当主表中的记录指针移动至新位置时，系统首先会计算出关联表达式的结果，然后再从子表中找出索引表达式（当前索引可由 ChildOrder 属性指定）上的取值与该结果相匹配的所有记录，并将它们显示于表格中。

对表格来说，该属性在设计时可用，在运行时可读写。

3. 常用的列属性

① ControlSource 属性

指定要在列中显示的数据源，常见的是表中的一个字段。如果不设置该属性，列中将显示表格数据源（由 RecordSource 属性指定）中下一个还没有显示的字段。

② CurrentControl 属性

指定列对象中的一个控件，该控件用以显示和接收列中活动单元格的数据。列中非活动单元格的数据将在缺省的 TextBox 中显示。

默认情况下，表格中的一个具体对象包含一个标头对象（名称为 Header1）和一个文本框对象（名称为 Text1），而 CurrentControl 属性的默认值就是文本框 Text1。用户可以根据需要向列对象中添加所需的控件，并将 CurrentControl 属性设置为其中的某个控件。比如，可以用复选框来显示和接收逻辑型字段的数据。

该属性在设计时可用，在运行时可读写，仅适用于列。

③ Sparse 属性

用于确定 CurrentControl 属性是影响列中的所有单元格还是只影响活动单元格。如果属性值为.T.（默认值），则只有列中的活动单元格使用 CurrentControl 属性指定的控件显示和接收数据，其他单元格的数据用缺省的 TextBox 显示。如果属性值为.F.，则列中所有的单元格都使用CurrentControl 属性指定的控件显示数据，活动单元格可接收数据。

该属性在设计时可用，在运行时可读写，仅适用于列。

4. 常用的标头（Header）属性

① Caption 属性

指定标头对象的标题文本，显示于列顶部。

② Alignment 属性

指定标题文本在对象中显示的对齐方式。对标头对象和列对象，其设置值如表 9-19 所示。

9-19 Alignment 属性的设置

属 性 值	说 明	属 性 值	说 明
0	居中靠左	5	右上对齐
1	居中靠右	6	中上对齐
2	居中	7	左下对齐
3	（默认值）自动	8	右下对齐
4	左上对齐	9	中下对齐

在默认方式（默认值为 3）下，对齐方式基于控件数据源的数据类型：数值型数据右对齐，其他类型数据左对齐。

【例 9-9】 建立一个表单，表单文件名和表单名均为 Myform9，表单中有一个标签 Label1、一个文本框 Text1、一个表格 Grid1 和两个命令按钮 Command1 和 Command2，表单设计界面如图 9-24 所示。表单在运行时要求如下。

（1）单击"生成"按钮时，根据在文本框中输入的日期，查询学生.dbf 中出生日期大于等于文本框中输入的日期的学生的学号、姓名、性别、出生日期和专业，并将查询结果输出到表 tableone 中。

（2）单击"退出"按钮时，关闭表单。

运行表单，查询出生日期大于或等于 1987-10-27 的学生信息，最后单击"退出"按钮关闭表单。

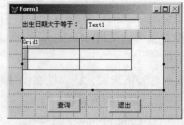

图 9-24 表单 Myform9 的设计界面

操作步骤如下。

（1）在命令窗口执行命令：CREATE FORM Myform9，建立表单。

（2）在表单空白处单击鼠标右键，在弹出的快捷菜单中单击"数据环境"命令，添加学生.dbf 到表单的数据环境中。

（3）在表单中添加一个标签、一个文本框、一个表格和两个命令按钮修改各控件的属性，如表 9-20 所示，并进行适当的大小调整和布局。

表 9-20 Myform9 中各控件的属性设置

控件	表单	Label1	Grid1	Command1	Command2
属性	Name	Caption	RecordSourceType	Caption	Caption
值	Myform9	出生日期大于等于：	4-SQL	查询	退出

（4）分别为"查询"按钮和"退出"按钮编写 Click 事件代码。

```
********** "查询"按钮的 Click 事件代码**********
csrq=CTOD(ALLTRIM(ThisForm.Text1.Value))
SET CENTURY ON
```

```
SET DATE TO YMD
SET MARK TO "-"
ThisForm.Grid1.RecordSource=" ;
SELECT 学号,姓名,性别,出生日期,专业 ;
FROM 学生 ;
WHERE 出生日期>=csrq ;
INTO TABLE tableone"
********** "退出" 按钮的 Click 事件代码**********
ThisForm.Release
```

（5）保存并运行该表单，在文本框中输入 "1987-10-27" 并单击 "查询" 按钮，最后单击 "退出" 按钮。

9.4.12　页框（PageFrame）控件

表单中的可用空间是有限的，在表单中需要显示的项目有时会很多，而在整个表单都无法容纳的情况下，利用页框是个很好的解决办法。

页框是一个包含多个页面（Page）的容器对象，其中的页面又可以包含各种控件，主要用于扩展应用程序用户界面。页框定义了页面的总体特性，包括大小、位置、边界类型以及哪个页面是活动的等。

页框的常用属性如下。

1. PageCount 属性

指定页框中包含的页面数，默认值为 2。

该属性在设计和运行时可用，仅适用于页框。

2. Pages 属性

用于访问页框中各个页面的数组。例如，要将页框 PageFrame1 中第 1 个页面的 Caption 属性值设置为 "学生基本信息"，可用如下代码：

```
ThisForm.PageFrame1.Pages(1).Caption="学生基本信息"
```

页面的 Caption 属性值显示在页面标签上。另外，也可以用页面的名称（Name 属性值，默认情况下是 Page1、Page2 等)来引用某个具体的页面对象。

该属性仅在运行时可用，仅适用于页框。

3. Tabs 属性

指定页框中是否显示页面标签栏。如果属性值为.T.（默认值），页框中包含页面标签栏；若果属性值为.F.，页框中不显示页面标签栏。

该属性在设计和运行时可用，仅适用于页框。

4. TabStretch 属性

如果页面标题（标签）文本太长，标签栏无法在指定宽度的页框内显示出来，可以通过 TabStretch 属性指明其行为方式。该属性的设置值如表 9-21 所示。该属性仅在 Tabs 属性值为.T. 时有效，在设计和运行时可用，仅适用于页框。

表 9-21　　　　　　　　　　　　　　TabStretch 属性的设置

属　性　值	说　　　明
0	多行。标签栏可根据需要分几行显示，所有的标签文本都被显示出来
1	单行（默认值）。标签栏在一行内显示，超长的标签文本将被截取

5. ActivePage 属性

返回页框中活动页面的页号，或使页框中的指定页面成为活动页。

该属性在设计时可用，在运行时可读写，仅适用于页框。

【例 9-10】 建立一个表单，表单文件名和表单名均为 Myform10，表单中包括一个页框 PageFrame1 和一个命令按钮 Command1，页框的每个页面（Page1、Page2）中各包括一个表格 Grid1，表单运行界面如图 9-25 所示。表单在运行时要求如下。

图 9-25　表单 Myform10 的运行界面

（1）在第 1 个页面的表格中显示学生.dbf 中的学号、姓名和专业；在第 2 个页面的表格中显示成绩.dbf 中的所有字段。

（2）在第 1 个页面的表格中选择某个学生时，在第 2 个页面的表格中自动显示该学生的成绩信息。

（3）单击"退出"按钮时，关闭表单。

操作步骤如下。

（1）在命令窗口执行命令：CREATE FORM Myform10，建立表单。

（2）在表单空白处单击鼠标右键，在弹出的快捷菜单中单击"数据环境"命令，添加学生.dbf 和成绩.dbf 到表单的数据环境中。

（3）在表单中添加一个页框和一个命令按钮，在页框的每个页面中添加一个表格，修改各控件的属性，如表 9-22 所示，并进行适当的大小调整和布局。

表 9-22　　　　　　　　　　表单 Myform10 中各控件的属性设置

控件	表单	PageFrame1		Command1
		Page1	Page2	
属性	Name	Caption	Caption	Caption
值	Myform10	学生基本信息	学生成绩信息	退出

（4）设置 Page1 中表格 Grid1 的数据源：右键单击表格 Grid1，在弹出的快捷菜单中选择"生成器"命令。在打开的"表格生成器"对话框的"表格项"选项卡中把学生.dbf 的"学号"、"姓名"和"专业"字段添加到"选定字段"列表框中。

（5）设置 Page2 中表格 Grid1 的数据源：右键单击表格 Grid1，在弹出的快捷菜单中选择"生成器"命令。在打开的"表格生成器"对话框的"表格项"选项卡中把成绩.dbf 的所有字段添加到"选定字段"列表框中。在"关系"选项卡中指定"父表中的关键字段"："学生.学号"和"子表中的相关索引"："学号"，如图 9-26 所示。（在此步操作之前，必须对学生.dbf 和成绩.dbf 以"学号"字段分别建立主索引和普通索引。）

（6）为"退出"按钮编写 Click 事件代码。

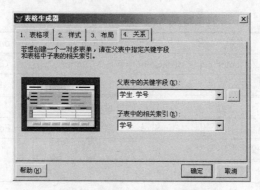

图 9-26 "表格生计器"对话框

***********"退出"按钮的 Click 事件代码**********

ThisForm.Release

（7）保存并运行表单。

9.4.13 计时器（Timer）控件

计时器是由系统时钟控制，以一定的时间间隔重复触发计时器的 Timer 事件。计时器在设计时显示为一个小时钟图标，在运行时则不可见，常用来做一些后台处理。

计时器的常用属性如下。

1. Interval 属性

设置计时器的时间间隔，单位为毫秒（ms）。当属性值为 0（默认值）时，不产生 Timer 事件。

说明：1 s=1000 ms

2. Enabled 属性

控制计时器是否启动。当属性值为.T.（默认值）时，计时器被启动；当属性值为.F.时，计时器被挂起。

计时器的基本事件如 Timer 事件，每隔 Interval 属性指定的时间间隔发生一次。

【例 9-11】 建立一个表单，表单文件名为 Myform11，表单标题为"时钟"，表单中包括两个标签（Label1、Label2）、两个计时器（Timer1、Timer2）和 3 个命令按钮（Command1、Command2、Command3），表单设计界面如图 9-27 所示。表单在运行时要求如下。

（1）标签 1 中的标题"欢迎来我们学校参观！"字符每 200 毫秒向表单左侧移动 10 点。

（2）标签 2 的标题自动显示系统的当前时间。

（3）单击"暂停"按钮时，标签 2 的标题显示的系统当前时间停止。

（4）单击"继续"按钮时，标签 2 的标题继续显示系统的当前时间。

（5）单击"退出"按钮时，关闭表单。

操作步骤如下。

（1）在命令窗口执行命令：CREATE FORM Myform11，建立表单。

（2）在表单中添加两个标签、两个计时器和 3 个命令按钮，修改各控件的属性，如表 9-23 所示，并进行适当的大小调整和布局。

图 9-27 表单 Myform11 的设计界面

表 9-23　　　　　　　　　　　　　表单 Myform11 中各控件的属性设置

控件	表单			Command1	Command2	Command3
属性	Caption	AutoCenter	BackColor	Caption	Caption	Caption
值	时钟	.T.	0,255,255	暂停	继续	退出

控件	Label1				
属性	Caption	FontSize	AutoSize	FontItlic	BackStyle
值	欢迎来我们学校参观!	26	.T.	.T.	0-透明

控件	Label2				Timer1	Timer2
属性	FontSize	AutoSize	FontItlic	BackStyle	Interval	Interval
值	26	.T.	.T.	0-透明	200	1000

（3）分别为 "Timer1" 控件和 "Timer2" 控件编写 Timer 事件代码。

```
********** "Timer1" 控件的 Timer 事件代码**********
IF ThisForm.Label1.Left+ThisForm.Label1.Width<=0
    ThisForm.Label1.Left=ThisForm.Width
ELSE
    ThisForm.Label1.Left=ThisForm.Label1.Left-10
ENDIF
**********"Timer2"控件的 Timer 事件代码**********
ThisForm.Label2.Caption=time()
```

（4）分别为 "暂停" 按钮、"继续" 按钮和 "退出" 按钮编写 Click 事件代码。

```
********** "暂停" 按钮的 Click 事件代码**********
ThisForm.Timer2.Interval=0
********** "继续" 按钮的 Click 事件代码**********
ThisForm.Timer2.Interval=1000
********** "退出" 按钮的 Click 事件代码**********
ThisForm.Release
```

（5）保存并运行表单。

　　　Timer1 的 Interval 属性值设置为 200，决定了 Label1 的移动周期；Timer2 的 Interval 属性值设置为 1 000，决定了 Label2 的刷新周期。

9.5　常用表单控件应用举例

【例 9-12】 建立一个表单，表单文件名和表单控件名均为 Myform12，表单标题为 "查询统计"，表单运行界面如图 9-28 所示。表单在运行时要求如下。

（1）表单运行时，组合框中可供选择的平均分实例为 70、80、90（只有 3 个，不能输入新的条目）。要求组合框的 RowSourceType 属性值为 5-数组，RowSource 属性值为 a。

（2）单击 "生成" 按钮时，根据选项按钮组和组合框中选

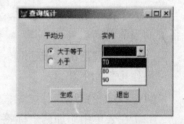

图 9-28 表单 Myform12 的设计界面

定的值，将学生.dbf 和成绩.dbf 中满足条件的记录按平均分降序存入表 Table_avg 中。Table_avg 表中的字段为学号、姓名、专业和平均分。

（3）单击"退出"按钮时，关闭表单。

操作步骤如下。

（1）在命令窗口中执行命令：CREATE FORM Myform12，建立表单。

（2）在表单空白处单击鼠标右键，在弹出的快捷菜单中单击"数据环境"项，添加学生.dbf 和成绩.dbf 到表单的数据环境中。

（3）在表单中添加两个标签、一个选项按钮组、一个组合框和两个命令按钮，修改各控件的属性，如表 9-24 所示，并进行适当的大小调整和布局。

表 9-24　　　　　　　　　　　表单 Myform12 中各控件的属性设置

控件	表单		Label1	Label2	OptionGroup1	
属性	Name	Caption	Caption	Caption	Option1	Option2
					Caption	Caption
值	Myform12	查询统计	平均分	实例	大于等于	小于
控件	Combo1				Command1	Command2
属性	RowSourceType	RowSource		Style	Caption	Caption
值	5-数组	a		2-下拉列表框	生成	退出

（4）为表单编写 Load 事件（或 Init 事件）代码。

```
Public a(3)
a(1)="70"
a(2)="80"
a(3)="90"
```

（5）分别为"生成"按钮和"退出"按钮编写 Click 事件代码。

```
********** "生成"按钮的Click事件代码**********
x=VAL(ALLTRIM(ThisForm.Combo1.Value))
y=ThisForm.OptionGroup1.Value
IF y=1
    SELECT 学生.学号,姓名,专业,AVG(成绩) AS 平均分 ;
      FROM 学生,成绩 ;
     WHERE 学生.学号=成绩.学号 ;
     GROUP BY 学生.学号 ;
    HAVING 平均分>=x ;
     ORDER BY 4 DESC ;
      INTO TABLE Table_avg
ELSE
    SELECT 学生.学号,姓名,专业,AVG(成绩) AS 平均分 ;
      FROM 学生,成绩,课程 ;
     WHERE 学生.学号 = 成绩.学号 ;
     GROUP BY 学生.学号 ;
    HAVING 平均分<x ;
     ORDER BY 4 DESC ;
      INTO TABLE Table_avg
ENDIF
```

********** "退出"按钮的 Click 事件代码**********

```
ThisForm.Release
```

（6）保存并运行表单。

【例 9-13】 建立一个表单，表单文件名和表单控件名均为 Myform13，表单标题为"专业成绩查询"，表单设计界面如图 9-29 所示。表单在运行时要求如下。

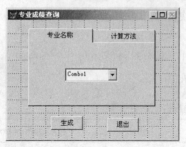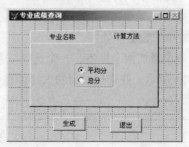

图 9-29　表单 Myform13 的设计界面

（1）表单在主窗口内居中显示，且不可移动。

（2）组合框中显示的是学生.dbf 中的所有专业（显示的专业不允许有相同的）。

（3）单击"生成"按钮时，根据页框中组合框和选项按钮组中选定的专业和计算方法，将该专业的学生的学号、姓名、平均分或总分存入以所选专业+"成绩"为文件名的表中，表中的记录先按平均分或总分降序排序，若平均分或总分相同再按学号降序排序。

（4）单击"退出"按钮时，关闭表单。

操作步骤如下。

（1）在命令窗口中执行命令：CREATE FORM Myform13，建立表单。

（2）在表单空白处单击鼠标右键，在弹出的快捷菜单中单击"数据环境"命令，添加学生.dbf 和成绩.dbf 到表单的数据环境中。

（3）在表单中添加一个页框和两个命令按钮，并在页框的第 1 个页面中添加一个组合框，在页框的第 2 个页面中添加一个选项按钮组，修改各控件的属性，如表 9-25 所示，并进行适当的大小调整和布局。

表 9-25　　　　　　　　　　　　表单 Myform13 中各控件的属性设置

控件	表单				PageFrame1		Command1	Command2
属性	Name	Caption	AutoCenter	Movable	Page1 Caption	Page2 Caption	Caption	Caption
值	Myform13	专业成绩查询	.T.	.F.	专业名称	计算方法	生成	退出

控件	Combo1		OptionGroup1	
属性	RowSourceType	RowSource	Option1 Caption	Option2 Caption
值	3-SQL	SELECT DISTINCT 专业 FROM 学生 INTO CURSOR lsb	平均分	总分

（4）分别为"生成"按钮和"退出"按钮编写 Click 事件代码。

********** "生成"按钮的 Click 事件代码**********

```
zy=ALLTRIM(ThisForm.PageFrame1.Page1.Combo1.Value)
```

```
x=ThisForm.PageFrame1.Page2.OptionGroup1.Value
tn=zy+"成绩"
IF x=1
    SELECT 学生.学号,学生.姓名,AVG(成绩.成绩) AS 平均分 ;
      FROM 学生 INNER JOIN 成绩 ;
        ON 学生.学号=成绩.学号 ;
      WHERE 学生.专业=zy ;
      GROUP BY 学生.学号 ;
      ORDER BY 3 DESC, 学生.学号 ;
       INTO TABLE &tn
ELSE
    SELECT 学生.学号,学生.姓名,SUM(成绩.成绩) AS 总分 ;
      FROM 学生 INNER JOIN 成绩 ;
        ON 学生.学号=成绩.学号 ;
      WHERE 学生.专业=zy ;
      GROUP BY 学生.学号 ;
      ORDER BY 3 DESC, 学生.学号 ;
       INTO TABLE &tn
ENDIF
********** "退出" 按钮的 Click 事件代码**********
ThisForm.Release
```

（5）保存并运行表单。

【例 9-14】　建立一个表单，表单文件名和表单控件名均为 Myform14，表单标题为"显示磁盘文件"，表单设计界面如图 9-30 所示。表单在运行时要求如下。

（1）在选项按钮组中选择一个文件类型时，列表框就列出该文件类型所对应的文件。

（2）单击"退出"按钮时，关闭表单。

操作步骤如下。

（1）在命令窗口执行命令：CREATE FORM Myform14，建立表单。

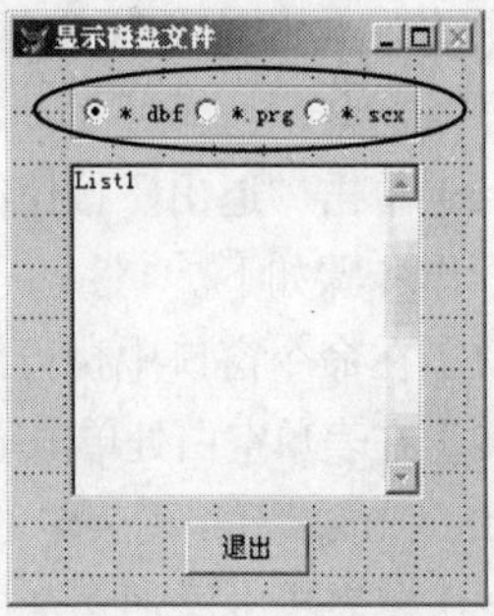

图 9-30　表单 Myform14 的设计界面

（2）在表单中添加一个选项按钮组、一个列表框和一个命令按钮，修改各控件的属性，如表 9-26 所示，并进行适当的大小调整和布局。

表 9-26　　　　　　　　　　表单 Myform14 中各控件的属性设置

控件	表单		List1		Command1
属性	Name	Caption	RowSourceType	ColumnCount	Caption
值	Myform14	显示磁盘文件	7-文件	1	退出
控件	OptionGroup1				
属性	ButtonCount	按钮布局	Option1	Option2	Option3
			Caption	Caption	Caption
值	3	水平	*.dbf	*.prg	*.scx

设置选项按钮组的属性时，在"选项组生成器"对话框中操作比较方便。

（3）分别为选项按钮组和"退出"按钮编写 Click 事件代码。

**********选项按钮组按钮的 Click 事件代码**********
```
DO CASE
    CASE This.Value=1
        ThisForm.List1.RowSource="*.dbf"
    CASE This.Value=2
        ThisForm.List1.RowSource="*.prg"
    CASE This.Value=3
        ThisForm.List1.RowSource="*.scx"
ENDCASE
```
********** "退出"按钮的 Click 事件代码**********
```
ThisForm.Release
```

（4）保存并运行表单。

【例 9-15】 建立一个表单，表单文件名和表单控件名均为 Myform15，表单标题为"查询统计"，表单设计界面如图 9-31 所示。表单在运行时要求如下。

（1）单击"查询统计"按钮时，根据文本框中输入的姓名（如果输入的姓名在学生.dbf 中不存在，弹出消息框，显示"姓名不存在，请重新输入姓名！"的提示信息），在右边的表格中显示该同学所选课程的课程名和成绩，并在左边相应的文本框中显示其中的最高分、最低分及平均分。

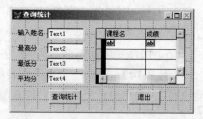

图 9-31 表单 Myform15 的设计界面

（2）单击"退出"按钮时，关闭表单。

操作步骤如下。

（1）在命令窗口中执行命令：CREATE FORM Myform15，建立表单。

（2）在表单空白处单击鼠标右键，在弹出的快捷菜单中单击"数据环境"命令，添加学生.dbf、课程.dbf 和成绩.dbf 到表单的数据环境设计器中。

（3）在表单中添加 4 个标签、4 个文本框、1 个表格和两个命令按钮，修改各控件的属性，如表 9-27 所示，并进行适当的大小调整和布局。

表 9-27　　　　　　　　　　表单 Myform15 中各控件的属性设置

控件	表单		Label1	Label2	Label3	Label4
属性	Name	Caption	Caption	Caption	Caption	Caption
值	Myform15	查询统计	输入姓名	最高分	最低分	平均分
控件	Grid1				Command1	Command2
属性	ColumnCount	RecordSourceType	Column1 Header1 Caption	Column2 Header1 Caption	Caption	Caption
值	2	1-别名	课程名	成绩	生成	退出

（4）分别为"查询统计"按钮和"退出"按钮编写 Click 事件代码。

**********"查询统计"按钮的 Click 事件代码**********
```
CLOSE ALL
SET EXACT ON
xm=ALLTRIM(ThisForm.Text1.Value)
USE 学生
LOCATE FOR ALLTRIM(姓名)=xm
IF EOF()
    MessageBox("姓名不存在，请重新输入姓名！")
    ThisForm.Text1.Value=""
    ThisForm.Text1.SetFocus
ELSE
    SELECT 课程名,成绩 FROM 学生,课程,成绩 ;
     WHERE 学生.学号=成绩.学号 ;
        AND 课程.课程号=成绩.课程号 ;
        AND 学生.姓名=xm ;
        INTO CURSOR lsb
    ThisForm.Grid1.RecordSource="lsb"
    SELECT MAX(成绩),MIN(成绩),AVG(成绩) ;
      FROM lsb ;
      INTO ARRAY s
    ThisForm.text2.value=s(1)
    ThisForm.text3.value=s(2)
    ThisForm.text4.value=s(3)
ENDIF
```
**********"退出"按钮的 Click 事件代码**********
```
ThisForm.Release
```

（5）保存并运行表单。

习 题 9

一、选择题

1. 建立表单的命令是（　　）。

    A．CREATE FORM　　　　　B．CREATE TABLE

    C．NEW FORM　　　　　　 D．NEW TABLE

2. 下面属于表单方法名（非事件名）的是（　　）。

    A．Init　　　　　B．Release　　　　　C．Destroy　　　　　D．Caption

3. 假定表单中包含一个命令按钮，那么在运行表单时，下面有关事件引发次序的陈述中，正确的是（　　）。

    A．先命令按钮的 Init 事件，然后表单的 Init 事件，最后表单的 Load 事件

    B．先表单的 Init 事件，然后命令按钮的 Init 事件，最后表单的 Load 事件

    C．先表单的 Load 事件，然后表单的 Init 事件，最后命令按钮的 Init 事件

    D．先表单的 Load 事件，然后命令按钮的 Init 事件，最后表单的 Init 事件

4. 在表单设计器环境下，要选定表单中某选项组里的某个选项按钮，可以（　　）。

    A. 单击选项按钮

    B. 双击选项按钮

    C. 先单击选项组，并选择"编辑"命令，然后再单击选项按钮

    D. 以上 B 和 C 都可以

5. 下面关于数据环境和数据环境中两个表之间关联的陈述中，正确的是（   ）。

    A. 数据环境是对象，关系不是对象

    B. 数据环境不是对象，关系是对象

    C. 数据环境是对象，关系是数据环境中的对象

    D. 数据环境和关系都不是对象

6. 下面关于表单控件基本操作的陈述中，不正确的是（   ）。

    A. 要在"表单控件"工具栏中显示某个类库文件中自定义类，可以单击表单控件工具栏中的"查看类"按钮，然后在弹出的菜单中选择"添加"命令

    B. 要在表单中复制某个控件，可以按住 Ctrl 键并拖放该控件

    C. 使表单中所有被选控件具有相同的大小，可单击"布局"工具栏中的"相同大小"按钮

    D. 要将某个控件的 Tab 序号设置为 1，可在进入 Tab 键次序互式设置状态后，双击控件的 Tab 键次序盒

7. 假定一个表单里有一个文本框 Text1 和一个命令按钮组 CommandGroup1。命令按钮组是一个容器对象，其中包含 Command1 和 Command2 两个命令按钮。如果要在 Command1 命令按钮的某个方法中访问文本框的 Value 属性值，正确的表达式是（   ）。

    A. This.ThisForm.Text1.Value   B. This.Parent.Parent.Text1.Value

    C. Parent.Parent.Text1.Value   D. This.Parent.Text1.Value

8. 表单里有一个选项按纽组，包含两个选项按纽 Option1 和 Option2，假设 Option2 没有设置 Click 事件代码，而 Option1 以及选项按纽和表单都设置了 Click 事件代码，那么当表单运行时，如果用户单击 Option2，系统将（   ）。

    A. 执行表单的 Click 事件代码   B. 执行选项按纽组的 Click 事件代码

    C. 执行 Option1 的 Click 事件代码   D. 不会有反应

9. 在设计界面时，为提供多选功能，通常使用的控件是（   ）。

    A. 选项按钮组   B. 一组复选框   C. 编辑框   D. 命令按钮组

10. 下面关于列表框和组合框的陈述中，正确的是（   ）。

    A. 列表框和组合框都可以设置成多重选择

    B. 列表框可以设置成多重选择，而组合框不能

    C. 组合框可以设置成多重选择，而列表框不能

    D. 列表框和组合框都不能设置成多重选择

11. 用于指明表格列中显示的数据源的属性是（   ）。

    A. RecordSourceType   B. RecordSource

    C. ColumnCount   D. ControlSource

12. 表单名为 myForm 的表单中有一个页框 myPageFrame，将该页框的第 3 页（Page3）的标题设置为"修改"，可以使用代码的是（   ）。

    A. myForm.Page3.myPageFrame.Caption="修改"

    B. myForm.myPageFrame.Caption.Page3="修改"

    C. ThisForm.myPageFrame.Page3.Caption="修改"

    D. ThisForm.myPageFrame.Caption.Page3="修改"

13. 下列控件中，不能设置数据源的是（   ）。

    A. 复选框   B. 命令按钮   C. 选项组   D. 列表框

二、填空题

1. 设置表单标题的属性是_____；表单的_____属性设置为.T.时，表单运行时将自动居中；释放当前表单的语句是_____。

2. 利用表单数据环境，将表中数值型字段、字符型字段或日期型字段拖动到表单中，将产生一个_____；逻辑型字段拖到表单中，将产生一个_____；备注型字段拖到表单中，将产生一个_____。在表单控件中，要保存多行文本，可创建_____。

3. 在文本框中，_____属性指定在文本框中如何输入和显示数据；_____指定文本框内显示占位符（如显示"*"）；编辑框没有水平滚动条，但可通过设置_____属性指定其是否具有垂直滚动条。

4. 在 Visual FoxPro 中，假设表单上有一选项组：○男 ○女，该选项组的 Value 属性值赋为 0。当其中的第一个选项按钮"男"被选中，该选项组的 Value 属性值为_____。

5. 命令（选项）按钮组中命令（选项）按钮的个数由_____属性指定；列表框的列数由_____属性指定，列表框中数据条目的数目由_____属性指定；表格控件的列数由_____属性指定；页框控件的页面数由_____属性指定。

6. 在表单中设计一组复选框（CheckBox）控件是为了可以选择_____个或_____个选项。

7. 如果要在列表框中一次选择多个项（行），必须设置_____属性为.T.。

8. 表格的数据源 RecordSource 属性中写入一条 SELECT 语句，则它的 RecordSourceType 属性应设置为_____。

9. 计时器控件的两个主要属性是_____和_____。

常见的菜单有两种：下拉式菜单和快捷菜单。一个应用程序通常以下拉式菜单的形式列出其具有的所有功能，供用户调用。而快捷菜单一般从属于某个界面对象，列出了有关该对象的一些操作。

10.1 Visual FoxPro 系统菜单

利用系统菜单是用户调用系统功能的一种方式或途径。而了解 Visual FoxPro 系统菜单的结构、特点和行为，则是用户设计自己的菜单系统的基础。

10.1.1 菜单结构

Visual FoxPro 支持两种类型的菜单：条形菜单和弹出式菜单。每一个条形菜单都有一个内部名字和一组菜单项，每个菜单项都有一个名称（标题）和内部名字。每一个弹出式菜单也有一个内部名字和一组菜单项，每个菜单项都有一个名称（标题）和内部序号（或系统菜单项内部名字）。菜单项的名称显示于屏幕供用户识别，菜单及菜单项的内部名字或内部序号则用于在代码中引用。

每个菜单项都可以有选择地设置一个热键和一个快捷键。热键通常是一个字符，当菜单激活时，可以按菜单项的热键快速选择该菜单项。快捷键通常是 Ctrl 键和另一个字符键组成的组合键。不管菜单是否激活，都可以通过快捷键选择相应的菜单选项。

无论是哪种类型的菜单，当选择其中的某个菜单项时都会有一定的动作，这个动作可以是下面 3 种情况中的一种：执行一条命令、执行一个过程或激活另一个菜单。

典型的菜单系统一般是一个下拉式菜单，由一个条形菜单和一组弹出式菜单组成。其中，条形菜单作为主菜单，弹出式菜单作为子菜单。当选择一个条形菜单项时，激活相应的弹出式子菜单。

快捷菜单一般由一个或者一组上下级的弹出式菜单组成。

10.1.2 Visual FoxPro 的系统菜单

Visual FoxPro 的系统菜单是一个典型的菜单系统，其内部名字为"_MSYSMENU"，系统菜单中包含的菜单项名称（菜单标题）及对应的内部名字如表 10-1 所示。系统菜单的每个菜单项对应一个弹出式菜单，弹出式菜单的内部名字如表 10-2 所示。弹出式菜单列表中包括了若干菜单项，表 10-3 和表 10-4 分别显示"文件"菜单列表和"编辑"菜单列表中部分菜单项的名称和内部名字。了解系统菜单的内部名字，有助于更好地使用系统菜单的功能。

表 10-1　系统菜单常见菜单项的内部名字

菜单项名称	内 部 名 字
文件	_MSM_FILE
编辑	_MSM_EDIT
显示	_MSM_VIEW
工具	_MSM_TOOLS
程序	_MSM_PROG
窗口	_MSM_WINDO
帮助	_MSM_SYSTM

表 10-2　弹出式菜单的内部名字

弹出式菜单	内 部 名 字
"文件"菜单	_MFILE
"编辑"菜单	_MEDIT
"显示"菜单	_MVIEW
"工具"菜单	_MTOOLS
"程序"菜单	_MPROG
"窗口"菜单	_MWINDOW
"帮助"菜单	_MSYSTEM

表 10-3　"文件"菜单列表中常用菜单项

菜单项名称	内 部 名 字
新建	_MFI_NEW
打开	_MFI_OPEN
关闭	_MFI_CLOSE
保存	_MFI_SAVE
打印	_MFI_SYSPRINT
退出	_MFI_QUIT

表 10-4　"编辑"菜单列表中常用菜单项

菜单项名称	内 部 名 字
撤销	_MED_UNDO
重做	_MED_REDO
剪切	_MED_CUT
复制	_MED_COPY
粘贴	_MED_PASTE
清除	_MED_CLEAR

注意

（1）菜单系统（菜单）不等于系统菜单，系统菜单只是菜单系统的一种；

（2）"_MSYSMENU"不等于"_MSM_SYSTM"，前者是指系统菜单，后者是指帮助菜单项；

（3）"名称"是当前项的显示信息，"内部名字（序号）"是当前项被调用时的引用名字。"名称"类似于对象的 Caption 属性，"内部名字（序号）"类似于对象的 Name 属性；

在 Visual FoxPro 的编辑环境，有时需要对系统菜单进行重新配置。程序调试运行时，有时也需要禁止系统菜单被访问。这些设置的改变，都可以利用 SET SYSMENU 命令实现。SET SYSMENU 的命令格式为：

```
SET SYSMENU ON|OFF|AUTOMATIC
|TO [<条形菜单项名表>]
|TO [<弹出式菜单名表>]
|TO [DEFAULT]|SAVE|NOSAVE
```

说明

① ON：允许程序运行时访问系统菜单；

② OFF：禁止程序运行时访问系统菜单；

③ AUTOMATIC：可使系统菜单显示出来，可以访问系统菜单；

④ TO <条形菜单项名表>：重新配置系统菜单，用条形菜单项的内部名字列表给出需要显示的弹出式菜单。例如，若要仅保留"文件"、"工具"和"程序"弹出式菜单，用命令"SET SYSMENU TO _MSM_FILE,_MSM_TOOLS,_MSM_PROG"可以实现；

⑤ TO <弹出式菜单名表>：重新配置系统菜单，用弹出式菜单的内部名字列表给出需要显示的弹出式菜单。例如，同样仅保留"文件"、"工具"和"程序"弹出式菜单，也可以用命令"SET SYSMENU TO _MFILE,_MTOOLS,_MPROG"实现；

⑥ TO DEFAULT：将系统菜单恢复为系统缺省配置；

⑦ SAVE：将当前的系统菜单配置指定为系统缺省配置；

⑧ NOSAVE：将当前的系统菜单配置恢复为 Visual FoxPro 系统菜单的标准配置；

⑨ 不带参数的 SET SYSMENU TO 命令将屏蔽系统菜单，使系统菜单不可用。

【例 10-1】 配置系统菜单，要求只包含"文件"、"编辑"和"工具"菜单项，并设置为缺省系统菜单配置，然后恢复系统菜单为标准配置。

操作步骤如下：

（1）执行命令"SET SYSMENU TO _MFILE, _MEDIT,_MTOOLS"改变系统菜单配置，仅显示"文件"、"编辑"和"工具"菜单项，如图 10-1（a）所示。

（a）　　　　　　（b）

图 10-1　菜单显示

此时，若 Visual FoxPro 系统"命令"窗口显示，则有图 10-1（b）所示效果。

（2）执行命令"SET SYSMENU SAVE"，设置为缺省系统菜单。

（3）执行命令"SET SYSMENU NOSAVE"和"SET SYSMENU TO DEFAULT"。

若要将系统菜单恢复为标准配置，一般先执行命令"SET SYSMENU NOSAVE"，然后执行命令"SET SYSMENU TO DEFAULT"

10.2　下拉式菜单设计

10.2.1　菜单设计步骤

使用 Visual FoxPro 提供的菜单设计器可以方便地进行下拉式菜单和快捷菜单的设计。使用菜单设计器设计菜单时，各菜单项及其功能既可以由用户自己定义，也可以直接调用 Visual FoxPro 系统菜单的菜单项及其功能。使用菜单设计器设计出的菜单文件不能直接运行，必须生成扩展名为".mpr"的菜单程序文件后才可运行产生菜单。

创建一个菜单系统包括若干步骤。不管应用程序的规模多大，使用的菜单多么复杂，创建菜单系统都需以下步骤，如图 10-2 所示。

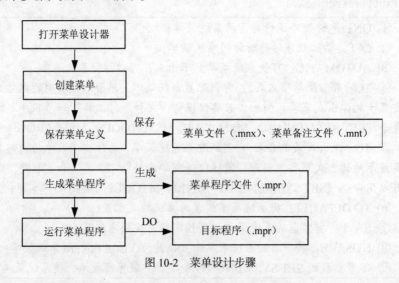

图 10-2　菜单设计步骤

1. 打开菜单设计器

无论是新建菜单还是修改一个已有的菜单，都需要打开菜单设计器。

打开菜单设计器有以下两种常用方法。

（1）选择"文件"→"新建"菜单命令，在打开的"新建"对话框中选择"菜单"选项，再单击"新建文件"图标按钮。

（2）在命令窗口中执行命令：CREATE MENU <菜单文件名>。

不管采用哪一种方式，首先打开"新建菜单"对话框，如图 10-3 所示。若选择"菜单"按钮，屏幕上将出现"菜单设计器"窗口，如图 10-4 所示；若选择"快捷菜单"按钮，将出现"快捷菜单设计器"窗口。因为这两种设计器窗口的操作基本相同，故在此只介绍"菜单设计器"窗口。

图 10-3 "新建菜单"对话框

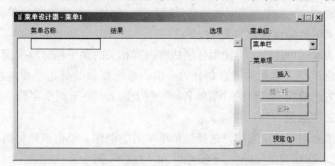

图 10-4 "菜单设计器"窗口

2. 创建菜单

"菜单设计器"窗口打开后，系统菜单中会自动增加一个名为"菜单"的菜单项，"显示"菜单中也会增加"常规选项"和"菜单选项"两个菜单项，用户可以利用"菜单设计器"窗口以及这些新增的菜单项进行菜单设计，指定菜单的各项内容，如菜单项的名称、快捷键、功能等。具体方法见 10.2.2 节和 10.2.3 节。

3. 保存菜单定义

菜单创建后，应将菜单定义保存到扩展名为".mnx"的菜单文件和扩展名为".mnx"的菜单备注文件中。选择"文件"→"保存"菜单命令，在打开的"另存为"对话框中选择菜单保存的位置和输入菜单文件名，单击"确定"按钮即可。

4. 生成菜单程序

菜单定义文件（.mnx 文件）存放着菜单的各项定义，不能直接运行，只有生成相应的可执行的菜单程序文件（.mpr 文件）才可以运行此菜单。

生成菜单程序文件的方法：当"菜单设计器"窗口处于打开状态时，选择"菜单"→"生成"菜单项，打开如图 10-5 所示的"生成菜单"对话框。用户可以直接在"输出文件"框中修改，也可以利用该框右边的 … 按钮选择路径和文件名，最后单击"生成"按钮生成菜单程序文件。

生成的菜单程序文件与菜单定义文件的主文件名相同，扩展名为.mpr。

5. 运行菜单程序

命令格式：DO <菜单程序文件名>

菜单程序文件名中扩展名.mpr 不能省略。若要

图 10-5 "生成菜单"对话框

从运行的菜单退出，只需执行命令"SET SYSMENU TO DEFAULT"即可，此命令可恢复系统菜单的缺省配置。

10.2.2 "菜单设计器"窗口

"菜单设计器"窗口用来定义菜单，其中每页显示或定义一个菜单，可以是条形菜单（菜单栏），也可以是弹出式菜单（子菜单）。"菜单设计器"窗口打开时，首先显示和定义的是条形菜单。窗口的左边是一个列表框，其中每一行定义当前菜单的一个菜单项，包括"菜单名称"、"结果"和"选项" 3 列内容。

1. "菜单名称"列

该列用于指定菜单项的名称。在指定菜单名称时，可以设置菜单项的访问键，以便通过键盘快速访问菜单。若要为菜单设置访问键，需在作为访问键的字母左侧键入"\<"两个字符，并用括号将"\<"和作为访问键的字母括起来。例如，要在文件菜单标题中设置"F"作为访问键，可将此菜单名称设置为"文件(\<F)"。

为增强可读性，可使用分隔线将内容相关的菜单项分隔成组。如将新建、打开、关闭分为一组，将保存、另存为等命令分为一组。系统提供的分组手段是在两组之间插入一条水平的分组线，方法是在相应行的"菜单名称"列上输入"\-"两个字符。

2. "结果"列

该列用于指定当用户选择该菜单项时的动作。单击该列将出现一个下拉列表框，有"命令"、"填充名称或菜单项#"、"子菜单"和"过程"四个选项。

（1）"命令"选项

该选项用于为菜单项定义一条 Visual FoxPro 命令或一条 SQL 语句，选择此选项后，列表框右侧会出现一个文本框，用户可在文本框中输入一条具体的命令。运行菜单程序时，该菜单项的动作即是执行用户定义的这条命令。

（2）"填充名称或菜单项#"选项

该选项用于定义第一级菜单的菜单名字或子菜单的菜单项内部序号，若当前页是一级菜单页，也即当前定义的菜单是条形菜单时，该选项显示为"填充名称"，此时可以指定菜单项的内部名字；若当前页为子菜单页，也即当前菜单为弹出式子菜单时，该选项显示为"菜单项#"，此时可指定菜单项的序号。定义时只需将菜单内部名字或菜单项内部序号输入到列表框右侧的文本框中即可。

（3）"子菜单"选项

该选项用于定义当前菜单项的子菜单。选择此选项后，列表框右侧会出现"创建"按钮或"编辑"按钮（当新建子菜单时显示"创建"，修改子菜单时显示"编辑"），单击"创建"或"编辑"按钮，"菜单设计器"窗口就切换到子菜单页，用户可在其中定义或修改子菜单。此时，窗口右上方的"菜单级"组合框内显示当前子菜单的内部名字。选择"菜单级"下拉列表框内的选项，可以返回到上级子菜单或最上层的条形菜单定义页面。

（4）过程选项

该选项用于为菜单项定义一个过程，菜单项的动作即为执行用户定义的过程。过程为一段完成某功能的程序，过程代码由一条或多条命令组成。若只有一条命令，则也可不选"过程"选项，而改选"命令"选项。

选择"过程"选项后，列表框右侧会出现"创建"按钮或"编辑"按钮（同样地，第一次定义时为"创建"，以后为"编辑"），单击此按钮，将打开一个文本编辑窗口，可以在其中输入和编辑过程代码。

3. "选项"列

每个菜单项的"选项"列都有一个无符号按钮，单击该按钮就会打开"提示选项"对话框，如图 10-6 所示，供用户设置菜单项的其他属性。当在对话框中定义过属性后，按钮上就会显示符号 "√"。

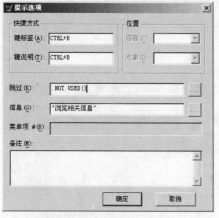

图 10-6 "提示选项"对话框

（1）"快捷方式"栏

该栏用于指定菜单项的快捷键。"键标签"文本框用于为菜单项设置快捷键，方法是用鼠标单击"键标签"文本框，使光标定位于该文本框中，然后在键盘上按下快捷键，例如，按下组合键"Ctrl+B"，字符串"Ctrl+B"就会自动填入文本框中，此时"键说明"文本框内也会显示相同的内容，但该内容是可以修改的，当菜单激活时，"键说明"文本框的内容将显示在菜单项标题的右侧，作为对快捷键的说明。

若要取消已定义的快捷键，只需当光标在"键标签"文本框中时按下空格键即可。

（2）"跳过"文本框

该文本框用于设置菜单项的跳过条件，用户可以在其中指定一个表达式，由表达式的值决定该菜单项是否可选。在菜单程序运行期间，当表达式的值为 ".T." 时，该菜单项以灰色显示，表示此时该菜单项不可选用。反之，表示可用。

例如，菜单项"浏览"用于浏览当前工作区中打开的数据表。如果当前没有打开任何数据表，希望以灰色显示表示不可以使用，则设置逻辑表达式为 ".NOT. USED()"。

（3）"信息"文本框

该文本框用于定义菜单项的说明信息。在"信息"文本框中指定一个字符串或字符表达式后，当鼠标指向该菜单项时，该字符串或字符表达式的值就会显示在 Visual FoxPro 主窗口的状态栏上。

（4）"主菜单名"或"菜单项#"文本框

该文本框指定条形菜单菜单项的内部名字或弹出式菜单菜单项的内部序号。如果不指定菜单项的内部名字或内部序号，系统会自动设定。

注意

只有当菜单项的"结果"列选择为"命令"、"过程"或"子菜单"时，该文本框才有效。

4. "插入"按钮

单击该按钮，可在当前菜单项行前插入一个新的菜单项行。

5. "插入栏"按钮

在当前菜单项行前插入一个 Visual FoxPro 系统菜单项。方法：单击该按钮，打开"插入系统菜单栏"对话框，如图 10-7 所示。然后在对话框中选择所需的菜单项（可以多选），并单击"插入"按钮。该按钮仅在定义弹出式菜单时有效。

6. "删除"按钮

单击该按钮，可删除当前菜单项行。

7. "预览"按钮

单击该按钮，可预览当前创建的菜单效果。

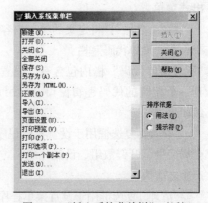

图 10-7 "插入系统菜单栏"对话框

8. "移动"按钮

每一个菜单项左侧都有一个移动按钮，拖动该按钮可以改变菜单项在当前菜单中的位置。

10.2.3 "显示"菜单和"菜单"菜单

1. "显示"菜单

在菜单设计器打开时，系统的"显示"菜单中将增加两个菜单项："常规选项"和"菜单选项"。

（1）常规选项

选择"显示"→"常规选项"菜单命令，打开如图 10-8 所示的"常规选项"对话框，在此对话框中可以设置下拉菜单的总体属性，并为其指定代码。

① "过程"编辑框

"过程"编辑框可为未设置过任何命令或过程的第一级菜单系统指定公用的过程代码。如在该框中为这些菜单项编写公共的过程，当运行菜单时，选择这些菜单项，将执行该缺省的过程代码。例如，某一级菜单系统中有几个菜单项没有定义任何动作，则按如图 10-8 所示设置过程代码后，菜单运行时，单击这几个菜单项，会打开显示"对不起，此菜单项功能尚未定义！"的"提示信息"对话框。

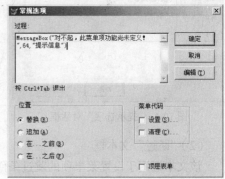

图 10-8 "常规选项"对话框

过程代码既可以在"过程"编辑框内直接输入，也可以单击该框右侧的"编辑"按钮，打开一个专门的代码编辑窗口输入。此时的代码编辑窗口虽已打开，但要在其中输入代码，还需单击"确定"按钮激活该代码编辑窗口。在"过程"编辑框内直接输入代码时，若代码超过编辑区域，将出现滚动条。

② "位置"栏

"位置"栏包含 4 个单选选项，指明了当前定义的下拉菜单与系统菜单的关系。

"替换"：这是缺省选项，表示利用用户定义的菜单替换当前系统菜单。

"追加"：将用户定义的菜单内容添加到当前系统菜单原有内容的后面。

"在…之前"：将定义的菜单内容插在当前系统菜单某个弹出式菜单之前。当选择该单选按钮时，其右侧会出现一个下拉列表框。从该下拉列表框中可以选择当前系统菜单的一个弹出式菜单。

"在…之后"：将定义的菜单内容插在当前系统菜单某个弹出式菜单之后。

③ "菜单代码"栏

"菜单代码"栏内包含有"设置"和"清理"两个复选框，无论选择哪个复选框，都会打开一个相应的代码编辑窗口，供用户编写代码。但只有单击"确定"按钮后，才可激活代码编辑窗口。

"设置"复选框用于设置菜单程序文件的初始化代码，主要用来进行全局性设置，例如，设置全局变量、开辟数组、设置环境等。该代码段放置在菜单程序文件中菜单定义代码前面，在菜单产生之前执行。

"清理"复选框用于设置菜单程序的清理代码。该代码段放置在菜单程序文件中菜单定义代码后面，在菜单显示出来之后执行。

④ "顶层表单"复选框

创建单文档窗口（SDI）菜单时使用此复选框。菜单程序执行时，菜单默认显示在 Visual FoxPro 系统窗口中。如果将菜单显示在某个表单中，菜单必须设置该属性。同时，将相应表单的 "ShowWindow"属性设置为"2-作为顶层表单"使该表单成为顶层表单。这样，该菜单才可以显示在表单菜单栏的位置。

（2）菜单选项

选择"显示"→"菜单选项"菜单命令，打开如图 10-9 所示的"菜单选项"对话框。对话框中的"过程"编辑框用于为子菜单中的所有尚未设置过任何命令或过程，又无下级子菜单的菜单项设置公共的过程代码。当运行菜单时，选择这些菜单项，将执行该缺省过程代码。注意，该过程是为子菜单定义的，而"常规选项"对话框中的过程是为一级菜单定义的。

用户既可以在"过程"编辑框中直接输入代码，也可单击编辑框右侧的"编辑"按钮，打开相应的编辑窗口并键入过程代码。

"菜单选项"对话框中还有一栏就是"名称"文本框，用户可以在该文本框中定义弹出式菜单的内部名字。若用户未指定菜单内部名，则默认内部名为该菜单项的标题。

2. "菜单"菜单

"菜单"菜单中包含用于创建和修改菜单系统的命令。

（1）快速菜单

使用该菜单命令可把 Visual FoxPro 的系统菜单加载到菜单设计器中，将其作为创建菜单系统的基础，供用户修改成符合需要的菜单。

注意
　　① "快速菜单"菜单命令只有当"菜单设计器"窗口为空时才允许选择，否则它是不可选的。
　　② "快速菜单"命令仅可用于创建下拉式菜单，不能用于创建快捷菜单。

（2）生成

使用该菜单命令将显示"生成菜单"对话框（如图 10-5 所示），从中可指定生成的菜单程序名字，而后生成该程序。

"菜单"菜单中的"插入菜单项"、"插入栏"、"删除菜单项"、"预览" 4 个菜单命令与"菜单设计器"窗口中的"插入"、"插入栏"、"删除"、"预览"命令按钮的功能相同。

【**例 10-2**】　利用菜单设计器建立一个下拉式菜单"xlcd.mnx"，要求主菜单包含："数据管理"、"数据编辑"和"系统设置"菜单项，具体设置见图 10-10 所示。

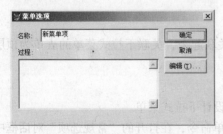

图 10-9　"菜单选项"对话框　　　　　图 10-10　"xlcd.mnx"菜单效果图

操作步骤如下：

（1）在命令窗口中执行命令：MODIFY MENU xlcd，打开"菜单设计器"窗口。

（2）设置条形菜单的菜单项，如图 10-11 所示。

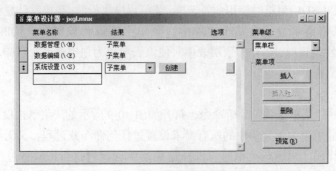

图 10-11 设置主菜单

（3）设置弹出式菜单"数据管理"，包含"信息浏览"和"信息查询"菜单项，并设置热键和快捷键，结果为子菜单。

（4）设置"学生"、"课程"和"成绩"的结果为"过程"。"学生"的过程代码为：

```
USE 学生        或        SELECT * FROM 学生
BROWSE
USE
```

菜单项"按课程"和"按专业"设置与前 3 个菜单项设置相似，结果选择"过程"，然后输入对应的 SQL 命令。

（5）设置"数据编辑"弹出式菜单的菜单项。"粘贴"、"剪切"和"复制"设置结果为"菜单项#"，对应菜单项的内部名字为"_MED_PASTE"、"_MED_CUT"和"_MED_COPY"。

（6）设置"退出"菜单项的结果为"过程"，过程代码为：

```
SET SYSMENU NOSAVE
SET SYSMENU TO DEFAULT
```

（7）设置菜单的"设置"代码，代码内容为：

```
SET SYSMENU TO DEFAULT
OPEN DATABASE 教学管理
```

（8）选择"文件"→"保存"菜单命令，设计结果保存在菜单定义文件 xlcd.mnx 和菜单备注文件 xlcd.mnt 中。

（9）选择"菜单"→"生成"菜单命令，产生的菜单程序文件为 xlcd.mpr。

10.2.4 为顶层表单添加菜单

Visual FoxPro 设计的下拉式菜单一般与表单对象关联起来，关联下拉式菜单的表单为顶层表单。

为顶层表单添加下拉式菜单的方法和过程如下。

（1）用上述同样的方法，在"菜单设计器"窗口中设计下拉式菜单。

（2）菜单设计时，选择"显示"→"常规选项"菜单命令，在打开的"常规选项"对话框中选中"顶层表单"复选框。

（3）将需添加下拉式菜单的表单的 ShowWindow 属性值设置为"2-作为顶层表单"，使其成为顶层表单。

（4）在表单的 Init 事件代码中添加调用菜单程序的命令，命令格式如下：

```
DO <文件名> WITH THIS [,"<菜单名>"]
```

<文件名>指定被调用的菜单程序文件，其中的扩展名.mpr 不能省略。THIS 表示当前表单对象的引用。通过<菜单名>可以为被添加的下拉式菜单的条形菜单指定一个内部名字。

（5）在表单的 Destroy 事件代码中添加清除菜单的命令，使得在关闭表单时能同时清除菜单，释放其所占用的内存空间。命令格式如下：

```
RELEASE MENU <菜单名> EXTENDED
```

【例 10-3】 为例 9-7 创建的表单文件 Myform7.scx 建立一个下拉式菜单，如图 10-12 所示。其中，"功能"菜单包含"选择"和"取消"两个菜单项，其功能分别与表单中的 Command1（添加>）和 Command2（<移去）相同。单击"退出"菜单可以关闭表单。

操作步骤如下。

（1）打开"菜单设计器"窗口，定义下拉式菜单，如图 10-13 和图 10-14 所示。

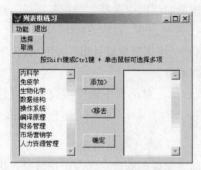

图 10-12 添加菜单后的表单

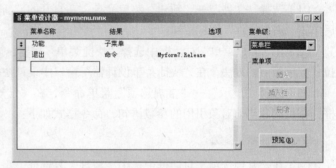

图 10-13 表单菜单栏定义

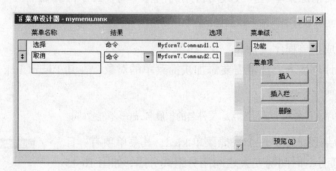

图 10-14 功能子菜单定义

（2）选择"显示"→"常规选项"菜单命令，在打开的"常规选项"对话框中选择"顶层表单"复选框。

（3）选择"文件"→"保存"菜单命令，将菜单定义保存在文件 mymenu.mnx 和 mymenu.mnt 中，并生成菜单程序文件 mymenu.mpr。

（4）打开表单文件 Myform7.scx，并将其 ShowWindow 属性值设置为"2-作为顶层表单"，使其成为顶层表单。

（5）在表单的 Init 事件代码中添加调用菜单程序的命令：

```
DO mymenu.mpr WITH THIS,"xxx"
```

（6）在表单的 Destroy 事件代码中添加清除菜单的命令：

```
RELEASE MENU xxx EXTENDED
```

10.3　快捷菜单设计

一般来说，下拉式菜单作为一个应用程序的菜单系统，列出了应用程序具有的所有功能。而快捷菜单一般从属于某个界面对象，当用鼠标右键单击该对象时，就会在单击处弹出快捷菜单。快捷菜单通常列出与处理对象有关的一些菜单项。

使用系统提供的快捷菜单设计器可以方便地定义与设计快捷菜单。与下拉式菜单相比，快捷菜单没有条形菜单，只有弹出式菜单。快捷菜单一般是一个弹出式菜单，或者由几个具有上下级关系的弹出式菜单组成。

建立快捷菜单的过程如下。

（1）选择"文件"→"新建"菜单命令，在打开的"新建"对话框中选择"菜单"选项，然后单击"新建文件"图标按钮。

（2）在"新建菜单"对话框中选择"快捷菜单"按钮，打开"快捷菜单设计器"，用与设计下拉式菜单相似的方法，在"快捷菜单设计器"窗口中设计快捷菜单。

（3）选择"显示"→"常规选项"菜单命令，在"常规选项"对话框中选中"设置"复选框，添加接收当前对象引用的参数语句，命令格式如下：

```
PARAMETERS <参数>
```

（4）在"常规选项"对话框中选中"清理"复选框，添加清除菜单的命令，使得在选择、执行菜单命令后能及时清除菜单，释放其所占用的内存空间，命令格式如下：

```
RELEASE POPUPS <快捷菜单名> [EXTENDED]
```

（5）保存和生成菜单程序文件。

（6）在表单设计环境下，选定需要添加快捷菜单的对象，在其 RightClick 事件代码中添加调用快捷菜单程序的命令：

```
DO <快捷菜单程序文件名>          && 文件名的扩展名.mpr 不能省略。
```

【例 10-4】 为某表单建立一个快捷菜单 kjcd，其菜单项有：日期、时间、变大和变小，时间与变大之间用分组线组分隔，如图 10-15 所示。选中日期或时间菜单项时，表单标题将变成当前日期或时间。选中变大或变小选项时，表单的大小将放大或缩小 10%。

图 10-15　表单的快捷菜单

操作步骤如下。

（1）打开"快捷菜单设计器"，然后按表 10-5 所列内容定义快捷菜单各菜单项的内容。

（2）选择"显示"→"常规选项"菜单命令，打开"常规选项"对话框。

（3）依次选择"设置"和"清理"复选框，打开"设置"和"清理"代码编辑窗口，然后在两个窗口中分别添加接收参数和清除快捷菜单的命令。

① 接收参数的命令：PARAMETERS mfRef。

表10-5   选项的名称和结果

菜 单 名 称	结　　　　　果
日期(\D)	过程：s=DTOC(DATE(),1) ss=LEFT(s,4)+"年"+SUBSTR(s,5,2)+"月"+RIGHT(s,2)+"日" mfRef.Caption=ss
时间(\T)	过程：s=TIME() ss=LEFT(s,2)+"时"+SUBSTR(s,4,2)+"分"+RIGHT(s,2)+"秒" mfRef.Caption=ss
\-	加分组线分隔上下两项
变大(\L)	过程：w=mfRef.Width h=mfRef.Height mfRef.Width=w*(1+0.1) mfRef.Height=h*(1+0.1)
变小(\S)	过程：w=mfRef.Width h=mfRef.Height mfRef.Width=w*(1-0.1) mfRef.Height=h*(1-0.1)

② 清除快捷菜单的命令：RELEASE POPUPS kjcd。

（4）选择"文件"→"保存"菜单命令，将结果保存在菜单定义文件 kjcd.mnx 和菜单备注文件 kjcd.mnt 中。

（5）选择"菜单"→"生成"菜单命令，产生快捷菜单程序文件 kjcd.mpr。

（6）打开需要设置快捷菜单的表单，在其 RightClick 事件代码中添加调用快捷菜单程序的命令：DO kjcd.mpr WITH THIS。

习 题 10

一、选择题

1. 如果菜单项的名称为"统计"，热键是 T，在菜单名称一栏中应输入（　　）。

　　A. 统计（\<T）　　　　　　　　　B. 统计（Ctrl+T）

　　C. 统计（Alt+T）　　　　　　　　D. 统计（T）

2. 扩展名为 mpr 的文件是（　　）。

　　A. 菜单文件　　　B. 菜单程序文件　　　C. 菜单备注文件　　　D. 菜单参数文件

3. 如果（　　）中的某个菜单项没有规定具体的动作，那么当选择此菜单项时，将执行"菜单选项"对话框中设置的过程代码。

　　A. 条形菜单　　　B. 弹出式菜单　　　C. 下拉菜单　　　　D. 快捷菜单

4. 在利用菜单设计器设计菜单时，不能指定内部名字或内部序号的元素是（　　）。

　　A. 条形菜单　　　　　　　　　　B. 条形菜单菜单项

　　C. 弹出式菜单　　　　　　　　　D. 弹出式菜单菜单项

5. 使用（　　）可在菜单设计器中自动复制一个于 Visual FoxPro 系统菜单一样的菜单。

　　A. 插入菜单项命令　　　　　　　B. 快速菜单命令

　　C. 插入栏命令　　　　　　　　　D. 生成命令

二、填空题

1. 典型的菜单系统一般是一个下拉式菜单，下拉式菜单通常由一个_____和一组_____组成。

2. 要将 Visual FoxPro 系统菜单恢复成标准配置，可先执行_____命令，然后再执行_____命令。

3. 在 Visual FoxPro 中，假设当前文件夹中有菜单程序文件 Mymenu.mpr，运行该菜单程序的命令是_____。

4. 弹出式菜单可以分组，插入分组线的方法是在"菜单名称"项中输入_____两个字符。

5. 要为表单设计下拉式菜单，首先需要在菜单设计时，在_____对话框中选择"顶层表单"复选框；其次要将表单的_____属性设置为 2，使其成为顶层表单；最后需要在表单的_____事件代码中设置调用菜单程序的命令。

6. 快捷菜单实质上是一个弹出式菜单。要将某个弹出式菜单作为一个对象的快捷菜单，通常是在对象的_____事件代码中添加调用该弹出式菜单程序的命令。

第11章
报表设计

报表是最实用的打印文档，它为显示并总结数据提供了灵活的途径，因此，报表设计是应用程序开发的一个重要组成部分。

11.1　报表概述

报表主要包括两部分内容：数据源和布局。数据源是报表的数据来源，通常是数据库中的表或自由表，也可以是视图、查询或临时表；报表布局定义了报表的打印格式。报表从数据源中提取数据，按照布局定义的位置和格式输出数据。

根据报表的布局，常见的报表类型有列报表、行报表、一对多报表和多栏报表几种形式，如图 11-1 所示。

列报表　　　　行报表　　　　一对多报表　　　　多栏报表

图 11-1　报表布局类型

（1）列报表。字段名在页面上方水平排列，字段与其数据在同一列，报表每行只有一条记录。这类报表布局适用于各种简单报表、分组/汇总报表、财务报表等。

（2）行报表。字段名在页面左侧竖直排列，字段与其数据在同一行，一条记录占用报表多行。这类报表布局适用于各类清单。

（3）一对多报表。一条记录或一对多关系，其内容包括父表的记录及其相关子表的记录。这类报表布局适用于创建基于表间一对多关系的清单。

（4）多栏报表。拥有多栏记录，可以是多栏行报表，也可以是多栏列报表。这类报表布局适用于字段数较少、字段长度较短的一些简单报表，如电话号码簿、名片簿等。

Visual FoxPro 提供了 3 种创建报表的方法：

（1）使用报表向导创建单表或一对多报表；

（2）使用快速报表创建简单报表；

（3）使用报表设计器修改已有的报表或创建新的报表。

11.2 使用报表向导创建报表

11.2.1 启动报表向导

启动报表向导有以下 3 种常用方法。

（1）选择"文件"→"新建"菜单命令，在打开的"新建"对话框中选择"报表"选项，然后单击"向导"按钮。

（2）单击"常用"工具栏中的"报表"按钮 。

（3）选择"工具"→"向导"→"报表"菜单命令，如图 11-2 所示。

报表向导启动时，首先打开"向导选取"对话框，如图 11-3 所示。如果数据源只包括一个表，应选取"报表向导"项；如果数据源包括父表和子表，则应选取"一对多报表向导"项。

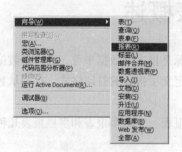

图 11-2 "向导选取"菜单   图 11-3 "向导选取"对话框

11.2.2 创建报表

1. 单一报表

单一报表是用一个表创建的报表，从"向导选取"对话框中选取"报表向导"项，单击"确定"按钮，可以启动单一报表向导。

【例 11-1】 使用报表向导创建基于学生表的"学生基本信息"列报表。

操作步骤如下。

（1）启动报表向导，在打开的"向导选取"对话框中选取"报表向导"项，单击"确定"按钮。

（2）"报表向导"对话框中共有 6 个步骤，先后出现 6 个对话框屏幕。

① 步骤 1 - 字段选取，如图 11-4 所示，此步骤打开指定的表并确定在报表中显示的字段。在"数据库和表"列表框中选择"教学管理"数据库中的"学生"表（如果"学生"表没有显示出来，则单击"数据库和表"组合框后的 按钮打开"学生"表），并选定报表中显示的字段：学号、姓名、性别、出生日期、党员否和专业。单击"下一步"按钮。

② 步骤 2 - 分组记录，如图 11-5 所示，此步骤确定对数据分组的字段。只有按照分组字段建立索引之后才能正确分组，最多可建立 3 层分组。本例选取按"专业"分组。单击"下一步"按钮。

③ 步骤 3 - 选择报表样式，如图 11-6 所示，此步骤确定报表的输出样式。本例选取"经营式"。单击"下一步"按钮。

④ 步骤 4 - 定义报表布局，如图 11-7 所示，此步骤确定报表布局，即定义报表的栏数（列

数）、字段布局和纸张方向。本例选取"纵向"报表布局。单击"下一步"按钮。

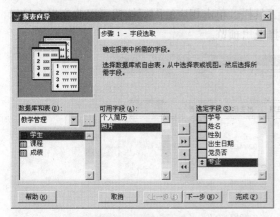

图 11-4　步骤 1 - 字段选取

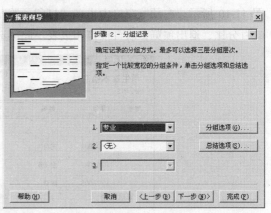

图 11-5　步骤 2 - 分组记录

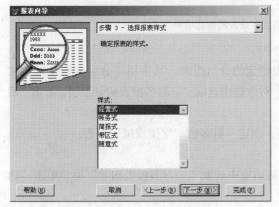

图 11-6　步骤 3 - 选择报表样式

图 11-7　步骤 4 - 定义报表布局

⑤ 步骤 5 - 排序记录，如图 11-8 所示，此步骤确定记录在报表中显示的次序。排序字段必须已经建立索引。本例按"学号"升序方式排序。单击"下一步"按钮。

⑥ 步骤 6 - 完成，如图 11-9 所示，此步骤确定报表的标题以及保存报表文件的方式。本例定义报表标题为"学生基本信息"，并选择"保存报表以备将来使用"选项。单击"完成"按钮，在打开的"另存为"对话框中指定报表文件名为"学生基本信息"，系统将保存为扩展名为".FRX"的报表文件。

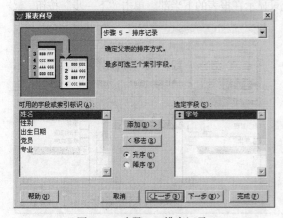

图 11-8　步骤 5 - 排序记录

图 11-9　步骤 6 - 完成

为了查看所生成报表的情况，通常先单击"预览"按钮，查看一下效果。此例的预览结果如图 11-10 所示。在预览窗口中出现"打印预览"工具栏，单击相应的图标按钮可以改变报表显示的百分比、退出预览，或直接打印报表。此例选择退出预览。

图 11-10　"学生基本信息"报表的预览结果

2.　一对多报表

一对多报表是基于两个一对多关系的数据表创建的分组报表，其中用于分组的记录来自父表，而组中包含的记录来自子表。从"向导选取"对话框中选取"一对多报表向导"项，单击"确定"按钮，可以启动一对多报表向导。

【例 11-2】 以课程表为父表，成绩表为子表，创建一对多的"学生成绩"报表。

操作步骤如下。

（1）启动报表向导，在打开的"向导选取"对话框中选取"一对多报表向导"项，单击"确定"按钮。

（2）"一对多报表向导"对话框中也有 6 个步骤。

① 步骤 1 - 从父表选择字段，如图 11-11 所示，此步骤确定父表及其在报表中显示的字段，这些字段在报表中一般是按行显示的。本例在"数据库和表"列表框中选择"课程"表为父表，并选取字段：课程号、课程名、课时和学分。父表的记录显示在报表的上半部。单击"下一步"按钮。

② 步骤 2 - 从子表选择字段，如图 11-12 所示，此步骤确定子表及其在报表中显示的字段，这些字段在报表中一般是按列显示的。本例在"数据库和表"列表框中选择"成绩"表为子表，并选取字段：学号、平时成绩、卷面成绩和成绩。子表的记录显示在报表的下半部。单击"下一步"按钮。

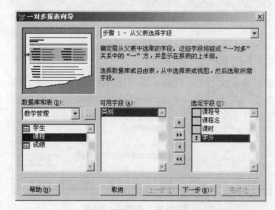

图 11-11　步骤 1 - 从父表选择字段

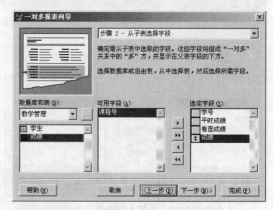

图 11-12　步骤 2 - 从子表选择字段

③ 步骤 3 - 为表建立关系，如图 11-13 所示，此步骤确定父表与子表的关系，即从两个表中选取相关联的字段。本例选择"课程.课程号=成绩.课程号"。单击"下一步"按钮。

如果在数据库中父表与子表已经建立了关联，向导就会自动采用这种关系关联父表与子表。

④ 步骤 4 - 排序记录。本例按"课程号"升序排序。单击"下一步"按钮。

⑤ 步骤 5 - 选择报表样式。本例选择"帐务式"。单击"下一步"按钮。

⑥ 步骤 6 - 完成。本例定义报表标题为

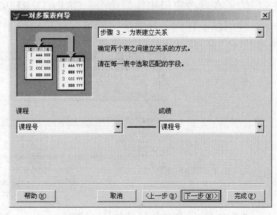

图 11-13　步骤 3 - 为表建立关系

"学生成绩信息"，并将其保存为"学生成绩信息.FRX"。本例的预览结果如图 11-14 所示。

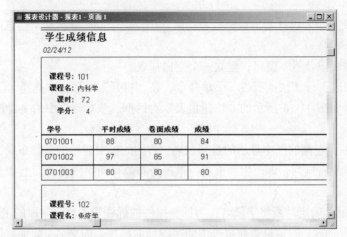

图 11-14　"课程成绩信息"报表的预览结果

11.3　使用报表设计器创建快速报表

在 Visual FoxPro 中，除了使用报表向导之外，使用系统提供的"快速报表"功能也可以创建一个格式简单的报表。通常首先使用"快速报表"功能来创建一个简单报表，然后在此基础上再做修改，达到快速创建满意报表的目的。

11.3.1　打开报表设计器

Visual FoxPro 提供的报表设计器是一个交互工具，可以可视化地创建报表或修改报表。直接调用报表设计器所创建的报表是一个空白报表。

打开报表设计器有以下两种常用方法。

（1）选择"文件"→"新建"菜单命令，在打开的"新建"对话框中选择"报表"选项，然后单击"新建文件"图标按钮。

（2）在命令窗口中执行命令：CREATE REPORT [<报表文件名>]。

使用以上任何一种方法，都可以打开如图 11-15 所示的"报表设计器"窗口。

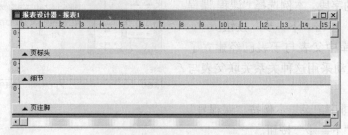

图 11-15 "报表设计器"窗口

11.3.2 创建快速报表

利用快速报表可以创建一个格式简单的报表，本节通过一个例子来说明使用报表设计器创建快速报表的过程。

【例 11-3】 使用报表设计器的快速报表功能，创建一个反映学生基本信息的"学生"报表。操作步骤如下。

（1）打开"报表设计器"窗口，建立一个空白报表。

（2）选择"报表"→"快速报表"菜单命令，在"打开"对话框中选择"学生"表。

（3）系统打开如图 11-16 所示的"快速报表"对话框，该对话框中的主要按钮和选项的功能如下。

"选择布局"栏：左侧的框中显示的是列布局，右侧的框中显示的是行布局。选择列布局可使字段在页面上从左到右排列，即产生列报表。选择行布局可使字段在页面上从上到下排列，即产生行报表。

"标题"复选框：确定是否将字段名作为标签控件的标题置于相应字段的上面或旁边。

"添加别名"复选框：确定是否在报表中的字段前面添加表的别名。如果数据源是一个表，则别名无实际意义。

"将表添加到数据环境中"复选框：确定是否把打开的表文件添加到报表的数据环境中作为报表的数据源。

"字段"按钮：用于打开"字段选择器"对话框，以选择要在报表中显示的字段。系统默认为选择表中的所有字段作为报表的输出字段，在这里选择除"个人简历"和"照片"之外的所有字段，如图 11-17 所示。单击"确定"按钮，关闭"字段选择器"对话框返回到"快速报表"对话框。

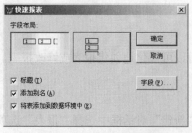

图 11-16 "快速报表"对话框

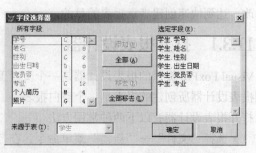

图 11-17 "字段选择器"对话框

（4）在"快速报表"对话框中，单击"确定"按钮，快速报表便出现在"报表设计器"中，如图 11-18 所示。

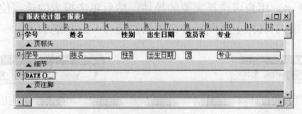

图 11-18 生成的快速报表

（5）选择"文件"→"打印预览"菜单命令，其预览结果如图 11-19 所示。

图 11-19 "学生"报表的预览结果

（6）选择"文件"→"保存"菜单命令，将报表保存为"学生.FRX"。

11.4 使用报表设计器创建报表

使用报表向导和快速报表功能只能创建简单的报表，如果需要创建个性化的报表就必须使用报表设计器来设计。使用报表设计器创建报表一般要经过如下步骤：打开报表设计器，添加报表数据源，设置报表布局，添加报表控件并调整控件布局，预览、保存报表。

报表设计器也可以用来修改通过报表向导和快速报表功能创建的简单报表，以满足实际需要。

11.4.1 报表工具栏

与报表设计有关的工具栏主要包括"报表设计器"工具栏和"报表控件"工具栏。

1. "报表设计器"工具栏

当打开"报表设计器"时，主窗口中会自动显示"报表设计器"工具栏，如图 11-20 所示。此工具栏上各图标按钮（从左至右）的功能如下。

（1）"数据分组"按钮：显示"数据分组"对话框，用于创建数据分组及指定其属性。

（2）"数据环境"按钮：显示报表"数据环境设计器"窗口。

（3）"报表控件工具栏"按钮：显示或关闭"报表控件"工具栏。

（4）"调色板工具栏"按钮：显示或关闭"调色板"工具栏。

（5）"布局工具栏"按钮：显示或关闭"布局控件"工具栏。

在设计报表时，利用"报表设计器"工具栏中的按钮可以方便地进行操作。

2. "报表控件"工具栏

可以使用"报表控件"工具栏在报表上创建控件。当打开报表设计器时，系统会自动显示此工具栏，如图 11-21 所示。用户可选择需要的控件，然后单击报表的适当位置放置控件，并且拖动鼠标调整控件大小。此工具栏上各图标按钮（从左至右）的功能如下。

图 11-20 "报表设计器"工具栏　　　　图 11-21 "报表控件"工具栏

（1）"选定对象"按钮：用于移动或更改控件的大小。在创建一个控件后，系统将自动选定该按钮，除非用户按下了"按钮锁定"按钮。

（2）"标签"控件：在报表上创建一个标签控件，以保存固定不变的文字，如报表标题。

（3）"域控件"按钮：用于创建一个字段控件，以显示数据表的字段、变量或表达式的值。

（4）"线条"按钮：用于在报表上绘制各种样式的线条。

（5）"矩形"按钮：用于在报表上绘制矩形。

（6）"圆角矩形"按钮：用于在报表上绘制椭圆或圆角矩形。

（7）"图片/ActiveX 绑定控件"按钮：用于在报表上显示图片或通用型字段的内容。

（8）"按钮锁定"按钮：锁定刚选择的控件，从而在添加多个同类型的控件时，不需要重复单击此控件按钮。

11.4.2　设置报表数据源

数据源是报表的基础，因此在设计报表时，首先应确定报表的数据源。在添加数据源时，通常是先将它添加到报表的数据环境中。这样做有两个好处：一是报表会管理它自己所使用的数据源，即在报表运行时自动打开所使用的数据源，运行完成后自动关闭数据源，当数据源的数据更新之后，打印的报表将反映最新的数据内容；二是报表可以对数据进行排序。在报表中可以通过设置报表的数据环境来决定报表中记录的输出顺序。

添加报表的数据源是在数据环境设计器中进行的。打开数据环境设计器有以下两种方法。

（1）在报表设计器中右键单击，在弹出的快捷菜单中选择"数据环境"命令。

（2）在打开报表设计器的状态下，选择"显示"→"数据环境"菜单命令。

如果打开了一个空的报表设计器，在打开数据环境设计器后，数据环境设计器将会是一个空白窗口。

1. 在数据环境设计器中添加或移去表或视图

若要向数据环境设计器中添加表或视图，可在"数据环境设计器"窗口内单击鼠标右键，在弹出的快捷菜单中选择"添加"命令，系统打开"添加表或视图"对话框，此时只需按要求进行一些选择即可。

若要移去数据环境设计器中的表或视图，可用鼠标右键单击要移去的表或视图，在弹出的快捷菜单中选择"移去"命令。

2. 在数据环境中设置报表的输出顺序

当用表作为报表的数据源时，报表中的记录输出完全按照表中记录的顺序输出。在报表的数据环境中能够重新设置报表中的记录输出顺序，此时必须先对表按相应字段建立索引，然后再在数据环境的"Order"属性中指定该主控索引，这样报表中的记录就可按此顺序输出。

打开数据环境设计器，在数据环境设计器中用鼠标右键单击添加到报表中的表，在弹出的快捷菜单中选择"属性"命令，在打开的"属性"窗口中选择"数据"选项卡，设置表的"Order"属性为所需的索引即可，如图 11-22 所示。

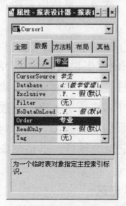

图 11-22 "数据源"的属性窗口

11.4.3 设计报表布局

设计报表布局就是将数据放在报表的合适位置上。在报表设计器中，一个完整的报表包括 9 个带区，如图 11-23 所示。每个带区放置相应的数据，带区名称标识在带区下的标识栏上。带区的作用主要是控制数据在页面上显示或打印的位置。表 11-1 列出了一些常用带区的作用。

"页标头"、"细节"和"页注脚"这 3 个带区是快速报表默认的基本带区。如果需要使用其他带区，可以由用户自己设置。设置报表其他带区的操作方法如下。

图 11-23 报表设计器的带区

表 11-1   常用的报表带区及作用

带 区	作 用
标题	每张报表开头打印一次，如报表名称、制表时间
页标头	每页打印一次，如列报表的字段名称
细节	每条记录打印一次，如各记录的字段值
页注脚	每页的下面打印一次，如页码、日期等
总结	每张报表的最后一页打印一次
组标头	数据分组时每组打印一次
组注脚	数据分组时每组打印一次
列标头	在分栏报表中每列打印一次
列注脚	在分栏报表中每列打印一次

1. 设置"标题"或"总结"带区

"标题"和"总结"带区的内容在每张报表中只打印一次，可以用来显示报表名称、制表时间等信息。

在报表设计器环境中，选择"报表"→"标题/总结"菜单命令，打开"标题/总结"对话框，如图 11-24 所示。选中"标题带区"和"总结带区"复选框，即可在报表中添加这两个带区。若选择"新页"复选框，则表示该带区内容单独打印在一页。

2. 设置"列标头"和"列注脚"带区

"列标头"和"列注脚"带区只有在创建多栏报表时才会出现。

在报表设计器环境中，选择"文件"→"页面设置"菜单命令，打开"页面设置"对话框，如图 11-25 所示。将"列数"的值调整为大于 1 后，系统将在报表中添加"列标头"和"列注脚"带区。

图 11-24 "标题/总结"对话框

"列数"指的是页面横向打印的记录的数目，不是单条记录的字段数目。在默认的页面中，整条记录为一列。

3. 设置"组标头"或"组注脚"带区

"组标头"或"组注脚"带区只有在设置了数据分组后才会出现。对表的索引字段进行分组，可使表中索引字段值相同的记录集中为一组。

在报表设计器环境中，选择"报表"→"数据分组"菜单命令，打开"数据分组"对话框，如图 11-26 所示。在其中输入或生成分组表达式，单击"确定"按钮后，报表中将出现"组标头"和"组注脚"这两个带区。

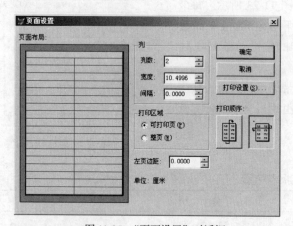

图 11-25 "页面设置"对话框

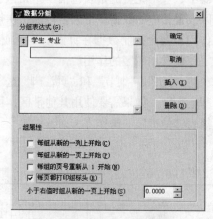

图 11-26 "数据分组"对话框

4. 调整带区高度

添加了所需的带区之后，就可以在带区中添加需要的控件。如带区高度不够，可以在"报表设计器"中调整带区的高度以放置需要的控件，可使用左侧标尺作为指导，标尺度量仅指带区高度，不包含页边距。不能使带区高度小于添加到该带区中控件的高度。可以把控件移进带区内，然后减少其高度。

调整带区高度的方法有两种：一是用鼠标选中带区标识栏，然后上下拖曳，直至得到满意高度为止；二是双击要调整带区的标识栏，系统将显示一个对话框，在该对话框中，直接输入高度值，或者调整"高度"微调器中的值均可。微调器下面有"带区高度保持不变"复选框，选中可保持带区无论在何种情况下都不会改变已设定的高度；不选中则在带区内删除控件或新增控件时，有可能会改变带区的高度。

11.4.4 向报表添加控件

报表数据源中的数据都要通过控件在带区中显示。常用的报表控件有标签控件、域控件、图形控件和 OLE 对象控件。

1. 标签控件

标签控件用于显示各种固定不变的文字，如报表标题、字段标题等。

（1）添加标签控件

在"报表控件"工具栏中单击"标签"控件，再单击相应的带区，出现一个插入点，即可输入文字。输入完毕后，单击控件外的任意位置，该标签就设计好了。

若要修改标签中的文字，可先单击标签控件，然后单击相应的标签，插入点就会出现在标签文本中，此时便可对标签文本进行修改。

（2）格式化标签文本

选定要格式化的标签控件，选择"格式"→"字体"菜单命令，在打开的"字体"对话框中选定合适的字体、字形、字号、效果和颜色，然后单击"确定"按钮。

报表中控件的操作及布局设置方法同表单中控件的一样，在此不赘述。

【例 11-4】 利用"报表设计器"创建一个名为"学生花名册.FRX"的报表文件，在标题带区添加标题"学生花名册"。

操作步骤如下。

（1）打开"报表设计器"，选择"报表"→"标题/总结"菜单命令，在报表设计器顶端添加标题带区。

（2）在标题带区添加一个标签，输入"学生花名册"，单击该标签，选择"格式"→"字体"菜单命令，在"字体"对话框中设置"粗体"、"一号"字，结果如图 11-27 所示。

（3）保存文件，文件名为"学生花名册.FRX"。

2. 域控件

域控件是报表设计中的主体控件，用于显示表或视图中的字段、变量或表达式的值。

（1）添加域控件

向报表中添加域控件有以下两种常用方法。

① 从"数据环境设计器"中将相应字段拖入"报表设计器"窗口的相应带区。

② 在"报表控件"工具栏中单击"域控件"，然后单击相应带区，就会打开如图 11-28 所示的"报表表达式"对话框，然后设置相应的变量或表达式。

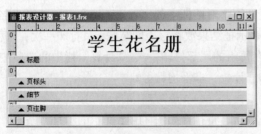

图 11-27　添加标签控件

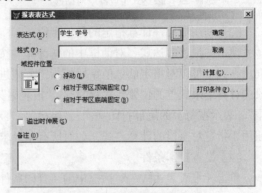

图 11-28　"报表表达式"对话框

可以在该对话框的"表达式"框中输入表达式,如某个字段名,或者单击"表达式"框后的▣按钮,打开"表达式生成器"对话框,设置表达式。例如,在"字段"框中双击某个字段名(如果"表达式生成器"对话框的"字段"框为空,说明没有设置数据源,应该向数据环境设计器中添加表或视图),表名和字段名便出现在"报表字段的表达式"编辑框内,如图 11-29 所示。

若从"函数"栏的"日期"组合框中选择 DATE()函数,域控件中将显示系统日期;若从"变量"列表框中选择系统变量_Pageno,域控件中将显示页码。通常把该域控件放在"页标头"带区或者"页注脚"带区,以便在每一页上都显示出一个页码。

在"报表表达式"对话框中,若选中"溢出时伸展"复选框,则当这个控件的内容较长时,会显示到报表底部,以保证可以显示字段的全部内容。

(2)定义域控件格式

添加了域控件后,用户就可以修改该控件的数据类型、打印格式以及域控件所代表的值的显示格式。格式只决定打印报表时域控件如何显示,而不会改变字段的值和数据类型。

报表中的数据类型可以是字符型、数值型或日期型,每一种数据类型都有自己的格式选项。在"报表表达式"对话框中设置好指定的表达式后,单击"格式"文本框后的▣按钮,将打开如图 11-30 所示的"格式"对话框。不同的数据类型,其"编辑选项"区域的内容将有所变化。在"编辑选项"中选择所需的格式,再单击"确定"按钮即可定义指定数据类型的格式。

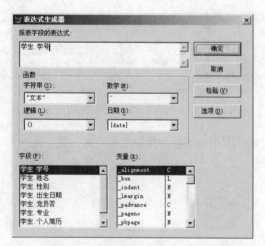

图 11-29 "表达式生成器"对话框

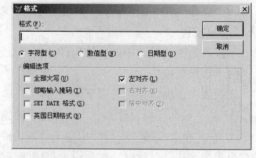

图 11-30 "格式"对话框

(3)利用域控件计算指定的数值字段

单击"报表表达式"对话框中的"计算"按钮,将打开如图 11-31 所示的"计算字段"对话框。在其中可以对指定的数值字段按指定方式进行计算。对话框中的"重置"组合框用于指明字段的计算结果放置的位置。常用的有:"报表尾",表示把结果放在报表的结尾,只打印一次;"页尾",表示在每页的尾部打印一次;"组尾",表示在每组的尾部打印一次。"计算"栏中的选项按钮用于指定对字段的计算方式,如对所有记录求和、计数、求平均数等。

(4)设置打印条件

单击"报表表达式"对话框中的"打印条件"按钮,将打开如图 11-32 所示的"打印条件"对话框。在其中可以设置是否打印重复值及其他打印条件。

图 11-31　"计算字段"对话框

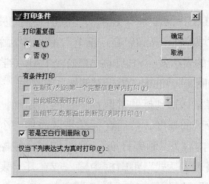

图 11-32　"打印条件"对话框

"打印重复值"栏：用来设置是否打印表中具有相同值的某一个字段。如果选择了"否"，则当报表中的几个记录的某个字段值相同时，在报表打印时只打印一次该字段的值。例如，在学生表中具有相同性别的有多条记录，即"性别"字段的内容相同。在打印报表时，若连续几条记录的性别字段出现了相同值，而用户又不希望打印相同值，则可在"打印条件"对话框的"打印重复值"栏中选择"否"，报表将只打印一次相同值。

"有条件打印"栏：它有 3 个复选框，若在"打印重复值"栏中选择"否"，则第一个复选框"在新页/列的第一个完整信息带内打印"可用。选中它表示在同一页或同一列中不打印重复值，换页或换列后遇到第一条新记录时打印重复值。

"若是空白行则删除"复选框：选中该复选框，报表就不会给空白记录留位置。在缺省情况下，当有空白记录时，报表会给空白记录留出位置。

"仅当下列表达式为真时打印"文本框：Visual FoxPro 允许用户自定义打印表达式，使得只有当打印表达式"真"（.T.）时才打印该字段。建立打印表达式后，这时"打印条件"对话框中除"若是空白行则删除"选项可选之外，其他选项均无效。

在报表中还可以像标签控件一样设置域控件所代表的值的显示格式，如字体格式、对齐方式等。

【例 11-5】　在例 11-4 中设计的报表的页标头带区添加 6 个标签控件，在细节带区放置学号、姓名、性别、党员否和专业 5 个字段，并添加一个域控件，利用出生日期计算学生年龄，标题带区给出制表日期，总结带区输出学生人数。

操作步骤如下。

（1）在报表设计器中打开报表"学生花名册.FRX"，在"报表控件"工具栏中选择"标签"控件并放置在页标头带区，输入"学号"。按图 11-33 所示，依次在页标头带区添加"姓名"、"性别"、"年龄"、"党员否"和"专业" 5 个标签。

（2）在"报表设计器"中单击鼠标右键，在弹出的快捷菜单中选择"数据环境"命令，打开"数据环境设计器"。在"数据环境设计器"窗口中单击鼠标右键，在弹出的快捷菜单中选择"添加"命令，然后在打开的"添加表或视图"对话框中选择"学生"表，将其添加到"数据环境设计器"中，最后关闭该对话框。

（3）从"数据环境设计器"中直接将"学号"字段拖入"报表设计器"细节带区，或者选择"报表控件"工具栏中"域控件"，在"细节"带区的指定位置单击后，打开如图 11-28 所示的"报表表达式"对话框，在"表达式"文本框中输入"学生.学号"，也可以通过"表达式生成器"选择相应的字段变量名。

按图 11-33 所示，将"姓名"、"性别"、"党员否"和"专业"4 个字段变量放入细节带区合适位置。单击"域控件"按钮，在"细节"带区"年龄"标签的下方单击，在"报表表达式"编辑框中生成计算年龄的表达式：YEAR(DATE())-YEAR（学生.出生日期）。在"域控件位置"框中选择"相对于带区顶端固定"，选中"溢出时伸展"复选框。

（4）将鼠标移到标题带区标识栏向下拖动，增大标题带区的高度，然后在标题带区添加一个标签控件，内容为"制表日期"；再添加一个域控件，在"报表表达式"编辑框中输入或在其"表达式生成器"选择"DATE()"日期函数。

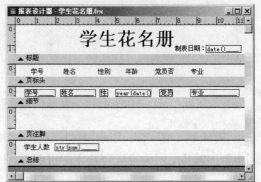

图 11-33　添加域控件

（5）选择"报表"→"标题/总结"菜单命令，在"标题/总结"对话框中选择"总结带区"。

（6）在总结带区左边添加标签控件，输入"学生人数"。选择"报表"→"变量"菜单命令，打开如图 11-34 所示的"报表变量"对话框。在"变量"列表框中设计一个变量"num"，在"要存储的值"框选择"学生.学号"，在"计算"栏选定"计数"，最后单击"确定"按钮，就设计了一个变量，其含义：num=Count（学生.学号）。从"报表控件"工具栏中选择"域控件"，然后在打开的"报表表达式"对话框中输入"STR(num)"。

（7）按图 11-33 所示，调整好各控件的布局。保存报表文件，预览结果如图 11-35 所示。

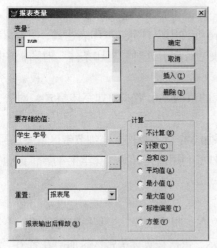

图 11-34　"报表变量"对话框

图 11-35　"学生花名册"报表预览结果

3. 图形控件

图形控件是修饰型控件，包括线条控件、矩形控件或圆角矩形控件。图形控件可作为报表边界和分隔线等。

（1）添件控件

在"报表控件"工具栏上单击"线条"控件、"矩形"控件或"圆角矩形"控件，然后在相应带区单击鼠标左键不放，并拖动鼠标直到获得满意的大小为止。

（2）修改图形控件样式

在添加了图形控件后，就可以修改图形控件的样式了，如线型、线条的粗细，设置线条为水平或垂直方向，设置圆角矩形的圆角样式等。操作时首先要单击选定某图形控件，然后进行相应的操作。

① 设置线条的粗细和线型

选择"格式"→"绘图表"子菜单，从中选择合适的线条粗细和线型。

② 设置圆角矩形的圆角样式

双击圆角矩形控件或右击圆角矩形，在弹出的快捷菜单中选择"属性"命令，从打开的"圆角矩形"对话框的"样式"栏中选择圆角样式。

【例 11-6】　在例 11-5 中的报表标题区画一个矩形，在页标头、细节和页注脚带区画表格线。

操作步骤如下。

（1）在报表设计器中打开报表"学生花名册.FRX"。

（2）在"报表控件"工具栏中单击"圆角矩形"控件，在标题带区拖动鼠标画出一个圆角矩形。单击矩形框，选择"格式"→"填充"子菜单，选择一种填充样式，此时可见标题文字被覆盖了，然后选择"格式"→"置后"菜单命令，将矩形框对象放置到标签后面。双击"圆角矩形"控件，打开"圆角矩形"对话框，选择一种样式，单击"确定"按钮。

（3）在"报表控件"工具栏中单击"线条"控件，在页标头中"学号"标签的上方画出一条横线。

（4）选定该横线，选择"编辑"→"复制"和"编辑"→"粘贴"菜单命令，复制粘贴该横线，分别拖动至页表头带区中"学号"标签的下方和细节带区中"学号"域控件的下方，完成"页标头"带区和"细节"带区中的横线设置。

（5）用同样的方法在页标头和细节带区分别画 7 条竖线。

（6）单击"报表控件"工具栏中的"矩形"控件，在"总结"带区拖动鼠标画出一个矩形，再用"线条"控件画 1 条竖线。

（7）按图 11-36 所示，选择"格式"→"对齐"子菜单或者利用"布局"工具栏并参考水平标尺调整各控件的布局。

（8）选定"页标头"带区中的横线和两边的竖线、"细节"带区两边的竖线、"总结"带区中的矩形等控件，然后选择"格式"→"绘图笔"菜单项，从中选择线条的粗细和线型，在本例中选择"2 磅"。保存修改后的报表文件，预览结果如图 11-37 所示。

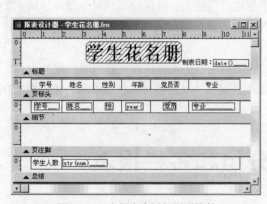

图 11-36　在报表中添加图形控件　　　　图 11-37　"学生花名册"报表预览结果

4．OLE 对象控件

在 Visual FoxPro 的表中可存储图片、声音以及文档等，这就需要用对象链接与嵌入（OLE）技术。报表中也可以添加 OLE 对象，如学生的照片、单位的徽标等，都可以以图片的形式添加到报表中去。

（1）添加图片

在"报表控件"工具栏中单击"图片/ActiveX 绑定控件"，然后在报表的适当位置拖动鼠标画出该控件，将自动打开如图 11-38 所示的"报表图片"对话框。在其中的"图片来源"栏可以选择图片文件，也可以选择通用型字段。以图片文件的形式插入到报表的图片是静态的，不会随记录的改变而改变。通用型字段是存储在表的记录中的资料，因而采用通用型字段的方式插入的图片，会随着记录的改变而改变。

（2）调整图片的大小

假如图片与图文框的大小不一致时，需要在"报表图片"对话框中选择相应的选项来调整图片。Visual FoxPro 提供了 3 个选项，用户可以根据实际需要来选择这些选项。

图 11-38 "报表图片"对话框

剪裁图片：图片将以图文框的大小显示。在这种情况下，如果图文框太小，则只能显示部分图片。"裁剪图片"是系统默认的选项。

缩放图片，保留形状：若要在图文框中放置一个完整、不变形的图片，则应选择"缩放图片，保留形状"选项。但是在这种情况下，图片可能无法填满整个图文框。

缩放图片，填充图文框：若要使图片填满整个图文框，应选择"缩放图片，填充图文框"选项。但是在这种情况下，图片比例可能会改变。

对于通用型字段中的图片，若要以居中位置放置，可在"报表图片"对话框中选中"图片居中"复选框，这样可以保证比图文框小的图片能够在控件的正中位置显示。若图片来源是"文件"，则该复选框不可用，因为存储在文件中的图片形状和尺寸都是固定的，无须居中放置。

（3）调整图片的位置

图片的位置有 3 种选择：若选择"浮动"，则表示图片相对于周围控件的大小浮动；若选择"相对于带区顶端固定"，则可使图片保持在报表中指定的位置上，并保持其相对于带区顶端的距离；若选择"相对于带区底端固定"，则可使图片保持在报表中指定的位置上，并保持其相对于带区底端的距离。

对于报表中的其他控件，通过双击，在打开的属性对话框中也可以设置它们的位置。

在"注释"编辑框中可输入对图片或 OLE 对象的注释文本，这些文本仅供参考，并不出现在报表中。

11.5　报表数据分组和多栏报表

在实际应用当中，常需要把具有某种相同信息的数据打印在一起，使报表更易于阅读。分组能够分明地分隔每一组记录，以及为组添加介绍性文字和小结数据。例如，要将学生表中在同一专业学习，或具有相同性别的学生信息打印在一起，就应当根据"性别"字段或"专业"字段对数据进行分组。

11.5.1　报表数据分组

在一个报表中可以设置一个或多个数据分组，组的分隔基于分组表达式。这个表达式通常由一个或一个以上的字段组成。对报表进行数据分组时，报表会自动包含"组标头"和"组注脚"带区。

如果数据源是表，记录的物理顺序可能不适合分组。为了使数据源适合分组处理记录，必须对数据源进行适当地索引或排序。通过为表设置索引，或者在数据环境中使用视图、查询作为数据源才能达到合理分组显示记录的目的。

事先可以在表设计器中对表建立索引，一个表可以有多个索引。可以在数据环境之外设置当前索引，也可以在数据环境设计器中指定当前索引。

1. 设计单级分组报表

一个报表可以按照用户设置的表达式进行数据分组，使表达式值相同的记录打印在一起。当然，数据源必须事先已经按用户设置的表达式建立了索引，并且该索引当前已被设置为主控索引。

数据分组的操作方法如下。

（1）选择"报表"→"数据分组"菜单命令，或右键单击报表设计器，从弹出的快捷菜单中选择"数据分组"命令，系统将显示如图 11-26 所示的"数据分组"对话框。

（2）在"分组表达式"列表框中的第一个文本框中键入分组表达式，或者单击该框后的┅┅按钮，在打开的"表达式生成器"对话框中创建分组表达式。

（3）在"组属性"栏选定所需的属性。

组属性栏主要用于指定如何分页。在"组属性"栏中有 4 个复选框，根据不同的报表类型，有的复选框不可用。

"每组从新的一列上开始"复选框：当组改变时，从新的一列上开始。

"每组从新的一页上开始"复选框：当组改变时，从新的一页上开始。

"每组的页号重新从 1 开始"复选框：当组改变时，新组在新页上开始打印，并把页号重置为 1。

"每页都打印组标头"复选框：当组分布在多页上时，指定在所有页的页标头之后打印组标头。

"小于右值时组从新的一页上开始"微调器：设置要打印组标头时，组标头距页底的最小距离。

"插入"按钮：在"分组表达式"列表框中插入一个空文本框，以便定义新的分组表达式。

"删除"按钮：从"分组表达式"列表框中删除选定的分组表达式。

（4）选择"确定"按钮完成分组设计。

分组之后，报表布局就有了组标头和组注脚带区，用户可以向其中放置所需的任何控件。通常把分组所用的域控件从"细节"带区复制或移动到"组标头"带区。也可以添加线条、矩形、圆角矩形等希望出现在组内第一条记录之前的任何控件。组注脚通常包含组总结和其他组总结性信息。

【例 11-7】　创建一个"学生名单"报表，按专业输出学生的基本信息。

为了正确处理分组数据，必须事先对"学生名单"报表的数据源"学生"表建立以"专业"字段为索引表达式的索引。

操作步骤如下。

（1）打开"报表设计器"窗口，在设计器窗口中单击鼠标右键，选择"数据环境"命令，在打开的"数据环境设计器"窗口中右键单击，选择"添加"命令，在"添加表或视图"对话框中选择"学生"表，将其添加到报表的数据环境中。

（2）在"数据环境设计器"窗口中右键单击"学生"表，选择"属性"命令，打开"属性"窗口，在"数据"选项卡中将"Order"属性设置为"专业"，如图 11-22 所示。

（3）选择"报表"→"标题/总结"菜单命令，在"标题/总结"对话框中选中"标题带区"项，报表设计器顶端出现"标题"带区。

（4）选择"报表"→"数据分组"菜单命令，打开如图 11-26 所示的"数据分组"对话框，在"分组表达式"编辑框中输入"学生.专业"，并选中"每页都打印组标头"复选框，单击"确定"按钮。报表设计器中添加了"组标头 1:专业"和"组注脚 1:专业"两个带区。

（5）按图 11-39 所示设计报表格式。

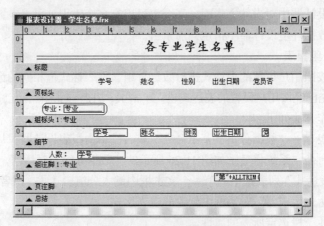

图 11-39　设计分组报表

① "标题"带区。添加 1 个标签控件，内容为"各专业学生名单"，字体格式设置为楷体、粗体、三号。在标签下方，用"线条"按钮画两条水平线。

② "页标头"带区。添加 5 个标签控件，内容分别为"学号"、"姓名"、"性别"、"出生日期"和"党员否"。

③ "组标头 1"带区。添加 1 个标签控件，内容为"专业:"；添加 1 个域控件，与之对应的表达式为"学生.专业"；用"圆角矩形"控件画出一个圆角矩形。

④ "细节"带区。分别添加 5 个域控件，对应的 5 个域控件表达式分别为"学生.学号"、"学生.姓名"、"学生.性别"、"学生.出生日期"和"学生.党员否"。

⑤ "组注脚 1"带区。添加 1 个标签控件，内容为"人数:"；再添加 1 个域控件，用于统计各专业人数。方法：在"报表表达式"对话框的"表达式"编辑框中输入"学生.学号"，然后单击"计算"按钮，打开"计算"对话框，选择"计数"选项。最后用"线条"控件画出 1 条水平线。

⑥ "页注脚"带区。添加 1 个标签控件表达式为""第"+ALLTRIM(STR(_PAGENO))+"页""。_PAGENO 是 Visual FoxPro 的系统内存变量，它存放着当前的页码。

（6）调整各控件布局并保存文件，报表预览结果如图 11-40 所示。

2. 设计多级分组报表

Visual FoxPro 允许在报表内最多有 20 级数据分组，嵌套分组有助于组织不同层次的数据和总计表达式。在设计多级分组报表时，应注意分组的级与索引表达式的关系。

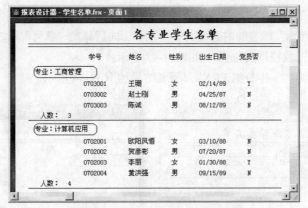

图 11-40　"学生名单"报表预览结果

多级分组报表的数据源必须可以分出级别来。例如，要使同一专业中同一性别的记录也连续显示或打印，数据表必须建立了基于分组表达式（专业+性别）的索引。

一个数据分组对应于一组"组表头"和"组注脚"带区。数据分组将按照在"报表设计器"中创建的顺序在报表中编号，编号越大的数据分组离"细节"带区越近。也就是说，分组的级别越细，分组的编号就越大。

设计多级数据分组报表的操作方法的前面几个步骤与设计单级分组报表相同。在打开"数据分组"对话框，输入或生成第一个"分组表达式"之后，接着输入或生成下一个"分组表达式"即可。单击"插入"按钮可在当前分组表达式之前插入一个分组表达式。对于每一个分组表达式，"数据分组"对话框下方的组属性可以分别设置。最后再单击"确定"按钮。

【例 11-8】　对"学生名单"报表按"专业"和"性别"进行二级分组。

为了正确处理分组数据，必须事先对"学生名单"报表的数据源"学生"表建立以"专业+性别"为索引表达式的索引。

操作步骤如下。

（1）打开报表文件，选择"报表"→"数据分组"菜单命令，打开"数据分组"对话框，在"分组表达式"框中增加一个分组表达式"学生.性别"，如图 11-41 所示。

（2）打开"数据环境设计器"窗口，右键单击"学生"表，选择"属性"命令，打开"属性"窗口，将"Order"属性设置为"专业性别"，如图 11-42 所示。

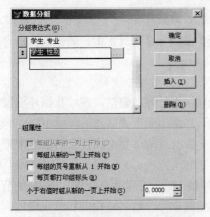

图 11-41　"数据分组"对话框

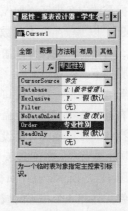

图 11-42　"数据源"的属性窗口

（3）将"页标头"带区的"性别"标签和"细节"带区的"性别"域控件移到"组标头 2：性别"带区，并将"性别"标签的内容改为"性别："，向后移动"学号"标签、"姓名"标签、"学号"域控件和"姓名"域控件的位置，如图 11-43 所示。

（4）将文件另存为"学生分组.FRX"，预览结果如图 11-44 所示。

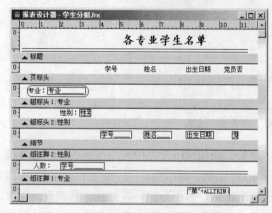

图 11-43　设计多级分组报表

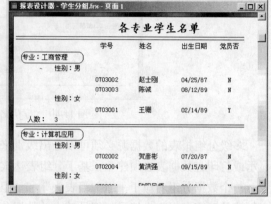

图 11-44　"学生分组"报表预览结果

定义了报表的多级分组后，可以重新打开"数据分组"对话框更改数据分组的顺序或删除编号最大的数据分组。但是需要特别注意的是，当更改了数据分组后，必须重新指定当前索引才能正确地组织各组的数据。例如，要将本例更改为先按"性别"分组，再按"专业"分组，必须建立索引关键字表达式为"性别+专业"的索引，并将其指定为主控索引。

11.5.2　多栏报表

多栏报表是一种分为多个栏目打印输出的报表，其设计方法与前面介绍的列报表基本相同。操作步骤如下。

（1）选择"文件"→"页面设置"菜单命令，在打开的"页面设置"对话框中设置分栏的列数和打印顺序。打印顺序可以选择"从左到右"或"从上到下"的方式。当记录不多时，为了在页面上打印出所需的多栏效果，需要把打印顺序设置为"从左到右"打印。

（2）页面设计完毕，在报表设计器中会自动增加一个"列标头"带区和"列注脚"带区，同时"细节"带区相应缩短。

（3）根据需要向各带区添加控件，完成多栏报表的格式设计。

【例 11-9】　以"学生"表为数据源，设计一个名为"学生登记卡"的报表文件，分两栏显示学生的学号、姓名、性别和专业信息。

操作步骤如下。

（1）打开"报表设计器"窗口，进入"数据环境设计器"窗口。在"数据环境设计器"窗口中单击鼠标右键，选择"添加"命令，将"学生"表添加到报表的数据环境中。

（2）选择"文件"→"页面设置"菜单命令，在打开的"页面设置"对话框中把分栏数设置为 2，打印顺序选为"从左到右"。

（3）按图 11-45 所示，在"页标头"带区添加报表标题"学生登记卡"，在"细节"带区分别添加 4 个标签控件和 4 个相应的域控件，显示学生的学号、姓名、性别和专业信息。并将这些控件放置于一个矩形框中。保存并预览结果如图 11-46 所示。

图 11-45　设计多栏报表

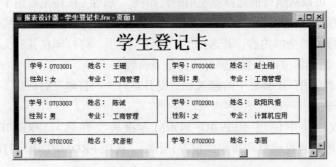

图 11-46　"学生登记卡"报表预览结果

11.6　报表输出

设计报表的最终目的是要按照一定的格式输出符合要求的数据。报表文件的扩展名为.FRX，该文件不存储每个数据字段的值，只存储数据源的位置和格式信息。

1. 设置报表页面

打印报表之前，应考虑页面的外观，如页边距、纸张类型和所需的布局等。如果更改了纸张的大小和方向设置，应确认该方向适用于所选的纸张大小。例如，若纸张定为信封，则方向必须设置为横向。

（1）设置左边距

选择"文件"→"页面设置"菜单命令，打开"页面设置"对话框，在"左页边距"框中输入边距数值。页面布局将按新的页边距显示。

（2）选择纸张大小和方向

在"页面设置"对话框中，单击"打印设置"按钮，打开"打印设置"对话框。从"大小"列表框中选定纸张大小。默认的打印方向为纵向，若要改变纸张方向，可从"方向"栏选择"横向"选项按钮，再单击"确定"按钮。

2. 预览报表

为确保报表正确输出，使用"预览"功能在屏幕上查看最终的页面设计是否符合设计要求。在报表设计器中，任何时候都可以使用"预览"命令。在报表设计器中单击鼠标右键，选择"预览"命令；或者直接单击"常用"工具栏中的"打印预览"按钮，此时可以显示出报表的预览结果，并自动打开一个"打印预览"工具栏。

在打印预览工具栏中，选择"上一页"或"下一页"可以切换页面。若要更改报表图像的大小，可选择"缩放"列表中的选项。如想要返回到设计状态，可单击"关闭预览"按钮，或者直接关闭预览窗口。

如果报表已经符合要求，便可以在指定的打印机上打印报表了。

3. 打印输出报表

如要打印报表，应先打开报表，再单击"常用"工具栏中的 ▋ 按钮，或者选择"文件"→"打印"菜单命令，系统将打开"打印"对话框。

"打印"对话框与 Word 等软件的"打印"对话框相似，"打印机名"组合框列出了当前系统已经安装的打印机，可以从组合框选择要使用的打印机。"属性"按钮主要用于设置打印纸张的尺寸、打印精度等选项。"打印范围"区域中的选项用于设置要打印的数据范围。若选择了"ALL"选项，那么将打印报表的全部内容；若选择了"页码"选项，将打印在其后文本框中所指定的页数。"打印的份数"微调器可以设置需要打印的报表份数。

如果直接单击"常用"工具栏中的 🖨 按钮，则并不打开"打印"对话框，而直接把报表送往 Windows 的打印管理器。

在命令窗口或程序中使用 REPORT FORM <报表文件名> [PREVIEW][TO PRINTER [PROMPT]]命令也可以预览或打印指定的报表，其中，选项 PROMPT 表示打印开始前打开"打印"对话框。

习 题 11

一、选择题

1. 报表的数据源可以是（　　　）。
   A. 自由表或其他报表　　　　　　　　B. 数据库表、自由表或视图
   C. 数据库表、自由表或查询　　　　　D. 表、视图或查询

2. 在创建快速报表时，基本带区包括（　　　）。
   A. 标题、细节和总结　　　　　　　　B. 页标头、细节和页注脚
   C. 组标头、细节和组注脚　　　　　　D. 报表标题、细节和页注脚

3. 下列关于报表带区及其作用的叙述，错误的是（　　　）。
   A. 对于"标题"带区，系统只在报表开始时打印一次该带区所包含的内容
   B. 对于"页标头"带区，系统只打印一次该带区所包含的内容
   C. 对于"细节"带区，每条记录的内容只打印一次
   D. 对于"组标头"带区，系统将在数据分组时每组打印一次该内容

4. 如果要创建一个 3 级分组报表，第一级分组是"部门"，第二级分组是"性别"，第三级分组是"基本工资"，当前索引的索引表达式应当是（　　　）。
   A. 部门+性别+基本工资　　　　　　　B. 性别+部门+STR（基本工资）
   C. STR（基本工资）+性别+部门　　　D. 部门+性别+STR（基本工资）

5. Visual FoxPro 的报表文件.FRX 中保存的是（　　　）。
   A. 打印报表的预览格式　　　　　　　B. 已经生成的完整报表
   C. 报表的格式和数据　　　　　　　　D. 报表设计格式的定义

6. 调用报表格式文件 PP1 预览报表的命令是（　　　）。

    A.　REPORT FROM PP1 PREVIEW　　　　B.　DO FROM PP1 PREVIEW

    C.　REPORT FORM PP1 PREVIEW　　　　D.　DO FORM PP1 PREVIEW

二、填空题

1. 报表主要包括两部分内容：_____和_____。

2. 为了在报表中添加标题或其他说明文字，应在报表中插入一个_____；为了在报表中打印当前日期，应在报表中插入一个_____；为了在报表中显示图片文件或通用型字段的内容，应在报表中插入一个_____。

3. 如果已对报表进行了数据分组，报表会自动包含_____和_____带区。

4. 在分组报表中，要使域控件的内容每组打印一次，应当把该控件移动到_____带区里。对于"细节"带区中的域控件，要想不打印重复值，应在_____对话框中对该控件设置打印条件。

5. 多栏报表的栏目数可以通过_____对话框来设置。

6. 在数据环境设计器中指定当前索引的方法是打开_____窗口，对"Cursor1"的_____属性输入索引名，或者在索引列表中选定索引。

习题参考答案

习题 1

一、选择题

1. B 2. A 3. D 4. C 5. B 6. C 7. C 8. B

二、填空题

1. 数据库管理系统（DBMS） 2. 多对多 3. 二维表 关系模型

4. 元组 属性 5. 自然

三、简答题（略）

习题 2

一、选择题

1. B 2. B 3. C 4. C 5. C

二、填空题

1. QUIT CLEAR 2. 工具 选项 3. .exe 4. 排除

三、简答题（略）

习题 3

一、选择题

1. B 2. A 3. D 4. D 5. A 6. C 7. A 8. B 9. C 10. D

11. C 12. B 13. A 14. D 15. B 16. C 17. D 18. C

二、填空题

1. 数值型（N） 字符型（C） 337.210 字符型（C）

2. 5 123456 逻辑型（L）

3. 单价>600 AND (名称="主机板" OR 名称="硬盘")

4. 461245.678 5. 66 6. 94.66

三、简答题（略）

习题 4

一、选择题

1. B 2. B 3. D 4. D 5. C 6. A 7. A 8. C 9. D 10. D

11. C 12. D 13. C 14. C 15. B 16. B 17. D 18. B 19. C

二、填空题

1. 空值 重复值 2. 10 128 3. 陈碧琦 陈碧琦考试

4. PACK 5. .T. 6. 主 7. SET ORDER TO XM

8. DELETE TAG SPH 9. SELECT 0 10. SET RELATION 11. 实体

12. 主　　普通　　13. 逻辑型　　14. 级联

三、简答题（略）

习题 5

一、选择题

1. B　2. A　3. D　4. D　5. D　6. B　7. D　8. D　9. A　10. B

二、填空题

1. DISTINCT　　2. HAVING　　3. INTO CURSOR　　INTO DBF

4. AGE IS NULL　　5. LIKE　　6. CHECK　　PRIMARY KEY

7. ALTER　　SET CHECK　　8. ON　　9. UPDATE　　SET

10. ALTER　学号 C(11)　　11. ADD UNIQUE

三、简答题（略）

习题 6

一、选择题

1. C　2. C　3. C　4. D　5. B

二、填空题

1. ON　　2. 更新　　3. 本地视图　　远程视图　　4. 打开　　5. 更新条件

三、简答题（略）

习题 7

一、选择题

1. A　2. B　3. B　4. B　5. C　6. C　7. C　8. B

二、填空题

1. 循环结构　　2. EXIT　　3. 1　　4. 0.1　　5. 34567

6. 1150.00　　7. ! EOF() 或 .NOT.EOF()　　SKIP 或 SKIP 1

8. LOCAL　.F.　　9. 数据库系统

三、编程题（略）

1. 参考程序源代码：

```
CLEAR
INPUT "输入第一个数: " TO a
INPUT "输入第二个数: " TO b
INPUT "输入第三个数: " TO c
IF a<b
   t=a
   a=b
   b=t
ENDIF
IF a<c
   t=a
   a=c
   c=t
ENDIF
```

```
IF b<c
   t=b
   b=c
   c=t
ENDIF
?a,b,c
RETURN
```

2. 参考程序源代码：

```
CREATE TABLE tableone (;
   学号 C(10),;
   姓名 C(6),;
   课程名 C(10),;
   分数 N(5,1))
SELECT * FROM tableone WHERE .f. INTO TABLE temp
SELECT 1
USE xuesheng
INDEX ON 学号 TAG XH
SELECT 2
USE chengji
INDEX ON 学号 TAG XH
SET RELATION TO 学号 INTO A
GO TOP
DO WHILE .NOT.EOF()
   IF chengji.数学<60
      INSERT INTO temp Values (A.学号,A.姓名,"数学",chengji.数学)
   ENDIF
   IF chengji.英语<60
      INSERT INTO temp Values (A.学号,A.姓名,"英语",chengji.英语)
   ENDIF
   IF chengji.信息技术<60
      INSERT INTO temp Values (A.学号,A.姓名,"信息技术",chengji.信息技术)
   ENDIF
   SKIP
ENDDO
SELECT * FROM temp ORDER BY 分数,学号 DESC INTO ARRAY arr
INSERT INTO tableone FROM ARRAY arr
CLOSE TABLES ALL
DROP TABLE temp
RETURN
```

四、简答题（略）

习题 8

一、选择题

1. C 2. A 3. A 4. C 5. D

二、填空题

1. 控件类　　容器类　　2. Thisform　　3. 绝对引用　　相对引用

4. READ EVENT　　CLEAR EVENTS

三、简答题（略）

习题 9

一、选择题

1. A   2. B   3. B   4. C   5. C   6. B   7. B   8. B   9. B   10. B

11. D   12. C   13. B

二、填空题

1. Caption   AutoCenter   ThisForm.Release

2. 文本框   复选框   编辑框   编辑框

3. InputMask   PasswordChar   ScrollBars   4. 1

5. BottomCount   ColumnCount   ListCount   ColumnCount   PageCount

6. 0   多   7. Multiselect   8. 4   9. Interval   Enabled

习题 10

一、选择题

1. A   2. B   3. B   4. A   5. B

二、填空题

1. 条形菜单   弹出式菜单

2. SET SYSMENU NOSAVE   SET SYSMENU TO NOSAVE

3. Do Mymenu.mpr   4. \-   5. 常规   ShowWindow   Init   6. RightClick

习题 11

一、选择题

1. D   2. B   3. B   4. D   5. D   6. C

二、填空题

1. 数据源   布局   2. 标签控件   域控件   OLE   3. 组标头   组注脚

4. 组标头   打印条件   5. 页面设置   6. 属性   Order

1. 黄洪强. Visual FoxPro 程序设计. 武汉：华中师范大学出版社，2004.

2. 王彦祺，张敬敏. Microsoft Visual FoxPro 数据库和面向对象程序设计. 北京：科学出版社，2005.

3. 成昊，王诚君. Visual FoxPro 程序设计教程. 北京：科学出版社，2006.

4. 张金霞，项悦，陈宇靖. Visual FoxPro 教程. 北京：兵器工业出版社，2007.

5. 任小康，苟平章. Visual FoxPro 程序设计. 北京：科学出版社，2008.

6. 教育部考试中心. Visual FoxPro 程序设计. 北京：高等教育出版社，2008.

7. 高怡新，谷秀岩. 新编 Visual FoxPro 程序设计教程. 北京：机械工业出版社，2010.